二訂
大気汚染対策の基礎知識

編集 　**環境保全対策研究会**
発行 　**社団法人 産業環境管理協会**
　　　　Japan Environmental Management Association for Industry

は　し　が　き

　昭和46年に「特定工場における公害防止組織の整備に関する法律」が制定されたことにより特定工場には公害防止管理者を置くことが必要とされています。この管理者になるための資格取得の方途として国家試験合格と資格認定講習の二つがあります。当協会は，公害防止管理者制度が発足して以来，毎年全国各地で公害防止管理者等国家試験受験講習会や資格認定講習を開催し，公害防止管理者の養成に微力を尽くしてまいりましたが，かねてから受講者各位及び講師の諸先生から環境問題の基礎的知識習得のための講座の開設を要望する声が寄せられておりました。当協会はこのような要請に応えて，57年度から環境保全対策基礎講座を開講しております。

　本書はこの講座で講師を担当している先生方を中心にして執筆されたものであり，したがって環境保全に関する基礎的な一般知識の普及と公害防止管理者国家試験志願者の入門書を兼ねた性格をもっております。

　昭和63年初版発行以来，好評のうちに版を重ねてまいりましたが，その後の環境問題全般の変化，法令・JIS等の改正もあり，内容の見直しを全面的に行い，今後二訂版として発行することにいたしました。

　環境問題は地球温暖化，酸性雨，オゾン層の破壊といったいわゆる地球環境問題が世界の最重要課題になっております。このような情況の下で本書が環境問題に関心をもたれる諸兄の入門書として広く利用されることを期待するものであります。

　最後に本書の出版に当たり公私ご多用中にもかかわらず，熱意をもって執筆いただいた各位に対し深甚の謝意を表し，はしがきといたします。

平成13年10月

　　　　　　　　　　　　　　　　　　　　　　　　社団法人　　産業環境管理協会
　　　　　　　　　　　　　　　　　　　　　　　　会　長　宮　本　四　郎

環境保全対策研究会　編集及び執筆者（執筆順）

菱 田 一 雄　菱田環境計画事務所　所長（1章）
加 藤 征太郎　中央大学理工学部　講師（1章～6章, 8章）
田 中 　 茂　慶應義塾大学理工学部　教授（7章）

目　　　次

1. 大気環境保全の一般知識

1.1 概　説 …………………………………………………………………………… 1

   1.1.1 公害の定義 ………………………………………………………………… 1
   1.1.2 大気汚染の著名な事件 …………………………………………………… 1
   1.1.3 日本の大気汚染の発生 …………………………………………………… 4
   1.1.4 大気汚染物質 ……………………………………………………………… 5
   1.1.5 大気汚染のメカニズム …………………………………………………… 5
   1.1.6 酸性雨 ……………………………………………………………………… 7
   1.1.7 地球環境保全 ……………………………………………………………… 7
   1.1.8 大気汚染のコントロールの手法 ………………………………………… 11
   1.1.9 大気汚染状況判定の目安 ………………………………………………… 12

1.2 大気関係の法規及び行政 ……………………………………………………… 14

   Ⅰ　環境基本法 ………………………………………………………………… 14
   Ⅱ　大気汚染防止法 …………………………………………………………… 21
   1.2.1 大気汚染防止法の仕組み ………………………………………………… 21
   1.2.2 K値規制方式の採用 ……………………………………………………… 25
   1.2.3 総量規制の導入 …………………………………………………………… 25
   Ⅲ　特定工場における公害防止組織の整備に関する法律(「公害防止管理者法」)… 26

1.3 大気汚染の発生源 ……………………………………………………………… 26

1.4 ばい煙の拡散 …………………………………………………………………… 29

   1.4.1 風向, 風速と汚染濃度 …………………………………………………… 29
   1.4.2 大気拡散 …………………………………………………………………… 32

1.5 大気汚染の影響 ………………………………………………………………… 36

   1.5.1 人体に与える影響 ………………………………………………………… 36
   1.5.2 植物に与える影響 ………………………………………………………… 38
   1.5.3 大気汚染に対する植物の感受性 ………………………………………… 40

  1.5.4 その他への影響 41

1.6 大気汚染の現状 41

2. 燃料と燃焼の基礎知識

2.1 燃料及び燃料試験 49

  2.1.1 燃　　料 49
  2.1.2 気体燃料 49
  2.1.3 液体燃料 52
  2.1.4 固体燃料 54
  2.1.5 燃料試験方法 55

2.2 燃焼と燃焼管理 56

  2.2.1 燃焼計算の基礎 56
  2.2.2 燃焼に要する空気量 59
  2.2.3 燃焼ガス量 62
  2.2.4 発熱量 65
  2.2.5 理論空気量，理論燃焼ガス量の概略値 67
  2.2.6 排ガス分析と空気比 68
  2.2.7 燃焼管理 71

2.3 ばい煙の発生とその防止 74

  2.3.1 すすの性状と発生 74
  2.3.2 燃焼に伴う障害対策 76
  2.3.3 通風及び通風装置 77

3. 硫黄酸化物処理技術の基礎知識

3.1 概　　　　説 80
3.2 湿式排煙脱硫プロセス 81
3.3 乾式排煙脱硫プロセス 85
3.4 白煙防止技術 85

4. 窒素酸化物処理技術の基礎知識

4.1 概　　　説 ……………………………………………………………………………… 87
4.2 NO$_x$の抑制技術 ………………………………………………………………………… 88
4.3 その他抑制技術に関する基礎事項 ……………………………………………………… 92
4.4 排　煙　脱　硝 …………………………………………………………………………… 93

5. 有害物質処理技術の基礎知識

5.1 有害物質の発生過程 ……………………………………………………………………… 97
5.2 有害物質処理方式 ………………………………………………………………………… 99
　5.2.1 ガス吸収の基礎 ……………………………………………………………………… 99
　5.2.2 吸着の基礎 …………………………………………………………………………… 102
5.3 フッ素化合物の処理法 …………………………………………………………………… 104
5.4 塩素，塩化水素の処理法 ………………………………………………………………… 105
5.5 鉛及び鉛化合物の処理法 ………………………………………………………………… 106
5.6 カドミウム及びカドミウム化合物の処理法 …………………………………………… 106
5.7 特定物質の処理 …………………………………………………………………………… 106

6. 除じん・集じん技術の基礎知識

6.1 ダ ス ト と は ……………………………………………………………………………… 109
6.2 粒子の大きさと粒度分布 ………………………………………………………………… 109
　6.2.1 頻度分布とは ………………………………………………………………………… 109
　6.2.2 ふるい上分布とは …………………………………………………………………… 110
　6.2.3 ロジン-ラムラー分布とは …………………………………………………………… 110
　6.2.4 対数正規分布とは …………………………………………………………………… 111
6.3 集 じ ん 性 能 ……………………………………………………………………………… 111
　6.3.1 集じん率又は通過率 ………………………………………………………………… 111
　6.3.2 直列運転と総合集じん率 …………………………………………………………… 112
　6.3.3 圧力損失 ……………………………………………………………………………… 112

6.4 集じん装置の原理 ………………………………………………………………… 114

 6.4.1 重力集じん装置 …………………………………………………………… 114

 6.4.2 慣性力集じん装置 ………………………………………………………… 115

 6.4.3 遠心力集じん装置(サイクロン) ………………………………………… 116

 6.4.4 洗浄集じん装置 …………………………………………………………… 120

 6.4.5 ろ過集じん装置 …………………………………………………………… 125

 6.4.6 電気集じん装置 …………………………………………………………… 131

6.5 ばい煙の性状とその対策 ………………………………………………………… 139

 6.5.1 微粉炭燃焼ボイラー ……………………………………………………… 139

 6.5.2 重油燃焼ボイラー ………………………………………………………… 139

6.6 ダクトの圧力損失 ………………………………………………………………… 140

6.7 送風機の所要動力 ………………………………………………………………… 141

7. 大気測定技術の基礎知識

7.1 排ガス中の有害ガスの測定法 …………………………………………………… 143

 7.1.1 試料ガスの採取 …………………………………………………………… 143

 7.1.2 硫黄酸化物 ………………………………………………………………… 148

 7.1.3 窒素酸化物 ………………………………………………………………… 155

 7.1.4 その他の有害ガス ………………………………………………………… 164

 7.1.5 自動計測器の校正 ………………………………………………………… 172

7.2 排ガス中のばいじんの測定法 …………………………………………………… 172

 7.2.1 測定法の概要 ……………………………………………………………… 172

 7.2.2 等速吸引について ………………………………………………………… 174

 7.2.3 測定位置と測定点 ………………………………………………………… 175

 7.2.4 排ガスの流速, 流量の測定法 …………………………………………… 176

 7.2.5 排ガス中の水分量の測定 ………………………………………………… 177

 7.2.6 ダスト捕集部 ……………………………………………………………… 177

 7.2.7 ダスト濃度の計算 ………………………………………………………… 179

7.3 環境中の大気汚染物質測定法 …………………………………………………… 180

7.3.1 粉じん	181
7.3.2 二酸化硫黄	183
7.3.3 二酸化窒素	184
7.3.4 一酸化炭素	185
7.3.5 オキシダント	185
7.3.6 炭化水素	188

8. 化学の基礎的知識

8.1 原子と分子の質量	191
8.1.1 元素記号と原子量	191
8.1.2 分子式と分子量	191
8.2 物質量：モル(mol)	191
8.3 原子価	192
8.4 ボイル-シャルルの法則	192
8.5 気体1molの体積	193
8.6 化学変化と反応式	193
8.7 反応式の表す意味	193
8.8 反応式による質量と体積の計算	194
8.9 モル濃度	195
8.10 酸・塩基の価数	195
8.11 中和滴定	196
8.12 酸化と還元	197
8.12.1 酸化・還元と酸化数	197
8.12.2 酸化剤と還元剤の価数	198
8.12.3 酸化還元滴定	199
8.13 水素イオン指数(pH)	200
8.14 ppmとmg/m^3_Nとの濃度換算	201
8.15 対数計算の基礎知識	202
8.15.1 常用対数と自然対数	202
8.15.2 対数と指数	203
8.16 圧力の単位	203
主要元素名及び元素記号	205

ギリシャ文字 205
国際単位系(SI) 206

索　　引 207

1. 大気環境保全の一般知識

1.1 概　　　　説

1.1.1 公害の定義

「公害」と社会的に一般に使われている言葉であっても，環境基本法の「公害」の定義に入らないものも多い。例えば，食品公害，薬品公害，建築による日照権の侵害，電波障害，放射能汚染等である。

基本法では公害を次のように定義している。「事業活動その他の人の活動に伴って生ずる相当範囲にわたる大気の汚染，水質の汚濁(水質以外の水の状態又は水底の底質が悪化することを含む。)，土壌の汚染，騒音，振動，地盤の沈下(鉱物の掘採のための土地の掘削によるものを除く。)及び悪臭によって，人の健康又は生活環境に係る被害が生ずることをいう」。

すなわち，a)大気の汚染，b)水質の汚濁，c)土壌の汚染，d)騒音，e)振動，f)地盤の沈下，g)悪臭の七つを規定し，これは通常「典型七公害」と呼ばれている。また，これら公害発生の前提として「事業活動その他人の活動に伴って生ずる」として，自然の気象状況による砂じん，黄砂などの大気汚染や，火山活動に伴う降下ばいじんや硫黄酸化物による大気汚染は，環境基本法にいう公害ではない。また，相当範囲にわたるという条件では，ピアノやカラオケなどによる騒音は，人に対する迷惑行為ではあっても，やはり環境基本法にいう公害の範ちゅう(疇)には入らないものと解すべきであろう。

また，「人の健康に係る被害が生ずること」の意味は理解できるとして，「生活環境に係る被害が生ずること」の生活環境には「人の生活に密接な関係のある動植物及びその生育環境を含むものとする」と規定されている。

大気汚染では主として「人の健康」に重点を置いているが，水質汚濁では，自然環境の保全，水道，水産，工業用水の確保など，国民生活に密接な関係のあるもののほかに沿岸の遊歩，水泳等のリクリエーションなどの国民の日常生活において不快感を生じないものまで含まれている。

1.1.2 大気汚染の著名な事件

大気汚染の人体への影響は，既に14世紀も前にイギリスで問題になっていた。イギリスでは工業の発展に伴う石炭使用の増加と，家庭用暖房の燃料使用で，空が汚れ，人々の生活を不快にした。

1. 大気環境保全の一般知識

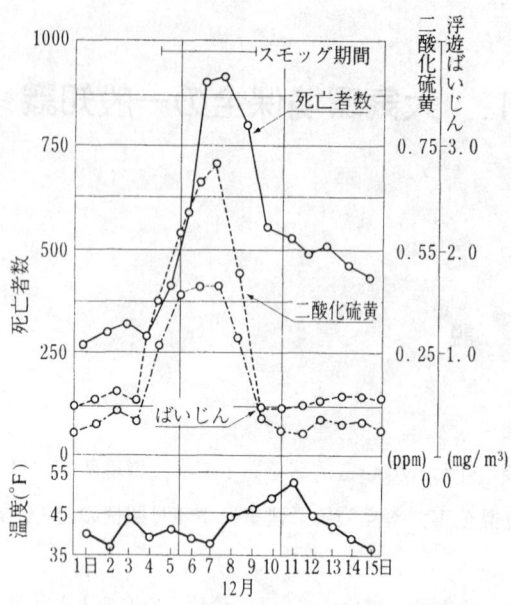

図1.1 ロンドンスモッグと死亡者の相関

そのため1306年に，職人が炉で石炭をたくことを禁止した。

産業革命以降は石炭燃料を大量に使うので，大気汚染は増大した。ロンドンでは呼吸器疾患の患者が増え，第二次世界大戦が終わって，社会活動が盛んになった1952年12月，4000人の過剰死亡者(普通では平均して毎日300人程度の死亡者程度)を出す大スモッグ事件が発生した。イギリスでは，このロンドンスモッグ事件を契機として，家庭の暖房まで規制した大気清浄法が公布された。

ロンドンスモッグ事件の大気汚染物質は家庭暖房のストーブ，工場，発電所などで使用される石炭燃焼の際発生する，硫黄酸化物(二酸化硫黄)，微細なエアロゾル(粒子状物質)，粉じんなどで，それらの物質が相乗的に作用したものであった。ロンドンスモッグと死亡者の相関を図1.1に示す。二酸化硫黄(亜硫酸ガスともいう。)のピーク濃度は平常時 0.1ppm 程度だったものが 0.7ppm[1]，浮遊ばいじんの量は平常時 $0.2mg/m^3$ 程度だったものが $1.7mg/m^3$ を超えて，それぞれ平常時の7〜9倍の汚染濃度であった。

一方，アメリカのロサンゼルスでも1944年ごろから，眼，鼻，気道などの粘膜の持続的・反復性刺激を伴う大気汚染があった。はじめは原因物質が何であるか，よく分からなかったが，日差しが強くて風の弱い，気温の逆転のあるときに多く発生したことから，太陽光線の強さを引き金とし，ある種の物質が大気中で光化学反応を起こし，ある種の酸化物を生成したものと推定され，光化学オキシダント(光化学酸化物)といわれた。

---

[1] ppm：parts per million の略。100万分の1，すなわち大気汚染では$1m^3$の中に$1cm^3$の汚染物質濃度を示す。水質汚濁では1*l*中に1mgの汚濁物質が存在する場合の濃度。

1.1 概　説

　光化学オキシダントの生成過程は複雑であるが，石油系燃料を使用する自動車排出ガスに含まれる窒素酸化物と，反応性に富んだ炭化水素が原因物質であることが明らかになった。生成物質はオゾンを主成分としたもので，ほかにPAN(パーオキシアセチルナイトレート)などで酸化力の強い汚染物質が含まれている。

　このように大気汚染問題はエネルギー源として使用される物質の種類と，その使用量と使用方法及び気象条件などによって被害も異なる。ロンドンスモッグのように排出された汚染物質が直接環境に影響を及ぼすものと，ロサンゼルスのように一次汚染物質が二次汚染物質に転換してから影響を及ぼすものがある。

　このほか，大気汚染の世界的に著名な出来事(エピソード)として表1.1のような事件がある。

表1.1　著名な大気汚染エピソード

	ミューズ (ベルギー) 1930（12月）	ドノラ (米) 1948（10月）	ロンドン (英) 1952（12月）	ロサンゼルス (米) 1944〜現在	ポザリカ (メキシコ) 1950（11月）
環　境	谷　地 無風状態 気温逆転 煙霧発生 工場地帯 　鉄工場　　3 　金属工場　3 　ガラス工場　4 　亜鉛工場　3	谷　地 無風状態 気温逆転 煙霧発生 工場地帯 　鉄工場 　電線工場 　亜鉛工場 　硫酸工場	河川平地 無風状態 気温逆転 煙霧発生 湿度90％ 人口ちゅう(稠)密 ガラス工場 冷い臭気のあるスモッグ	海岸盆地 1年を通じてやや海洋性のもの，気温逆転がほとんど毎日起こる。 白い煙霧発生 急激な人口増加，自動車数増加，石油系燃料消費増加	ガス工場の操作事故により大量の硫化水素ガスが町の中に漏れた。 気温逆転
被　害	通常の死亡数の10倍に相当する60人死亡のほか，全年齢層の急性呼吸器刺激性疾患の発生，せき，呼吸困難が主症状，家畜，鳥，植物も致死的被害，死亡者は慢性心肺疾患をもっていた者	人口14000人中 　重症　　11％ 　中等症　17％ 　軽症　　15％ の全年齢層に肺刺激症状を起こした。18人死亡，いずれも慢性心肺疾患のせき，呼吸困難，胸部狭さく感が主訴	2週間に4000人の過剰死亡，その後2か月の間で8000人の過剰死亡。 全年齢層に心肺性の疾患多発，入院患者激増，特に45歳以上は重症，死亡者は慢性気管支炎，ぜん息，気管支拡張症，肺線維症などを有する者	目，鼻，気道，肺などの粘膜の持続的・反復性刺激。 日常生活の不快感(全市民)，家畜，植物果実の損害，ゴム製品，建造物の損害	22000人のうち320人が急性中毒となり22人死亡，せき，呼吸困難，粘膜刺激などが主訴
原因物質	工場からの二酸化硫黄，硫酸，フッ素化合物，一酸化炭素，微細粒子など	工場からの二酸化硫黄及び硫酸微細エーロゾルとの混合	石炭燃焼による二酸化硫黄 　60％は家庭のストーブから，その他工場，発電所から 微細エーロゾル，粉じんなど	石油系燃料に由来する。 二酸化硫黄，二酸化窒素，二酸化炭素，ホルムアルデヒド，アクロレイン，アケトアルデヒド，芳香族及びオレフィン系炭化水素，オゾン，ニトロオレフィンなど	硫化水素

1. 大気環境保全の一般知識

1.1.3 日本の大気汚染の発生

日本では昭和30年代，産業の高度成長に伴って，石炭の燃料使用量が増加し，日本の大工業地域に大気汚染による公害が社会問題化してきた。そこで政府は37年「ばい煙の排出の規制等に関する法律」を制定し，すすや粉じん等の規制を行うこととした。日本全国のうちの特定の地域を指定地域として政令で制定し，その地域だけの規制であった。京葉工業地域，京阪工業地域，北九州工業地域などの地域を対象に，ばい煙発生施設から発生する硫黄酸化物とすす・粉じんについて，排出口(煙突)からの排出を濃度で規制した。しかし，この方式では，すす・粉じんに対してはある程度効果はあったものの，硫黄酸化物については規模の大小を問わず0.22％(一部0.18％)という基準であったため，硫黄酸化物の抑制にはほとんど効果がなかった。0.18～0.22％という硫黄酸化物濃度は重油中の硫黄分が3.0～3.5％程度含有している燃料を一般的な燃焼方法で燃焼させた状態で，企業は全く何もしなくても規制に対応できた。

さらに昭和30年代の後半に入ってから，日本の燃料は石炭から重油に転換し始め，その使用量も急激に増加してきた。狭い地域に大量の燃焼排ガスが放出されれば大気汚染の発生するのは当然である。特に40年代に入ってからは，従来の大工業地域の大気汚染に加えて，東京，大阪などの大都市圏のビル暖房による汚染も著しくなった。重油燃焼に伴う硫黄酸化物やばいじん等による汚染で，冬季，風の弱い日は連日のようにスモッグ注意報を発令しなければならなくなった。

表1.2 地域別の自動車普及率

国・地域	普及率 (1台当たりの人口)			1986年の台数(×百万台)
	1970年	1980年	1986年	
アメリカ	2.0	1.9	1.8	135
西ヨーロッパ	5.2	3.3	2.8	125
オセアニア	4.0	3.3	2.8	8
カナダ	3.0	2.6	2.2	11
日本	12.0	4.9	4.2	29
南アフリカ	12	12	11	3
東ヨーロッパ	36	12	11	17
ラテンアメリカ	38	18	15	26
ソ連	147	32	24	12
アジア[*1]	196	95	62	12
アフリカ[*2]	191	111	110	5
インド	902	718	554	1.4
中国	27707	18673	1374	0.8
世界	18	14	12	386[*3]

(注) [*1] 日本，中国，インドは除く。
[*2] 南アフリカは除く。
[*3] 四捨五入のため合計値と異なる。
出所：Worldwatch Institute, based on Motor Vehicle Manufacturers Association, *Facts and Figures* (Detroit, Mich: various editions).

1.1 概　説

　一方，我が国の自動車保有台数の伸びも著しくなってきた。昭和35年当時，平地面積当たり自動車保有台数はフランスより少なかったのが，36年にはフランス，39年にはイギリス，40年には西ドイツをそれぞれ追い越し，44年にはアメリカの約8倍となった。このため狭い国土の中を自動車が走り回っていることになり，排出ガスによる大気汚染や，騒音，振動などの公害問題が身近に起きるようになった。日本は西欧諸国に比べて2倍から数十倍の密度になっており，東京，大阪のような大都市圏ではさらにちゅう(稠)密で，東京，大阪は日本全体の平均の約8～9倍くらいとなり，自動車排出ガス対策の必要が迫られてきた。表1.2に地域別の自動車普及率を示す。

1.1.4　大気汚染物質

　大気を汚染させる物質は数多くある。自然に発生するものとしては火山爆発，砂じんなどがあるが，一般には人工的に発生するものを大気汚染物質と呼んでいる。

　冬季に発生したスモッグは工場やビル等の燃料燃焼によって発生する二酸化硫黄，三酸化硫黄(無水硫酸)などの硫黄の燃焼に伴って生じた硫黄酸化物と10 μm 以下の微粒子状の浮遊粉じん，窒素酸化物などがその汚染物質の主体である。

　一方，自動車等の移動発生源から排出される汚染物質は一酸化炭素，窒素酸化物，炭化水素，鉛などで，この中の窒素酸化物と炭化水素(反応性の高い芳香族，オレフィン等)は太陽の紫外線によって光化学反応を起こし，オキシダントと呼ばれる強酸化物を生成する。オキシダントはオゾンを主成分としているが，中性ヨウ化カリウム溶液からヨウ素を遊離酸化する物質の総称であって，ほかに目を刺激するPAN(パーオキシアセチルナイトレート)などの汚染物質も含まれている。こうした公害を広域汚染という。

　一方，工場や公衆浴場から排出される目で見える黒い汚染物質は，洗濯物に被害を与えたり，家具を汚染させたりするので，従来から苦情，陳情の申し立てが行政庁になされていた。

　また，特定の工場から排出される有害ガスの塩化水素，塩素，窒素酸化物，アンモニア，硫化水素，フッ化水素，カドミウム，鉛などは局地的な公害として行政指導がなされてきた。東京都城北工業地区，四日市磯津地区・塩浜地区，大阪市西淀川地区，富山県三日市地区，群馬県安中地区などが代表的な例で，こうした汚染は局地汚染とみなすことができる。

　本稿では，これらの汚染物質の中から，行政効果の進みつつある硫黄酸化物，昭和47年1月に環境基準が設定された浮遊粉じん，48年度に環境基準が設定された窒素酸化物，自動車排出ガスが主な発生源と考えられている一酸化炭素，光化学スモッグを発生させる主成分であるオキシダント等について述べる。

1.1.5　大気汚染のメカニズム

　大気汚染の発生機構は，発生源から排出された一次汚染物質と，その一部が二次汚染物質に変化し，人や植物に影響を与えるものである。

1. 大気環境保全の一般知識

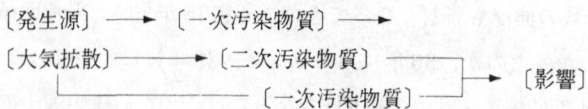

　大気汚染の発生源は，大別して，産業などの固定発生源と，自動車，飛行機などの移動発生源に分類される。

　固定発生源から排出される汚染物質は，硫黄酸化物(二酸化硫黄，三酸化硫黄)，ばいじん(降下ばいじん，浮遊ばいじん)，窒素酸化物[一酸化窒素(90％くらい)，二酸化窒素(10％くらい)]，有害物質(カドミウム，鉛，塩素，塩化水素，フッ素，フッ化水素，その他)，粉じんなどである。

　一方，移動発生源の自動車から排出される汚染物質は，一酸化炭素，窒素酸化物，炭化水素，ばいじん，鉛化合物などである。

　固定発生源と移動発生源から排出される一次汚染物質は，図1.2のような経路で植物，人体へ影響を与えるものとみてよい。

　産業などの固定発生源から排出された一次汚染物質や，自動車排出ガスなどが大気中に放出されると，大気により希釈され，風向，風速などによって清浄な空気と混合かくはんされ，大気の乱れにより汚染物質の粒子間隔やガス分子の相互間隔などが広げられて，希薄な濃度となっていく。

　汚染物質が拡散されていく途中において，気温や紫外線などの影響により，一次汚染物質の一部の窒素酸化物と炭化水素，及び二酸化硫黄などはオキシダントや硫酸ミストなどの二次汚染物質を生じることもあって，複合された汚染物質を生成しながら，人や植物に影響を与える。

　特に，自動車排出ガスは地表面から排出されるために，大気拡散状況は悪く，道路構造，道路付近の建物の影響が大きく働く。また，煙突から排出された煙も，近傍に建物があったり，地形によってはダウンドラフト(建物などの影響によって，建物の前面又は背面に乱れが生じて拡散が悪くなること。)などの影響を受ける。

　さらに，重金属のような大気汚染物質が放出され，土壌に蓄積されると，水，植物，動物等をめ

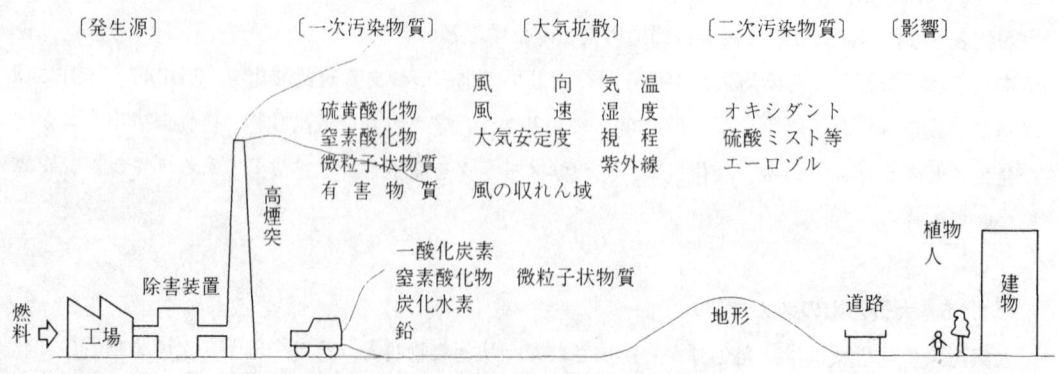

図1.2　大気汚染の発生源と汚染機構

1.1 概　説

ぐる正常な物質循環を阻害され，それら自然物の浄化機能に限界を生じ，汚染物質の生物的濃縮作用が営まれるようになる。

1.1.6 酸　性　雨

酸性雨の生成メカニズムは，二酸化硫黄と窒素酸化物を先駆物質とし，気相中で酸化され硫酸と硝酸になり，雲や雨に吸収されて酸性雨として地上に降下したり(湿性沈着)，大気中のアンモニアと反応して形成されるエーロゾル(硫酸塩，硝酸塩)や他の粒子状物質に付着した形で地上に降下する(乾性沈着)。

一般に雨は，このような硫酸，硝酸を含まない場合でも，二酸化炭素の影響でpH5.6の酸性を示す。したがって，酸性雨はpH5.6以下の場合をいう。

酸性雨により，湖沼や河川等の陸水の酸性化による魚類等への影響，土壌の酸性化による森林等への影響，樹木や文化財等への沈着等が考えられ，これらの衰退や崩壊を助長することなどの広範な影響が懸念されている。酸性雨が早くから問題となっている欧米においては，酸性雨によると考えられる湖沼の酸性化や森林の衰退等が報告されている。

酸性雨は，原因物質の発生源から500～1000kmも離れた地域にも沈着する性質があり，国境を越えた広域的な現象であることに一つの特徴がある。

我が国では，平成5年度から9年度までの降水中の全地点年平均pHは4.8～4.9であり，これまで森林，湖沼等の被害が報告されている欧米と比べてもほぼ同程度の酸性度であった。また，日本海側の測定局で冬季に硫酸イオン濃度，硝酸イオン濃度及び沈着量が増加する傾向が認められ，大陸からの影響が示唆された。

我が国における酸性雨による生態系等への影響は現時点では明らかになっていないが，一般に酸性雨による陸水，土壌・植生等に対する影響は長い期間を経て現れると考えられているため，現在のような酸性雨が今後も降り続けるとすれば，将来，酸性雨による影響が顕在化する可能性がある。

1.1.7 地球環境保全

大気環境問題には，前述のような地域レベルでの大気汚染である窒素酸化物，浮遊粒子状物質，光化学オキシダントなどの問題と，人間活動により地球規模の影響を及ぼす地球温暖化，オゾン層破壊など地球全体又はその広範な環境に影響を及ぼすものがある。

(1) 成層圏オゾン層の破壊

高度10kmから50kmの大気層である成層圏では，強い紫外線により酸素(O_2)が分解して生成する酸素原子(O)とO_2との反応でオゾン(O_3)ができるが，一方，オゾンは紫外線を吸収して分解する。この生成と分解反応のバランスにより，成層圏にオゾン層が形成されている。1974年（昭和49年），米国のRawland博士は，「対流圏で分解されないフロンが，成層圏の強い紫外線で分解されて塩素原子を放出し，オゾンを大量に分解する」と警告した。そのメカニズムは次のように考えられ

1. 大気環境保全の一般知識

ている。

$$CFCl_3 (フロン11) + h\nu \longrightarrow Cl + CFCl_2$$
$$Cl + O_3 \longrightarrow ClO + O_2$$
$$ClO + O \longrightarrow Cl + O_2$$

　フロンの光分解で生成した塩素原子(Cl)はオゾンと反応してClOになるが，ClOはOと反応してClが再生する。すなわち，ClとClOを連鎖種としてオゾンが次々に破壊されることになる。

　オゾン層破壊物質としては，クロロフルオロカーボン(CFC，いわゆるフロンの一種)，ハイドロクロロフルオロカーボン(HCFC)，ハロン(CF_3Brなど)，臭化メチル，四塩化炭素及び1,1,1-トリクロロエタン(CH_3CCl_3)などが挙げられる。

　フロンは1930年代に冷媒として登場し，1950年代から急増し，半導体等の洗浄用にも使用されてきた。

　オゾン層が破壊されると，地上に到達する有害な紫外線が増加し，人に対して皮膚がんや白内障等の健康被害を発生させるおそれがあるだけでなく，植物やプランクトンの生育の阻害等を引き起こすことが懸念されている。

　また，南極では，2000年(平成12年)に過去最大規模のオゾンホールが観測されている(図1.3)。

　1988年(昭和63年)のモントリオール議定書締約国会合では，これらフロンやハロンなどの削減計画が定められ，先進諸国での生産量低減が開始された。

　1996年(平成8年)からは，フロン11などの特定フロン類（CFC），特定ハロン類，四塩化炭素及び1,1,1-トリクロロエタンの先進諸国での生産が全廃されている。

　これら規制の成果は，図1.4に示すようにフロンの大気中濃度の増加傾向の鈍化などに現れており，フロン類よりも大気中寿命の短い(対流圏でも分解する)1,1,1-トリクロロエタンの濃度は減少

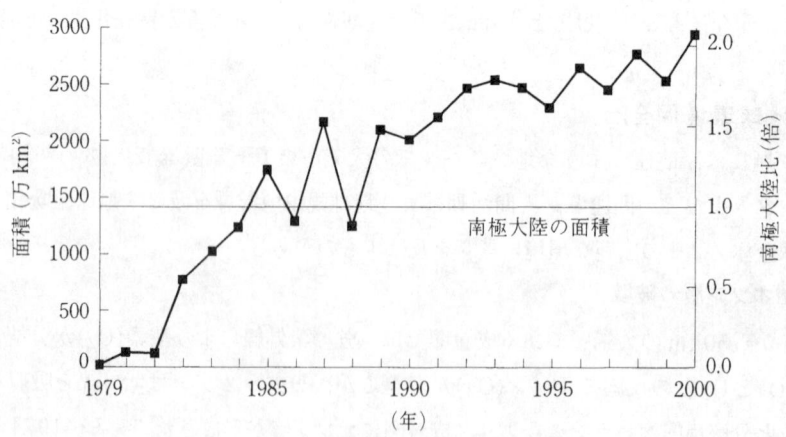

(出典：気象庁調査)

図1.3　オゾンホールの規模の推移

1.1 概　説

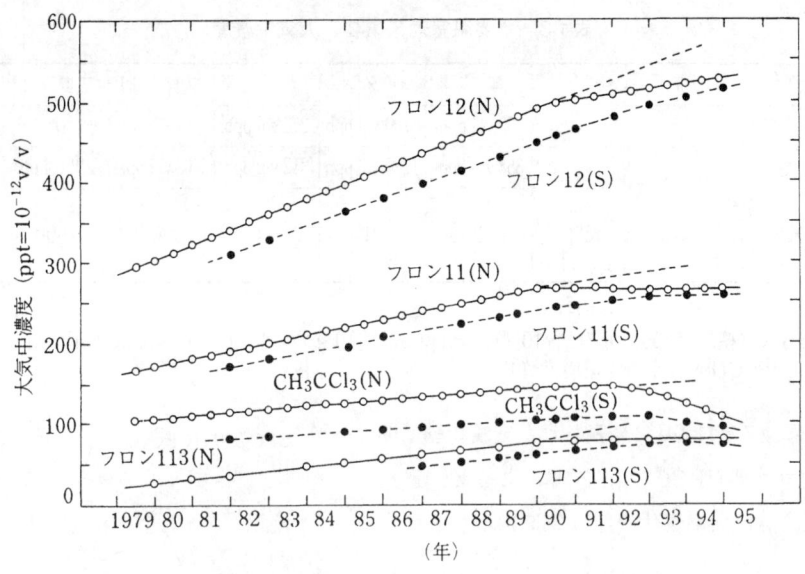

(注) N：北海道, S：昭和基地
[環境白書（平成6年版）総説, p.302, 大蔵省印刷局(1994)]

図1.4　フロンなどの大気中濃度の経年変化

している。

CFCは冷蔵庫，カーエアコン等の冷媒，電子部品，機械部品等の洗浄剤，発泡ウレタンなどの発泡剤として広く使用されてきた。分子内に水素を含むHCFCは，対流圏で分解するために大気中の寿命が短く，家庭用エアコン等の冷媒，洗浄剤や発泡剤として現在，CFCの代替品としてかなりの量が消費されている。しかし，HCFCは分子内に塩素をもっており，CFCよりも小さいとはいえオゾン破壊能力がある。このために，既にHCFCの消費量規制が開始されており，2020年には全廃になる見通しである。

ハイドロフルオロカーボン類(HFC)は塩素をもたないので，オゾンを破壊しない化合物であり，カーエアコン，冷蔵庫等の冷媒代替品として生産量，消費量が急速に増加している。しかし，1997年(平成9年)12月の気候変動枠組条約第3回締約国会議(COP3：地球温暖化防止京都会議)では，こうしたフロン代替物の温室効果が大きいことが指摘され，その排出量低減が検討されている。

(2) 地球温暖化

地球の表面は太陽光の放射エネルギー(可視光線)によって暖められ，可視光線よりも波長の長い赤外線を宇宙に放出することで冷える。エネルギーの出入りがバランスするように表面の温度が決まる。地球の大気中に存在する水蒸気，二酸化炭素，メタン，一酸化二窒素，オゾン(対流圏)などは赤外線を吸収する性質がある。地表面から赤外線の形で放出されたエネルギーは，これらの気体[温室効果気体(ガス)]に吸収され，再放射されたエネルギーの一部が地表面に戻される。この結果，地表の温度は上昇することになる。

1. 大気環境保全の一般知識

表1.3 主要温室効果気体の大気中濃度

	二酸化炭素	メタン	一酸化二窒素	フロン11	フロン22	四フッ化炭素
産業革命以前の濃度	280 vol ppm	700 vol ppb	275 vol ppb	0	0	0
1994年の濃度	358 vol ppm	1720 vol ppb	312 vol ppb	268 vol ppt	110 vol ppt	72 vol ppt
温暖化係数（100年）[各温室効果気体が100年間に及ぼす温暖化の効果（二酸化炭素を1とした場合）]	1	21	310	3800	1500	6500

（注） 1992～1993年のデータからの推計
vol ppmは容積比で100万分の1（10^{-6}），vol ppbは同10億分の1（10^{-9}），vol pptは同1兆分の1（10^{-12}）
[資料：IPCC(1995)等より環境庁作成]

1995年(平成7年)12月に発表された気候変動に関する政府間パネル(IPCC)の報告書によると，過去100年の間に温室効果気体濃度は急速に増加している(表1.3)。

特に，二酸化炭素はその排出量が膨大であるため，温暖化への寄与度は全世界における産業革命以降の累積で約64％を占めている(図1.5)。

化石燃料の消費(主として燃焼)によって，年間，炭素換算で約55億t，森林破壊等によって約16億t，合計で約71億tの二酸化炭素が大気中に放出されている。海洋，北半球の森林などにより，その約半分が吸収されているが，残りの半分は大気中に残留している。

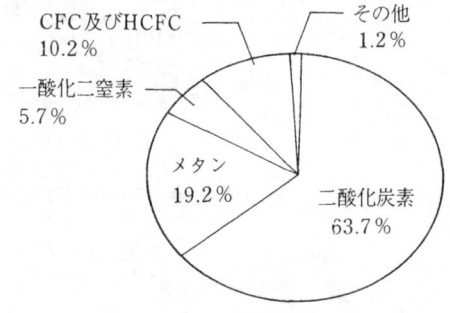

[出典：IPCC(1995)]

図1.5 産業革命以降人為的に排出された温室効果ガスによる地球温暖化への直接的寄与度(1992年現在)

IPCCの2001年（平成13年）の報告によると，1861年以降，全球平均地上気温が0.6±0.2℃上昇した。20世紀における温暖化の程度は，北半球では過去1000年のいかなる世紀と比べても，最も著しいとしている。同報告は，過去50年間に観測された温暖化の大部分が人間活動に起因していると指摘している。

また，同報告では，世界全体の経済成長や人口，技術開発，経済・エネルギー構造などの動向について一定の前提条件を設けた複数のシナリオに基づく将来予測を行っており，1990年から2100年までの全球平均地上気温の上昇は，1.4～5.8℃と予測されている。過去100年間で0.6℃上昇しているのに比べ急激に上昇することになる。

気温は，日較差や年較差をもって周期的に変動しているが，その変動は大きな問題を起こすものではない。しかし，全体としての平均気温の上昇は，その数値が日較差に比べ微細であっても環境に大きく影響するおそれがある。

気温の上昇は，海水の膨張，極地及び高山地の氷の融解を引き起こし，その結果として海面の上昇を招く。この場合，海岸線の移動により多大な影響が生じると考えられる。

1.1 概　説

　IPCCによれば，海面水位は1990年から2100年までの間に9～88cm上昇することが予測されている。2080年までに海面水位が40cm上昇する場合，沿岸の高潮により水害を被る世界の人口は，年平均で7500万人から2億人の範囲で増加すると予測されている。

　そのほか，食糧危機，生態系への影響，マラリアやデング熱の伝染可能範囲の拡大など，健康への影響などが懸念されている。

　COP3では，2000年以降の二酸化炭素排出量削減行動計画が議論された。その結果，先進国での二酸化炭素を含む温室効果気体の排出量削減計画(2012年までに1990年の排出レベルに対して，日本6％，米国7％，EU8％の削減など)などを内容とする議定書が作成された。しかし，経済発展と人口増加によるエネルギー使用量の増加が続いている発展途上国については，具体的な排出量削減などの目標は設定されていない。

　2000年11月にハーグで開催された締約国会議(COP6)が決裂し，2001年7月にボンでCOP6が再開され，米国の「京都議定書」からの離脱表明など各国の経済，産業に直接的影響を及ぼす二酸化炭素をはじめとする温室効果気体対策の困難さが示されている。

1.1.8　大気汚染のコントロールの手法

　大気汚染物質の排出をコントロールして，大気汚染を制御する手法は大別して，次の四つの手法がある(公害防止管理者試験科目は，この手法について試験範囲が構成されている。)。

　第一は重油中の硫黄分を減少させて，燃焼により排出する硫黄酸化物の排出量を少なくさせるような良質燃料対策で，二酸化硫黄対策に効果がある。ほかにガス又は電気による燃料転換，重油の直接脱硫又は間接脱硫なども，このカテゴリーに入る。

　第二は燃料の燃焼管理を十分に行って，黒煙などの発生を防止したり，作業や燃焼管理を行い，有害物質の発生を制御したりするクローズドシステムによる公害防止方法である。工場内における資源の有効利用などが，このカテゴリーである。

　第三は，集じん装置や有害物質処理装置によって大気汚染を防止する方法である。燃焼管理，作業管理だけでは十分ではない汚染物質に対しては除害装置を設ける必要がある。汚染物質の性状に適した除害装置を設けることにより，大気への排出を低減させる。排煙脱硫装置，除じん・集じん装置，有害物質処理装置，自動車へのアフターバーナーの取り付けなどがこの中に入る。

　第四は，燃料の良質化，作業管理，集じん装置の設置などの手段を用いても技術的，経済的に困難なときに用いられる方法で高煙突による大気拡散により，地上汚染濃度を低減させる方法である。

　重油中の硫黄分を低減させる重油脱硫装置は膨大な費用が掛かり，排煙中の硫黄酸化物を除去する排煙脱硫の装置も技術的に未開発だったところから，昭和40年代に入って急速に広まった技術である。

　以上は主として固定発生源に対する制御手段であるが，自動車についてもほぼ同様のことがいえる。

1. 大気環境保全の一般知識

　燃料の良質化とは，排出ガス中に鉛などの汚染物質が入らないように，無鉛ガソリンを使用することであり，光化学反応性のある炭化水素，例えば，芳香族系物質やオレフィンなどの物質を入れないことである。

　また，燃焼管理はレシプロエンジン中の燃焼を十分に行って，一酸化炭素や炭化水素などの発生をできるだけ抑えることである。除害装置としては一酸化炭素，炭化水素などに触媒式燃焼装置による完全燃焼を図ることなどがある。

　これらの大気汚染物質に加えて，自然界の火山の爆発による降じん，土壌粒子，海塩粒子，宇宙じんなどのほかに，自動車のタイヤの摩耗，ブレーキライニングの石綿粉なども大気汚染の原因となる微粒子状物質である。

1.1.9　大気汚染状況判定の目安

　汚染物質別に汚染の程度をはかるには，「環境基準」の設定されているものは環境基準を目安とする。環境基準は「人の健康を保護」し，「生活環境を保全」する上で維持されることが望ましい基準を国が定めたもので，「環境基本法」に基づいたものである。

　維持されることが望ましい基準とは，それ以上高い汚染濃度の地域は，その数値以下になるように行政と企業が努力して，その数値を達成することであり，その数値以下で，環境基準を達成している非汚染地域は，常にその数値を維持すべきことと考えるべきであろう。

　平成13年4月現在，環境基準が設定されているのは，表1.4(a)(b)に示すように，10物質である。環境基準は行政目標値で表1.4の環境上の条件のところに当たるもので，発生源の排出口の排出基準値ではない。したがって，汚染状況は，この環境基準を満足しているか否かによって，ある程度判断できる。

　炭化水素については，昭和51年7月の行政指針で「光化学オキシダント生成防止のため必要条件として午前6時から9時までの3時間平均値は非メタン系炭化水素濃度で0.2〜0.31ppmC」としている(ppmCはメタン換算の濃度のこと)。

　環境基準値は，いき(閾)値のある物質については，人に対して影響を起こさない最大量(NOAEL：無毒性量)を求め，それに基づいて定められる。一方，いき値がない物質については，生涯リスクレベルとして10^{-5}(10万人に1人の割合の生涯リスクレベル)を参考にして定められている。指定物質として，環境基準が定められているベンゼン，トリクロロエチレン及びテトラクロロエチレンの中で，いき値がない物質として取り扱われているのはベンゼンで，その他の物質はいき値がある物質として取り扱われている。

　ダイオキシン類は燃焼排ガスや化学物質の不純物として環境に排出され，特にごみ焼却施設からのダイオキシン類の排出が社会的問題になっている。ダイオキシン類は極めて毒性の強い物質で，発がん性，生殖毒性，催奇形性，免疫毒性等多岐にわたる毒性を有している。

　平成11年7月に「ダイオキシン類対策特別措置法」が成立し12年1月に施行された。同法による

1.1 概説

表1.4(a) 環境基準

物質	二酸化硫黄	一酸化炭素	浮遊粒子状物質	二酸化窒素	光化学オキシダント
制定年月日	昭和48年5.15閣議了解（昭和44年2.1閣議決定は廃止）	昭和45年2.20閣議決定	昭和47年1.11告示	昭和53年7.11制定（昭和48年5月制定は廃止）	昭和48年5.8制定
環境上の条件	1時間値の1日平均値が0.04ppm以下であり、かつ1時間値が0.1ppm以下であること。	1時間値の1日平均値が10ppm以下であり、かつ1時間値の8時間平均値が20ppm以下であること。	1時間値の1日平均値が$0.10mg/m^3$以下であり、かつ1時間値が$0.20mg/m^3$以下であること。	1時間値の1日平均値が0.04ppmから0.06ppmまでのゾーン内又はそれ以下。	1時間値が0.06ppm以下であること。
測定方法	溶液導電率法	非分散形赤外分析計を用いる方法	ろ過捕集による重量濃度測定方法又はこの方法によって測定された重量濃度と直線的な関係を有する量が得られる光散乱法、圧電天びん法若しくはベータ線吸収法	ザルツマン試薬を用いる吸光光度法	中性ヨウ化カリウム溶液を用いる吸光光度法又は電量法

(注) 1. 浮遊粒子状物質とは、大気中に浮遊する粒子状物質であって、その粒径が$10\mu m$以下のものをいう。
2. 光化学オキシダントとは、オゾン、PAN、その他の光化学反応により生成される酸化性物質（中性ヨウ化カリウム溶液からヨウ素を遊離するものに限り、二酸化窒素を除く。）をいう。

表1.4(b) 環境基準(つづき)

物質	ベンゼン	トリクロロエチレン	テトラクロロエチレン	ダイオキシン類	ジクロロメタン
制定年月日	平成9年2.4環境庁告示	平成9年2.4環境庁告示	平成9年2.4環境庁告示	平成11年12.27環境庁告示	平成13年4.20環境省告示
環境上の条件	1年平均値が$0.003mg/m^3$以下であること。	1年平均値が$0.2mg/m^3$以下であること。	1年平均値が$0.2mg/m^3$以下であること。	1年平均値が$0.6pg-TEQ/m^3$以下であること。	1年平均値が$0.15mg/m^3$以下であること。
測定方法	キャニスター若しくは捕集管により採取した試料をガスクロマトグラフ質量分析計により測定する方法又はこれと同等以上の性能を有すると認められる方法	キャニスター若しくは捕集管により採取した試料をガスクロマトグラフ質量分析計により測定する方法又はこれと同等以上の性能を有すると認められる方法	キャニスター若しくは捕集管により採取した試料をガスクロマトグラフ質量分析計により測定する方法又はこれと同等以上の性能を有すると認められる方法	ポリウレタンフォームを装着した採取筒をろ紙後段に取り付けたエアサンプラーにより採取した試料を高分解能ガスクロマトグラフ質量分析計により測定する方法	キャニスター若しくは捕集管により採取した試料をガスクロマトグラフ質量分析計により測定する方法又はこれと同等以上の性能を有すると認められる方法

(注) 近年我が国では、大気中から低濃度ではあるが長期の暴露により健康への影響が懸念される発がん性などの有害性が問題とされる物質が種々検出されており、これらの有害大気汚染物質の長期暴露により健康リスクの未然防止が求められている。このような状況を踏まえ、有害大気汚染物質対策の導入を中心として平成8年5月に大気汚染防止法の一部が改正され、有害大気汚染物質対策の推進にかかわる各種規定が追加され、9年2月には、指定物質(有害大気汚染物質のうち早急に排出を抑制すべき物質)に指定されたベンゼン、トリクロロエチレン及びテトラクロロエチレンによる大気の汚染に係る環境基準が設定された。さらに、13年4月にジクロロメタンに係る環境基準が設定された。

1. 大気環境保全の一般知識

「ダイオキシン類」には，ポリクロロジベンゾ-パラ-ジオキシン(PCDDs)，ポリクロロジベンゾフラン(PCDFs)に加え，コプラナーポリクロロビフェニル(コプラナーPCBs)を含むものと定義された。

PCBs以外のダイオキシン類，すなわちPCDDsとPCDFsは多くの他の化学物質と異なり，何らかの用途に使う目的で作られるものではなく，燃焼過程などにおいて副次的，非意図的に生成する物質である。一方，PCBsは非意図的にも生成されるが，その優れた熱的安定性や電気絶縁性などのために化成品として積極的に製造され使用されてきたものである。

この環境基準値は，汚染状況の判定には極めて重要である。各地の汚染状況を判断するとき，環境基準をどの程度上回っているかを比べることにより，地域の汚染濃度を比較することになる。

汚染物質の環境における測定値は，測定時間が長いほど平均濃度は小さい値となる。したがって，環境における汚染濃度の幅には次の関係がある。

年平均値＜月平均値＜日平均値＜1時間値(幅が広く，高濃度から低濃度まである。)。例えば，硫黄酸化物の1時間値の1日平均値(24時間測定値の平均)が0.04ppm以下の条件に対し，ピークの1時間値は0.1ppmとなっており，浮遊粒子状物質では，1時間値の1日平均値が0.10mg/m^{3}以下の条件に対し，1時間値は0.20mg/m^3(200μg/m^3)となる。

1.2 大気関係の法規及び行政

I 環境基本法

今日の環境問題は，二酸化炭素等による地球の温暖化や硫黄酸化物の放出による酸性雨問題等の地球環境問題，廃棄物問題や生活排水による水域の富栄養化等の都市・生活型環境問題のように，国民の日常生活や事業活動の基本的要素に起因する部分が多くなってきている。

これらの問題は，かつての産業公害のように人の健康や生活環境に激甚な被害をもたらす可能性は小さいが，長期的には人類の生存基盤である環境に大規模で不可逆的な影響を与えるものである。また，地球環境問題は，行為と被害が地域的に限定されていた公害とは異なり，我が国一国だけの取り組みでは不十分であり，他国と協調した取り組みなくしては施策の効果が期待されないという特質がある。

このような新しい環境問題の特質を踏まえると，事業者に対する規制を中心としていた従来の公害対策基本法の枠組みが不十分なのは明らかであり，問題の性格に応じ，多様な手法を適切に活用することにより，持続的発展が可能な社会を構築していくための新たな枠組みが必要であると認識されるようになった。

以上のような背景を基に，平成4年7月に中央公害対策審議会企画部会及び自然環境保全審議会自然環境部会に対し，「環境基本法制のあり方について」が付議され，同年10月20日に「環境基本法

制のあり方について」が環境庁長官に答申(以下,「答申」という。)された。政府部内では,答申を受け,5年3月12日に環境基本法案が閣議決定され,同年6月の衆議院の解散による廃案を経て,同年11月12日環境基本法が成立した(11月19日施行)。なお,(旧)公害対策基本法は,環境基本法の施行に伴い廃止された。

(1) 目的(第1条)

　この法律は,環境の保全について,基本理念,国等の責務及び施策の基本となる事項を定めることにより,環境の保全に関する施策を総合的かつ計画的に推進し,もって現在及び将来の国民の健康で文化的な生活の確保に寄与するとともに人類の福祉に貢献することを目的としている。

(2) 定義(第2条)

　　a)　「環境への負荷」とは,人の活動により環境に加えられる影響であって,環境の保全上の支障の原因となるおそれのあるものをいう。

　　b)　「地球環境保全」とは,人の活動による地球全体の温暖化又はオゾン層の破壊の進行,海洋の汚染,野生生物の種の減少その他の地球の全体又はその広範な部分の環境に影響を及ぼす事態に係る環境の保全であって,人類の福祉に貢献するとともに国民の健康で文化的な生活の確保に寄与するものをいう。

　　c)　「公害」とは,環境の保全上の支障のうち,事業活動その他の人の活動に伴って生ずる相当範囲にわたる大気の汚染,水質の汚濁(水質以外の水の状態又は水底の底質が悪化することを含む。第16条第1項を除き,以下同じ。),土壌の汚染,騒音,振動,地盤の沈下(鉱物の掘採のための土地の掘削によるものを除く。以下同じ。)及び悪臭によって,人の健康又は生活環境(人の生活に密接な関係のある財産並びに人の生活に密接な関係のある動植物及びその生育環境を含む。以下同じ。)に係る被害が生ずることをいう。

(3) 基本理念(第3条～第5条)

① 環境の恵沢の享受と継承等

　環境の保全は,環境を健全で恵み豊かなものとして維持することが人間の健康で文化的な生活に欠くことのできないものであること及び生態系が微妙な均衡を保つことによって成り立っており,人類の存続の基盤である限りある環境が,人間の活動による環境への負荷によって損なわれるおそれが生じてきているという認識から,現在及び将来の世代の人間が健全で恵み豊かな環境の恵沢を享受するとともに,人類の存続の基盤である環境が将来にわたって維持されるように適切に行われなければならない。

② 環境への負荷の少ない持続的発展が可能な社会の構築等

　環境の保全は,社会経済活動その他の活動による環境への負荷をできる限り低減すること,その他の環境の保全に関する行動がすべての者の公平な役割分担の下に自主的かつ積極的に行われるようになることによって,健全で恵み豊かな環境を維持しつつ,環境への負荷の少ない健全な経済の発展を図りながら持続的に発展することができる社会が構築されることを旨とし,及び科学的知見

の充実の下に環境の保全上の支障が未然に防がれることを旨として，行われなければならない。
 ③ 国際的協調による地球環境保全の積極的推進

 地球環境保全が人類共通の課題であるとともに国民の健康で文化的な生活を将来にわたって確保する上での課題であること，及び我が国の経済社会が国際的に密接な相互依存関係の中で営まれていることにかんがみ，地球環境保全は，我が国の能力を生かして，及び国際社会において我が国の占める地位に応じて，国際的協調の下に積極的に推進されなければならない。

(4) 責務 (第6条～第9条)

① 国の責務

 国は，基本理念にのっとり，基本的かつ総合的な施策を策定及び実施する責務を有する。

② 地方公共団体の責務

 地方公共団体は，基本理念にのっとり，国の施策に準じた施策及びその他のその区域の自然的・社会的条件に応じた施策を策定及び実施する責務を有する。

③ 事業者の責務

事業者は，基本理念にのっとり

　a) 事業活動を行うに当たり，公害の防止又は自然環境の適正な保全のために必要な措置を講ずる責務を有する。

　b) 環境の保全上の支障を防止するため，物の製造等の事業活動に当たり，その事業活動に係る製品等が廃棄物となった場合に，その適正な処理が図られることとなるように必要な措置を講ずる責務を有する。

　c) a)及びb)のほか，環境の保全上の支障を防止するため，物の製造等の事業活動に当たり，その事業活動に係る製品等が使用又は廃棄されることによる環境への負荷の低減に資するように努めるとともに，環境への負荷の低減に資する原材料等を利用するように努めなければならない。

　d) a)～c)までのほか，環境の保全に自ら努めるとともに，国又は地方公共団体の施策に協力する責務を有する。

④ 国民の責務

国民は，基本理念にのっとり

　a) 環境の保全上の支障を防止するため，日常生活に伴う環境への負荷の低減に努めなければならない。

　b) a)のほか，環境の保全に自ら努めるとともに，国又は地方公共団体の施策に協力する責務を有する。

(5) 環境の日(第10条)

6月5日を環境の日とし，国及び地方公共団体は，その趣旨にふさわしい事業を実施するよう努める。

(6) 法制上の措置等(第11条)

政府は，環境の保全に関する施策を実施するため必要な法制上又は財政上の措置その他の措置を講じなければならない。

(7) 年次報告等

政府は，毎年，環境の状況及び環境保全に関して講じた施策に関する報告並びに講じようとする施策を明らかにした文書を国会に提出しなければならない。

(8) 放射性物質による大気の汚染等の防止 (第13条)

放射性物質による大気の汚染等の防止のための措置については，原子力基本法その他の関係法律で定めるところによること。

(9) 施策の策定等に係る指針 (第14条)

環境の保全に関する施策の策定及び実施は，次の事項の確保を旨として，各種施策相互の有機的連携を図りつつ総合的かつ計画的に行われなければならない。

- a) 人の健康の保護及び生活環境の保全並びに自然環境の適正な保全が行われるよう環境の自然的構成要素が良好な状態に保持されること。
- b) 生物の多様性の確保が図られるとともに，森林，農地，水辺地等における多様な自然環境が地域の自然的・社会的条件に応じて体系的に保全されること。
- c) 人と自然との豊かな触れ合いが保たれること。

(10) 環境基本計画 (第15条)

政府は，環境の保全に関する施策の総合的かつ計画的な推進を図るため，環境の保全に関する施策の大綱等について定める環境基本計画を定めなければならないとして，その策定の手続も定めている。

この環境基本計画は，既に平成6年12月9日に中央環境審議会が答申し，12月16日に閣議決定されている。

(11) 環境基準 (第16条)

政府は，大気の汚染，水質の汚濁，土壌の汚染及び騒音に係る環境上の条件につき，人の健康の保護及び生活環境の保全の上で維持されることが望ましい基準を定めるものとする。

ばい煙の排出基準は個々の工場，事業場から排出される汚染物質の許容限度であるのに対し，環境基準は個々の工場，事業場等から排出される汚染物質の重合・集積によって生ずる地域全体の環境汚染の改善目標を示すものである。それゆえ排出基準には通常の場合，事業者に対し改善命令，罰則等の強制力が伴うのに対し，環境基準の場合は強制力を伴わない。

また，環境基準は必要な改定がなされるものである。

(12) 公害防止計画 (第17条，第18条)

環境大臣は，公害の防止に関する施策を総合的に講じなければ公害の防止を図ることが著しく困難であると認められるなどの地域につき，関係都道府県知事に対し，環境基本計画を基本として策

1. 大気環境保全の一般知識

定した基本方針を示して公害防止計画の策定を指示することとし，関係都道府県知事は，公害防止計画を作成し，環境大臣の同意を受けなければならない。

(13) 国が講ずる環境の保全のための施策等 (第19条～第31条)

① 国の施策の策定等に当たっての配慮

国は，環境に影響を及ぼすと認められる施策を策定又は実施するに当たっては，環境の保全について配慮しなければならない。

② 環境影響評価の推進

国は，土地の形状の変更，工作物の新設その他これらに類する事業を行う事業者が，あらかじめ環境への影響について自ら適正に評価等を行い，環境の保全について適正に配慮することを推進するため，必要な措置を講ずるものとする。

③ 環境の保全上の支障を防止するための規制

a) 国は，環境の保全上の支障を防止するため，次の規制の措置を講じなければならないこと。

a-1) 大気の汚染，水質の汚濁等の原因となる物質の排出，騒音又は振動の発生等の行為に関し必要な規制の措置

a-2) 公害が著しく，又は著しくなるおそれがある地域における公害の原因となる施設の設置等に関し必要な規制の措置

a-3) 自然環境の保全が特に必要な区域における自然環境の適正な保全に支障を及ぼすおそれがある行為に関し必要な規制の措置

a-4) 保護することが必要な野生生物等の適正な保護に支障を及ぼすおそれがある行為に関し必要な規制の措置

a-5) 公害及び自然環境の保全上の支障がともに生ずるか又はそのおそれのある場合にこれらをともに防止するために必要な規制の措置(第21条第1項関係)

b) a)のほか，国は，環境の保全上の支障を防止するため，人の健康又は生活環境に係る環境の保全上の支障の防止のために必要な規制の措置を講ずるように努めなければならない。

④ 環境の保全上の支障を防止するための経済的措置

a) 国は，環境への負荷の原因となる活動(以下，「負荷活動」という。)を行う者が負荷の低減のための適切な措置をとることを助長することにより環境の保全上の支障を防止するため，負荷活動を行う者にその経済的な状況等を勘案しつつ必要かつ適正な経済的な助成措置を講ずるように努めるものとする。

b) 国は，負荷活動を行う者に対し適正かつ公平な経済的な負担を課すことにより，その者が自ら環境への負荷の低減に努めることとなるように誘導することを目的とする施策が，有効性を期待され，国際的にも推奨されていることにかんがみ，その施策に係る措置を講じた場合の効果，我が国の経済に与える影響等を適切に調査及び研究するとともに，その措置を講ずる必要がある場合にはその施策の活用につき国民の理解と協力を得るように努めるものとし，その措

置が地球環境保全のためのものであるときは，その効果の適切な確保のため，国際的な連携に配慮するものとする。

⑤ 環境の保全に関する施設の整備その他の事業の推進

国は，環境の保全上の支障を防止するための公共的施設の整備その他の事業並びに環境の保全上の支障の防止に資する公共的施設の整備その他の事業，自然環境の適正な整備及び健全な利用のための公共的施設の整備その他の事業並びにこれらの施設の環境の保全上の効果が増進されるために必要な措置等を講ずるものとする。

⑥ 環境への負荷の低減に資する製品等の利用の促進

国は，事業者に対し，物の製造等の事業活動に際して，あらかじめ，製品等が使用又は廃棄されることによる環境への負荷について事業者が自ら評価することにより，環境への負荷の低減について適正に配慮することができるように必要な措置を講ずるとともに，環境への負荷の低減に資する原材料，製品等の利用が促進されるように必要な措置を講ずるものとする。

⑦ 環境の保全に関する教育，学習等

国は，環境の保全に関する教育及び学習の振興並びに環境の保全に関する広報活動の充実により，事業者及び国民が環境の保全について理解を深めるとともに環境の保全に関する活動の意欲が増進されるように必要な措置を講ずるものとする。

⑧ 民間団体等の自発的な活動を促進するための措置

国は，事業者，国民又はこれらの者の組織する民間の団体(以下「民間団体等」という。)が自発的に行う環境の保全に関する活動が促進されるように必要な措置を講ずるものとする。

⑨ 情報の提供

国は，⑦の教育及び学習の振興並びに⑧の自発的な活動の促進に資するため，個人及び法人の権利利益の保護に配慮しつつ，環境の保全に関する必要な情報を適切に提供するように努めるものとする。

⑩ 調査の実施

国は，環境を保全するための施策の策定に必要な調査を実施するものとする。

⑪ 監視等の体制の整備

国は，環境の状況の把握及び施策の適正な実施に必要な監視等の体制の整備に努めるものとする。

⑫ 科学技術の振興

国は，環境の保全に関する科学技術の振興を図るとともに，試験研究の体制の整備等の必要な措置を講ずるものとする。

⑬ 公害に係る紛争の処理及び被害の救済

国は，公害に係る紛争の処理及び被害の救済の円滑な実施を図るため，必要な措置を講じなければならない。

1. 大気環境保全の一般知識

(14) **地球環境保全等に関する国際協力等** (第32条～第35条)

① 地球環境保全等に関する国際協力等

 a) 国は，地球環境保全に関する国際協力の推進に必要な措置のほか，開発途上地域の環境の保全及び国際的に高い価値が認められている環境の保全であって，人類の福祉に貢献するとともに国民の健康で文化的な生活の確保に寄与するもの(以下「開発途上地域の環境の保全等」という。)に関する国際協力の推進のために必要な措置を講ずるように努めるものとする。

 b) 国は，地球環境保全及び開発途上地域の環境の保全等(以下「地球環境保全等」という。)に関する国際協力の円滑な推進を図るため，専門的知見を有する者の育成，情報の収集等の必要な措置を講ずるように努めるものとする。

② 監視，観測等に係る国際的な連携の確保等

 国は，地球環境保全等に関する環境の状況の監視，観測等の効果的な推進を図るための国際的な連携を確保するように努めるとともに，地球環境保全等に関する調査等の推進を図るための国際協力を推進するように努めるものとする。

③ 地方公共団体又は民間団体等による活動を促進するための措置

 国は，地球環境保全等に関する国際協力のための地方公共団体による活動及び民間団体等による自発的な活動の重要性にかんがみ，これらの促進を図るため，必要な措置を講ずるように努めるものとする。

④ 国際協力の実施等に当たっての配慮

 国は，国際協力の実施に当たり，その地域に係る地球環境保全等について配慮するように努めなければならないこととするとともに，本邦以外の地域において行われる事業活動の事業者がその地域に係る地球環境保全等について適正に配慮できるようにするために必要な措置を講ずるように努めるものとする。

(15) **地方公共団体の施策** (第36条)

 地方公共団体は，国の施策に準じた施策及びその他のその区域の自然的・社会的条件に応じた施策を，総合的かつ計画的な推進を図りつつ実施する。

(16) **費用負担及び財政措置等** (第37条～第40条)

① 原因者負担

 国及び地方公共団体は，公害又は自然環境の保全上の支障を防止するために国，地方公共団体又はこれらに準ずる者により実施されることが必要かつ適切と認められる事業がこれらの者により実施される場合において，その実施に要する費用をその事業の必要を生じさせた者に負担させることが適当と認められるものにつき，その者にその必要を生じさせた限度において，その費用の全部又は一部を適正かつ公平に負担させるために必要な措置を講ずる。

② 受益者負担

 国及び地方公共団体は，自然環境を保全することが特に必要な地域について，その適正な保全の

1.2 大気関係の法規及び行政

ための事業の実施により著しく利益を受ける者がある場合において，その者に受益の限度においてその実施に要する費用の全部又は一部を適正かつ公平に負担させるために必要な措置を講ずる。

③ 地方公共団体に対する財政措置等

国は，地方公共団体が環境の保全に関する施策を策定及び実施するための費用につき，必要な財政上の措置その他の措置を講ずるように努める。

④ 国及び地方公共団体の協力

国及び地方公共団体は，環境の保全に関する施策を講ずるに当たって，相協力する。

(17) 環境審議会 (第41条～第44条)

環境省に，中央環境審議会を置き，環境の保全に関する基本的な事項等の調査審議等をするとともに，その組織等について所要の規定を置く。また，都道府県及び市町村に，環境の保全全般に関して基本的事項の調査審議等を行うものとして，都道府県環境審議会その他の合議制の機関及び市町村環境審議会その他の合議制の機関を設置することとしている。

(18) 公害対策会議 (第45条，第46条)

環境省に，特別の機関として，公害対策会議を置き，公害の防止に関する基本的かつ総合的な施策についての企画の審議及び実施の推進等を行うこととし，その組織等について所要の規定を置くこと。

Ⅱ 大気汚染防止法

1.2.1 大気汚染防止法の仕組み

大気汚染防止法の規制の体系は若干複雑である。昭和43年に従来の「ばい煙の排出の規制等に関する法律」が「大気汚染防止法」に改称され，さらに45年12月，現在のものに改正された。改正の要点を簡単に述べると，a)目的の改正，b)規制対象の拡大，c)指定地域制の廃止，d)上乗せ条例の設定等，e)都道府県知事の権限の強化，f)直罰制度の導入，g)緊急時の措置の強化などである。

これらの改正の結果，以下に述べるような規制が行われることになった。

(1) ばい煙及びばい煙発生施設の指定 (第2条)

工場，事業場から排出される物質のうちで本法により常時規制されるものは，「ばい煙」である。ばい煙とは，硫黄酸化物，ばいじん(燃焼に伴って生ずるすす)，窒素酸化物，塩素，フッ化水素等の有害ガス，鉛，カドミウム等の重金属類を指し，このうち，有害ガスと重金属については「有害物質」として政令［大気汚染防止法施行令(以下，「令」という。)］で指定することとしている(令第1条)。また，本法の規制を受ける施設は「ばい煙発生施設」で，上述のばい煙を発生する施設の中から政令で指定される(令第2条)。

(2) 排出基準の設定 (第3条)

次に，ばい煙について「排出基準」が定められる。ばい煙のうち硫黄酸化物については，地域の区分ごとに環境省令で排出基準が定められ［大気汚染防止法施行規則(以下，「規則」という。)第3

条], ばいじん(規則第4条)及び有害物質(規則第5条)については, 全国一律の排出基準が定められ, さらに人の健康, 生活環境を保全するために必要な場合には, 都道府県が条例により一律基準より厳しい上乗せ基準を定めることができることとなっている。

この場合, 基準設定は, 硫黄酸化物と特定有害物質(未指定)については排出口の高さに応じて定める量規制(K値規制)により行われ, ばいじん及び一般の有害物質については排出口における濃度規制により行われる(令第5条)。

このほか, 大気汚染の著しい地域においては, 環境省令により硫黄酸化物, ばいじん及び特定有害物質を発生する施設を新設する場合に適用する特別に厳しい基準(「特別排出基準」)を定めることができることとなっている(法第3条の3, 令第6条, 規則第7条)。

しかしながら, 後述するように従来の大気汚染防止法では, 硫黄酸化物のK値規制や, 窒素酸化物の濃度規制だけでは環境基準の達成が困難と思われる地域については, 総量規制及び燃料使用に関する措置により, 環境基準を達成する体系となっている。

以上の大気汚染防止法における規制措置等の一覧を表1.5に示す。

(3) ばい煙発生施設の設置・変更の届出 (第6条)

ばい煙発生施設を設置しようとする者は, 氏名, 住所, ばい煙発生施設の種類, 構造, 使用方法等について都道府県知事に届けなければならず, また, ばい煙発生施設の構造等重要事項の変更を行ったときは, その旨を都道府県知事に届け出なければならない。

(4) 計画変更命令

都道府県知事は, (3)の届出があった場合には, その施設から排出されるばい煙が, 排出基準に適合することとなるかどうかを調査し, 適合しないと判断したときは, 施設の構造, 使用の方法等, ばい煙の処理方法について計画の変更を命ずることができ, 場合によっては設置の計画を廃止することを命ずることができる。

なお, 都道府県知事が計画変更を命ずる場合には, 届出を受理してから60日以内に命じなければならず, 設置や変更を行おうとする者は, その間, 工事を始めてはならない。

(5) 基準違反のばい煙の排出の禁止 (第13条, 第13条の2, 第33条の2)

ばい煙を排出する者は, 排出基準に違反してはならない。排出基準に違反した者は, 6か月以下の懲役又は50万円以下の罰金に処せられる(直罰)。

(6) 改善命令 (第14条)

都道府県知事は, 排出基準に適合しないばい煙が継続して排出され, 人の健康, 生活環境に被害が生ずると認めるときはそのばい煙を排出する者に対し, ばい煙発生施設の構造, 使用方法等について改善を命じ, 場合によってはその施設の使用の一時停止を命ずることができる。排出基準違反に対し, 前述の直罰がかけられるわけであるが, 直罰は基準違反に対して直ちに課せられるものであるのに対し, 改善命令は, 被害の未然防止という観点から行われるものである。

1.2 大気関係の法規及び行政

表1.5 大気汚染防止法規制措置等一覧

規制物質		物質の例示	発生形態	発生施設	規制基準	規制措置等
ば い 煙	硫黄酸化物	二酸化硫黄, 三酸化硫黄	物の燃焼	ばい煙発生施設	排出基準（量規制, 地域ごとK値方式）特定工場については総量規制基準（指定地域内, 工場単位量規制, 知事が定める。）	改善命令, 直罰など
	ばいじん	すすなど	物の燃焼又は熱源としての電気の使用	同上	排出基準（濃度規制, 施設の種類・規模ごと）	同上
	有害物質	窒素酸化物など	物の燃焼, 合成, 分解など	同上	排出基準（濃度規制, 施設の種類・規模ごと）特定工場等については総量規制基準（指定地域内, 工場単位量規制, 知事が定める。）	同上
		カドミウム, 鉛, フッ化水素, 塩素, 塩化水素など	物の燃焼, 合成, 分解など	同上	排出基準（濃度規制, 物質の種類・施設の種類ごと）	同上
	(特定有害物質)	未指定	物の燃焼	同上	同上（量規制, K値方式）	同上
粉じん	一般粉じん	セメント粉, 石炭粉, 鉄粉など	物の粉砕, 選別, たい積など	一般粉じん発生施設	構造・使用・管理基準	基準適合命令
	特定粉じん	石綿	同上	特定粉じん発生施設	規制基準（敷地境界での濃度基準）	改善命令
自動車排出ガス		一酸化炭素, 炭化水素, 鉛, 窒素酸化物など	自動車の運行	特定の自動車	許容限度（保安基準で考慮）	車両検査, 整備命令など（他法による。）
特 定 物 質		フェノール, ピリジンなど	物の合成等の化学的処理中の事故	特定施設（政令等で特定せず。）	な し	事故時の措置命令
有害大気汚染物質	指定物質	ベンゼン, トリクロロエチレン, テトラクロロエチレン	乾燥施設, 蒸留施設, 反応施設, 貯蔵タンクなど	指定物質排出施設	抑制基準（指定物質の種類及び指定物質排出施設の種類ごと）	

(7) ばい煙の排出量等の測定義務 (第16条)

ばい煙を排出する者は, ばい煙の排出量又は濃度を測定し, その結果を記録しておかなければならない [大規模施設については2か月の作業期間を超えない範囲で1回, 中小規模(4万 m^3_N 以下)に

ついては年2回]。

(8) 燃料使用規制 (第15条)

硫黄酸化物については，前述の排出規制のほか，燃料の使用規制がある。ビル街のように季節により燃料の使用量に著しい変動があり，政令で定める地域に設置されている硫黄酸化物を排出する施設については，都道府県知事が燃料の使用基準を定めることができ，硫黄酸化物を排出する者に対して燃料使用基準に従うよう勧告を行い，これに従わない者に対しては基準に従うよう命ずることができる。この場合，燃料使用基準は，環境省令で定める燃料の種類ごとに，環境大臣の定める基準に従って定められる。平成12年12月現在，硫黄含有率1.2%以下と定められている。

(9) 粉じんの規制 (第18条)

常時規制の対象となるものとしては，ばい煙のほか，セメント工場の原料ヤード等から発生する粉じんがある(令第3条，規則第16条)。粉じんについては，まず，粉じんを発生する施設を設置しようとする者に対し都道府県知事に対する届出義務を課すとともに，環境省令で施設の構造，使用，管理に関する基準を設け，この基準が守られていない場合には，粉じんを発生させている者に対して基準に従うように命じ，場合によっては施設の使用を一時停止するよう命ずる権限を都道府県知事に与えている。

(10) 自動車排出ガスの規制 (第19条，令第4条)

自動車排出ガスについては，従来から環境大臣が大気汚染防止法に基づき許容限度を定め，国土交通大臣は，道路運送車両法に基づき，本法の許容限度が確保できるように考慮しなければならない，としている。

(11) 緊急時の措置 (第23条，令第11条)

都道府県知事は，大気汚染が著しく人の健康，生活環境に被害が生ずるおそれがあるような緊急事態が生じた場合には，その事態を一般に周知させるとともに，ばい煙の排出量の減少，自動車の運行の自主的制限について協力を求めなければならない。また，硫黄酸化物の大口排出者に対しては，排出量の減少のための措置に関する計画を作成させ，その計画を参考にして硫黄酸化物の排出量の減少のための措置をとるよう勧告することができる。また，さらに大気の汚染が急激に著しくなり，人の健康又は生活環境に重大な被害を生ずるような重大緊急時には，都道府県知事は，ばい煙を発生している者に対し，ばい煙の排出量や濃度の減少，ばい煙発生施設の使用の制限等の措置をとるよう命令し，また，都道府県公安委員会に対し，道路交通法により交通制限を行うよう要請することができる。

(12) 事故時の措置 (第17条，令第10条)

通常は大気中に排出が行われず，したがって，常時規制を行う必要のない物質の中で，政令で定める特に有害なものについては，事故時にのみ規制が行われる。

1.2 大気関係の法規及び行政

1.2.2 K値規制方式の採用

昭和43年12月から施行された大気汚染防止法では，ばいじんに対する規制は従来どおりの濃度規制(g/m^3_N)[2]であるのに対し，硫黄酸化物については従来のような濃度規制によらず，排出量の絶対量を規制するようになった。

「地上での最大濃度は，硫黄酸化物の排出量に比例し，また，有効煙突高さの自乗と風速に反比例する」という大気拡散式を採用して，排出基準を定めた。硫黄酸化物の地上最大濃度に注目して，煙突から排出される硫黄酸化物の量の多いときは，有効煙突高さ(実際の煙突高さ＋モーメンタムによる煙の上昇高さ＋浮力による煙の上昇高さのことで，煙はその高さから拡散を始める。)を高くすれば地上の最大濃度は煙突高さの自乗に反比例して薄くなるという理論である。例えば，有効煙突高さが50mと100mとでは地上濃度は排出強度(単位時間当たりの硫黄酸化物の排出量)が同じならば，1：2の排出量の比でなく，1：4の排出量を出してもよいという規制方式である。

硫黄酸化物排出量(硫黄酸化物濃度×排出ガス量)：$q(m^3_N)$

有効煙突高さ：$H_e(m)$

とすると，規制式は

$$q = K \times 10^{-3} H_e^2 \quad (m^3_N)$$

となる。Kの値は小さいほど厳しい規制となる。このK値は，大気拡散式によって導かれたもので，最大着地濃度との関係は表1.6のとおりである。当時はこのK値を段々と厳しくすることによって，硫黄酸化物の排出量を減少させようという考え方に立っていたのである。

昭和43年からK値は経年ごとに厳しくなり，最も厳しい地域は3.0，緩い地域は17.5で，日本全国を16ランクに細分化している。

K値規制制定時，最も厳しかったのは東京特別区等，横浜・川崎等，名古屋・東海等，四日市等，大阪・堺等，神戸・尼崎等で，K値は20.4だったものが，現在，これらの地域のK値は3.0である。

表1.6 K値と最大着地濃度との関係

K 値	2.92	3.50	5.26	6.42	7.01	7.59	9.34	11.7	
最大着地濃度(ppm)	0.005	0.006	0.009	0.011	0.012	0.013	0.016	0.020	
K 値	12.8	14.0	15.8	17.5	18.7	20.4	22.2	23.3	26.3
最大着地濃度(ppm)	0.022	0.024	0.027	0.030	0.032	0.035	0.038	0.040	0.045

1.2.3 総量規制の導入

大気汚染防止法では昭和43年以来，硫黄酸化物についてはK値規制により排出口の高さ(有効煙突高さ)に応じて規制を行ってきた。しかし，この方法は，あくまで硫黄酸化物を大気に拡散させるだけにとどまり，地域の総排出量を抑えるには必ずしも十分でなく，一部の地域においては，このような規制方式のみでは環境基準の達成は困難と考えられるようになった。このようにK値規制の不十分な点を補い，硫黄酸化物等による大気汚染の早急な改善を図るために，49年6月制定された

---

[2] m^3_N：Normal m^3 のことで，0℃，1気圧に換算したm^3。ノルマルリュウベと読む。

のが総量規制である。

一定範囲の地域における大気汚染物質の排出総量の許容限度を科学的に算出し，これ以下に排出量を抑えるよう個別発生源の規制を行うもので，昭和49年11月30日から施行された。

政令によって指定ばい煙，指定地域を定め，その地域の都道府県知事が，当該指定地域におけるばい煙の総量を環境基準に照らし，一定規模以上のもの(以下，「特定工場」という。)から発生するばい煙について科学的に算定される総量まで削減させることを目途とした，指定ばい煙削減計画を作成することとしている。

現在，「指定ばい煙」として指定されたばい煙は，硫黄酸化物と窒素酸化物の2種類である。

また，「指定地域」として指定された地域は，硫黄酸化物については全国で24地域，窒素酸化物については東京都特別区等，横浜・川崎等，大阪等の3地域が指定されている。

Ⅲ 特定工場における公害防止組織の整備に関する法律(「公害防止管理者法」)

公害防止管理者(及び主任管理者)の選任を義務付けた法律で，ここにいう特定工場とは製造業(物品加工業を含む。)と電気・ガス・熱供給業に属する工場で，それぞれ公害防止管理者法に規定される汚染の発生施設(特定施設という。)を設置しているものである。特定施設を有する工場を特定工場といい，特定工場では，最高責任者として公害防止統括者を，また，公害防止に関する技術的事項の管理者として，公害防止管理者を選任しなくてはならない。公害防止管理者には，大気，水質，騒音，振動，特定粉じん，一般粉じん，ダイオキシン類と主任管理者の8種類があり，さらに大気と水質はそれぞれ第1種～第4種に分かれる。ばい煙(又は汚水等)排出施設については，いわゆる「有害物質」を取り扱う施設を有しない工場の場合，排ガス量が1時間当たり10000m^3未満の場合，排出水量が1日当たりの総排出量が1000m^3未満の場合は，本法の適用を受けない(「すそ切り規定」)。また，ばい煙の排出に関連して大気関係公害防止管理者に義務付けられる業務は，a)使用する原材料の検査，b)ばい煙排出施設の点検，c)排出処理施設の操作，点検，補修，d)ばい煙の汚染状態の測定と記録，e)測定機器の点検，f)ばい煙に係る緊急対策措置の実施などとなっている。

1.3 大気汚染の発生源

大気汚染物質の発生源を大別すると，次のように分類することができる。

　a) ばい煙発生施設：硫黄酸化物，ばいじん，窒素酸化物，その他有害物質
　b) 自動車：一酸化炭素，窒素酸化物，炭化水素，鉛化合物，ばいじん
　c) 製造工場：有害物質，有害ガス，悪臭

また，固定発生源と，移動発生源に分けることもできる。

ばい煙発生施設の燃焼条件によって，有害ガスの発生状況も異なる。燃料の種類，燃焼装置，燃焼方法，炉内構造などによって，二酸化炭素，一酸化炭素，窒素酸化物，炭化水素，アルデヒド，

1.3 大気汚染の発生源

表1.7 有害物質発生施設

( )内は施設番号

有害物質名	施 設 名
カドミウム及びその化合物	銅・鉛・亜鉛の精錬用のばい焼炉・焼結炉・溶鉱炉・転炉・溶解炉・乾燥炉(14号) カドミウム顔料・炭酸カドミウム製造用の乾燥施設(15号) ガラス製造用の焼成炉・溶融炉(原料として硫化カドミウム又は炭酸カドミウムを使用するもの)(9号)
塩　　素	塩素化エチレン製造用の塩素急速冷却施設(16号) 塩化鉄(Ⅲ)製造用の溶解槽(17号) 活性炭製造用の反応炉(18号) 化学製品製造用の反応施設・吸収施設(19号)
塩化水素	同　　　　上 廃棄物焼却炉(13号)
フッ素,フッ化水素,及びフッ化ケイ素	アルミニウム製錬用電解炉(排出口から出るもの)(20号) アルミニウム製錬用電解炉(天井から出るもの)(20号) ガラス製造用の焼成炉・溶融炉(原料として蛍石又はケイフッ化ナトリウムを使用するもの)(9号) リン酸製造用の反応施設・濃縮施設・溶解炉(原料としてリン鉱石を使用するもの)(21号) フッ酸製造用の凝縮施設・吸収施設・蒸留施設(密閉式のものを除く)(22号) トリポリリン酸ナトリウム製造用の反応施設・乾燥施設・焼成炉(原料としてリン鉱石を使用するもの)(23号) 過リン酸石灰及び重過リン酸石灰製造用の反応施設(21号) リン酸肥料製造用の焼成炉・平炉(21号) 銅・鉛・亜鉛の精錬用のばい焼炉・転炉・溶解炉・乾燥炉(14号) 銅・鉛・亜鉛の精錬用の焼結炉・溶解炉(14号)
鉛及びその化合物	鉛の第二次精錬・鉛の管・板・線の製造用の溶解炉(24号) 鉛蓄電池の製造用の溶解炉(25号) 鉛系顔料製造用溶解炉・反射炉・反応炉・乾燥施設(26号) ガラス製造用の焼成炉・溶融炉(酸化鉛を使用するもの)(9号)

有機酸(RCOOH),ばいじんなどの発生量は異なるが,汚染物質が排出される。二酸化硫黄は重油中の硫黄含有量による。

また,ばい煙発生施設の中で,金属の精錬,ガラスの溶解などについては,焼結,ばい焼,分解,焼成などの反応により,シリカ,アルミニウム,鉄,マンガン,ニッケル,鉛,バリウム,カルシウム,カドミウムなどの金属酸化物を排出する。このうち鉛とカドミウムは,大気汚染防止法で定める有害物質である。大気汚染防止法施行令別表第1に定めるばい煙発生施設のうち,後段の第14号から第26号施設(ただし,第9号施設を含む。)までは,有害物質を発生するばい煙発生施設である。表1.7に大気汚染防止法に定める有害物質(窒素酸化物を除く4物質)発生施設を示す。

表1.8に大気汚染防止法に定める特定物質28物質と,その物質を排出する関連業種を示す。◎印は特に問題のあるものである。特定物質については大気汚染防止法では事故時の措置について規定がある。

次に大気汚染物質と関連のある原料及び業種の主なものについて述べる。

① フッ素,フッ化水素,四フッ化ケイ素

　a) 氷晶石→アルミニウム製錬工業
　b) リン鉱石→リン酸肥料工業(過リン酸石灰等)

1. 大気環境保全の一般知識

表1.8 特定物質及び関連業種

物 質 名	化 学 式	関 連 業 種
◎フ ッ 化 水 素	HF	化学肥料製造，窯業，アルミニウム工業
◎硫 化 水 素	H_2S	石油精製，ガス工業，アンモニア工業
二 酸 化 セ レ ン	SeO_2	金属精錬
◎塩 化 水 素	HCl	ソーダ工業，プラスチック処理
◎二 酸 化 窒 素	NO_2	硝酸製造，燃焼を伴う業種
二 酸 化 硫 黄	SO_2	硫酸製造，重油燃焼各産業
◎塩　　　　素	Cl_2	ソーダ工業，その他化学工業
フ ッ 化 ケ イ 素	SiF_4	化学肥料製造など
ホ ス ゲ ン	$COCl_2$	染色工業
二 硫 化 炭 素	CS_2	二硫化炭素製造
◎シ ア ン 化 水 素	HCN	青酸製造，製鉄，ガス工業，化学工業
◎ア ン モ ニ ア	NH_3	化学肥料製造，めっき工業，青写真
三 塩 化 リ ン	PCl_3	医薬製造，化学工業
五 塩 化 リ ン	PCl_5	医薬製造，化学工業
黄 リ ン	P_4	リン精錬，リン化合物製造
クロルスルフォン酸	HSO_3Cl	医薬製造，染料製造
◎ホルムアルデヒド	HCHO	ホルマリン製造，皮革，合成樹脂
◎ア ク ロ レ イ ン	CH_2CHCHO	アクリル酸製造，合成樹脂，ワニス，医薬品
リ ン 化 水 素	PH_3	リン酸製造，リン酸肥料
◎ベ ン ゼ ン	C_6H_6	石油精製，ホルマリン製造，塗装工業，印刷業
メ タ ノ ー ル	CH_3OH	メタノール製造，ホルマリン製造，塗装工業
ニッケルカルボニル	$Ni(CO)_4$	石油化学，ニッケル精錬
硫酸（SO_3を含む。）	H_2SO_4	硫酸製造，肥料工業など
臭　　　　素	Br_2	染料，医薬，農薬
◎一 酸 化 炭 素	CO	ガス工業，金属精錬工業，内燃機関，製鉄業
◎フ ェ ノ ー ル	C_6H_5OH	タール工業，化学薬品，塗装工業
ピ リ ジ ン	C_5H_5N	化学工業など
◎メ ル カ プ タ ン	C_2H_5SH	石油化学，石油精製

c) 蛍石→鉄鋼業，ホーロー鉄器製造
d) 蛍石→ガラス工業，瓦製造業等の窯業
e) 蛍石→フッ化水素製造

フッ素は水と反応して，フッ化水素を生じ，四フッ化ケイ素は水と反応して二酸化ケイ素とフッ化ケイ素酸を生成する。

② 塩素，塩化水素
　a) 食塩水→ソーダ工業
　b) 塩化亜鉛→活性炭製造
　c) メタン→クロロホルム製造
　d) エチレン→塩化ビニル製造
　e) プラスチック廃棄物→焼却炉

f) 塩化エチレン→エチレングリコール製造
g) 水酸化カルシウム→さらし粉，さらし液製造

③ フェノール
a) 石炭→タール工業，ガス工業
b) ホルマリン→熱硬化性樹脂製造
c) 塗料→塗装工業
d) 石油→石油化学工業

④ 硫化水素，メルカプタン
a) 硫黄含有原油→石油精製工業
b) 亜硫酸塩類→パルプ工業
c) 石炭→ガス工業(タール工業，付臭剤)

ほかに，化製場，魚腸骨処理場，し尿処理場，セロハン製造業，レーヨン製造業等がある。

⑤ ホルムアルデヒド
a) メタノール→ホルマリン製造
b) フェノール→熱硬化性樹脂製造業
c) 原皮→皮革業
d) 尿素→熱硬化性樹脂製造業

そのほか燃料，原料を還元雰囲気で処理したり燃焼するときは，一酸化炭素，シアン化水素などの有害物質を生成するときがある。◎印のうち二酸化窒素は，燃焼を伴う工程で，高温により空気中の窒素が酸化されて生じるもの(サーマルNO_x)と，一燃料中の窒素分の一部が酸化されて生じるもの(フューエルNO_x)の二つがある。排出量は燃焼条件によって異なるが，排出されるときは一酸化窒素が大部分で，二酸化窒素は5～10％程度である。一酸化窒素は大気中で徐々に酸化されて二酸化窒素となり，環境大気中では，一酸化窒素と二酸化窒素の比率はほぼ50％対50％になる。この一酸化窒素と二酸化窒素を併せて窒素酸化物(NO_x)という。したがって，二酸化窒素は燃焼を伴うばい煙発生施設や，自動車等の内燃機関で必ず生成するものとみてよい。

1.4 ば い 煙 の 拡 散

1.4.1 風向，風速と汚染濃度

煙突から出た煙や排ガスは，風によって運ばれながら次第に清浄大気と混合し，拡散希釈される。この現象をよりミクロ的にみると，煙突から出た汚染物質の粒子間隔やガス分子の相互間隔が広げられることになる。

大気がもつ種々の性質のうちで，拡散希釈作用をもつものは"風速"と"乱れ"である。風速のもつ希釈作用は，風速が2倍となれば，分子や粒子の間隔も2倍にする性質のもので簡単であるが，

1. 大気環境保全の一般知識

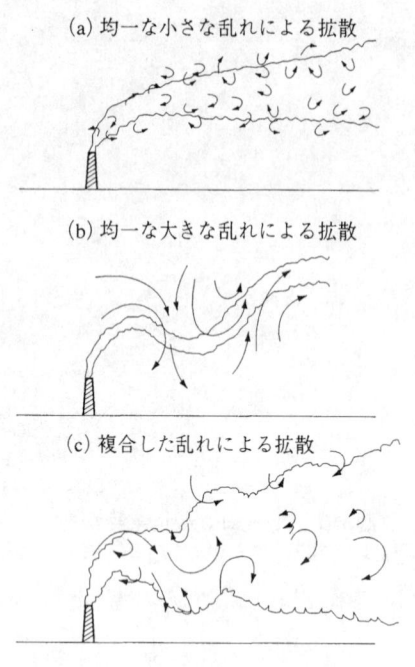

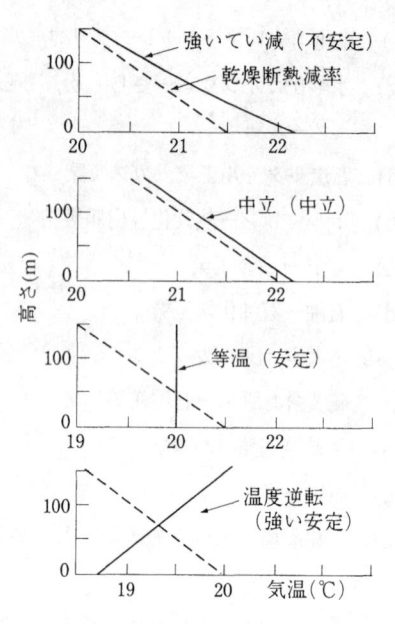

図1.6　大気の乱れと煙の拡散

図1.7　大気の気温鉛直分布と安定度

　大気中に時々刻々発生し消滅する空気の渦による乱れの作用は複雑である。図1.6には，均一な小さな乱れ・均一な大きな乱れ・複合された乱れの各々に煙の拡散メカニズムを模式的に示した。煙が煙突から大気中に放出された直後には，小さな乱れが煙の拡散に有効に作用し，煙がかなり広がると次第に大きな乱れが有効となってくる。したがって，大気中の種々の乱れの中で，どの程度の大きさのものが大気汚染にとって重要な意味をもつかは対象とする煙突の規模によって異なるが，一般には毎秒1～0.1サイクルの大きさの範囲が注目される。

　空気を急に圧縮すると，圧縮された空気の温度は上昇する。逆に，空気を機械的に膨張させると温度が下がる。電気冷蔵庫が物を冷やすのは，この原理を利用したものである。この場合，何らの熱を加えずに空気を膨張させるので断熱膨張と呼んでいる。

　地表付近の気層の下にあった空気塊が，何かの機会に上空へ運ばれると，上空は気圧が低いから膨張する。すなわち，断熱膨張してこの空気塊の温度は下がる。乾燥空気の場合，100m上昇すると断熱膨張により気温は0.98℃下がる。これを乾燥断熱減率と呼んでいる。図1.7の点線がその傾向を示したものである。

　地上から上空にもち上げられた気塊は，この点線に沿っての気温変化を強いられるが，上空の環境気温がその気塊の温度より低ければ，その気塊は周囲より暖かく，浮力をもつことになるから上昇を続ける。逆に気魂の温度の方が低ければ，周囲の空気より重いから，また地上に向かって沈降する。周囲の空気と同じ温度ならば，気塊はもち上げられた高度にとどまる。

　すなわち，実際の大気がもつ鉛直気温構造によって地上からもち上げられた気塊は上昇したり，

1.4 ばい煙の拡散

下降したり，とどまったりする。このような気象条件を順に"不安定条件"，"安定条件"，"中立条件"という。一般に100m当たりの気温減率で大気の安定度を表示している。

また，気温が高度とともに上昇する場合を気温逆転現象，その気層を気温逆転層と呼んでいるが，このような著しい安定気層内では，大気の乱れが弱く，汚れた気塊が上空に運ばれてもやがて沈降するから，地表付近の発生源から排出された汚染物質は地表付近だけにとどまり，高濃度汚染の出現となる。

図1.8に，これらの大気安定度と煙突の煙の流れの関係を示す。

四季を通じて日中によく出現する上空逆転層の例を図1.9に示す。この上空逆転層はリッド(Lid)と呼ばれ，大気のふたの役目を果たし，汚染物質がこのリッドを通って上空に拡散希釈されることを妨げる。この下層では鉛直方向の混合が比較的よく行われるから，都市は全域にわたって汚染されることになる［トラッピング(Trapping)と呼ばれる。］。

一般に，都市における風系は複雑な場合が多いが，東京の大気汚染の立場から注目される風系はa)海陸風，b)郊外から都市への収れん風，c)川に沿う局地風であろう。

海陸風は，海水と土壌の熱容量の相違や太陽光線に対する反射能の違いによって発生する。すなわち，日中の太陽放射により臨海部の地表面が加熱されると海風が侵入するが，夕刻から夜間にかけて太陽放射がなくなると，逆に海水は温度を保持しやすいから陸風が吹くことになる。

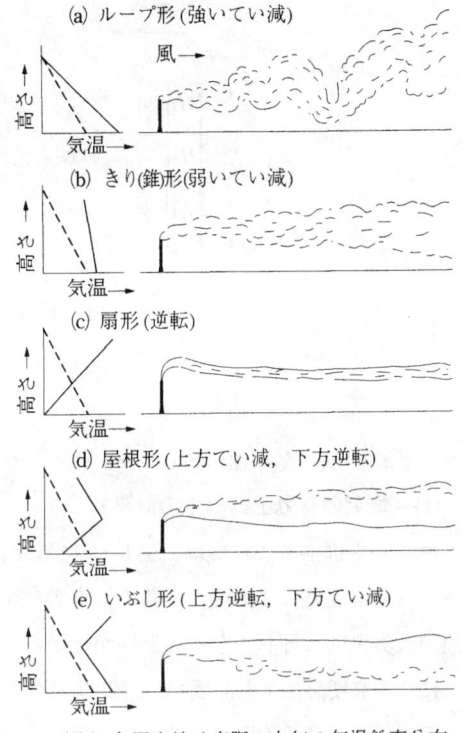

(a) ループ形（強いてい減）
(b) きり(錐)形（弱いてい減）
(c) 扇形（逆転）
(d) 屋根形（上方てい減，下方逆転）
(e) いぶし形（上方逆転，下方てい減）

(注) 左図実線は実際の大気の気温鉛直分布，破線は乾燥断熱線

図1.8 大気安定度と煙の形

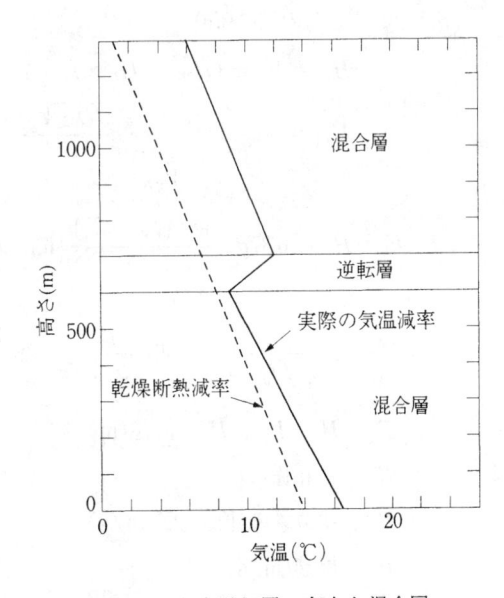

図1.9 上空逆転層の存在と混合層

1. 大気環境保全の一般知識

図1.10 煙の上昇と拡散の様相

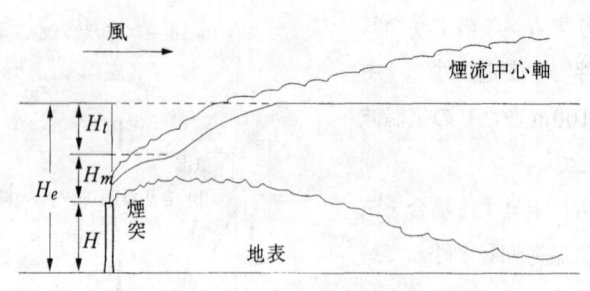

H：煙突高さ　　H_m：運動量上昇高さ
H_t：浮力上昇高さ　H_e：有効煙突高さ

1.4.2 大気拡散

(1) 煙突の有効上昇高さの計算式

煙突から排出された煙は，図1.10に示すように運動量によって上昇するもの(H_m)と，排煙と環境大気の温度差による浮力上昇するもの(H_t)によって，上昇しながら風に流され，排煙の温度が周囲の大気温度に等しくなると上昇が止まり，水平に流れつつ拡散する。煙突の実際の高さ(H_0)に上昇による高度を加えた高度が，有効煙突高さ(H_e)である。

普通は排ガスの有効高さをまず計算し，次いで排ガスが有効煙突高さから水平に拡散するものと仮定して，大気拡散の計算を行う。

大気汚染防止法の有効煙突高さ(H_e)を出す式は，ボサンケの式(1950年)を使っている。ほかにもモーゼス＆カーソンの式，ブリッグスの式，コンカウの式などがある。

(例) ボサンケの式(1950)

$$H_e = H_0 + (H_m + H_t) \cdot K \tag{1.1}$$

$$H_m = \frac{4.77}{1 + 0.43 \frac{U}{V_g}} \cdot \frac{\sqrt{Q \cdot V_g}}{U} \tag{1.2}$$

$$H_t = 6.37g \cdot \frac{Q \cdot (T_g - T_1)}{U^3 T_1} \left(\log_e J^2 + \frac{2}{J} - 2 \right) \tag{1.3}$$

ただし

$$J = \frac{U^2}{\sqrt{Q \cdot V_g}} \left(0.43 \sqrt{\frac{T_1}{g \cdot G}} - 0.28 \frac{V_g}{g} \cdot \frac{T_1}{T_g - T_1} \right) + 1 \tag{1.4}$$

ここに，H_e, H_0, H_m, H_t：前述(m)

　　　　K：修正係数
　　　　V_g：排ガスの吐出速度(m/s)
　　　　U：風速(m/s)
　　　　Q：温度T_1におけるガス排出量(m^3_N)

1.4 ばい煙の拡散

T_1 : 排ガス密度が大気密度に等しくなる温度(K)(ほぼ大気温度)

T_g : 排ガス温度(K)

G : 温度こう配(℃/m)

g : 重力加速度(m/s)

この式から明らかなように，有効煙突高さが大きくなるためには気象的な条件と，人工的な条件がある。

a) 気象的な条件

a-1) 風速(U)が弱いと，煙が横にたなびかないので大きくなる。

a-2) 大気安定度が不安定のときは，煙の温度と上空の温度が著しくなるので大きくなる。

b) 人工的な条件

b-1) 排出口からの吐出速度(V_g)が大きいほど大きくなる。

b-2) 排出温度(T_g)が高いほど大気温度との差が著しくなるので大きくなる。

b-3) 排出ガス量(Q)が多いほど，熱量ポテンシャルが大きいので大きくなる。

(2) 大気拡散式

拡散式は，煙の鉛直幅(z方向)，煙の水平幅(y方向)，煙の主軸の方向(x方向)に対して，煙の濃度は主軸に近い所が最も濃く，主軸から離れるに従って薄くなり，主軸を中心とした正規分布形をしているという仮定の下に成立している。

y及びx方向に濃度は正規分布をしているという条件であるから，図1.11のようになる。

したがって，式の成立条件は次のとおりである。

a) 汚染物質は気体又は約10 μm以下の小さい固体粒子であること。

b) 汚染物質の重力落下は無視できる。

c) 光化学反応などにより他の汚染物質に変換しない。

d) 地表面($z=0$)を通して汚染物質の出入りはないものとする。

e) 風向，風速は時間的にも空間的にも変化しない。

f) 拡散係数は対象空間内で一様である。

g) 風下方向への拡散は，風による移流効果と比較して無視できる。

h) 汚染物質排出量は一定で，時間的変動はないこと。

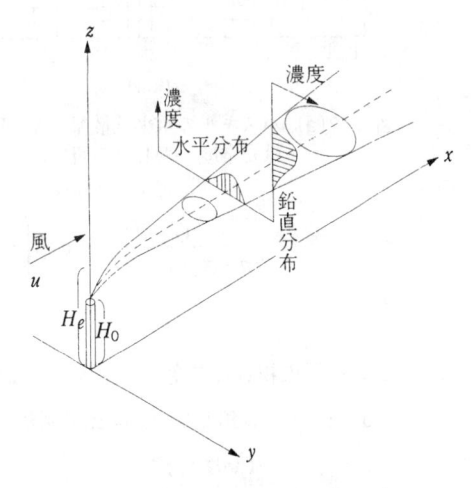

図1.11 煙の濃度分布と座標系

正規形の拡散式の一般形は

1. 大気環境保全の一般知識

表1.9 パスキルの安定度分類

地上風速 (m/s)	日射量 (×10⁻⁶W/m²)			本曇 (8〜18) 本曇の夜	夜	
	>428.5	419.9〜214.5	<205.7		上層雲(10〜5) 中・下層雲(7〜5)	雲量 (4〜0)
<2	A	A〜B	B	D	—	—
2〜3	A〜B	B	C	D	E	F
3〜4	B	B〜C	C	D	D	E
4〜6	C	C〜D	D	D	D	D
>6	C	D	D	D	D	D

(注) A：強不安定　B：並不安定　C：弱不安定　D：中立　E：弱安定　F：並安定

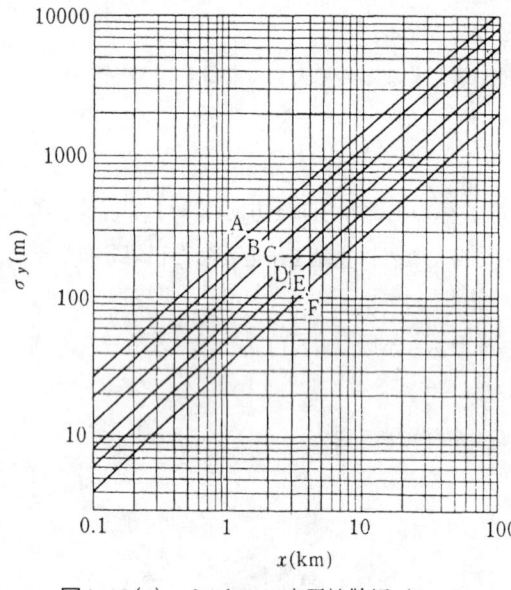

図1.12(a) パスキルの水平拡散幅 (A〜F は安定度，表1.9参照)

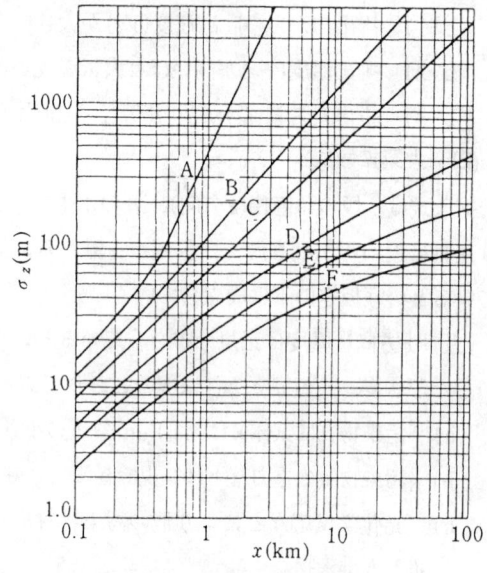

図1.12(b) パスキルの鉛直拡散幅 (A〜F は安定度，表1.9参照)

$$C = \frac{Q}{2\pi \cdot \sigma_y \cdot \sigma_z \cdot U} \cdot \exp\left(-\frac{y^2}{2\sigma_y^2}\right) \cdot \left\{\exp\left(-\frac{(H_e-z)^2}{2\sigma_z^2}\right) + \exp\left(-\frac{(H_e+z)^2}{2\sigma_z^2}\right)\right\} \quad (1.5)$$

ここに，C：汚染物質の濃度〔位置(x, y, z)によって変わる。〕

　　　　x, y, z：直角座標〔xは風下距離，yはx軸に直角(風向に直角)な水平座標，zは鉛直座標 (高度)。〕

　　　　，：標準偏差で表される煙の水平方向及び鉛直方向の幅

　　　　U：風速(風はx軸に平行に吹くとする。)

　　　　Q：煙源強度(煙突から単位時間に排出される汚染物質の量)

1.4 ばい煙の拡散

煙源の位置：0, 0, H_e

σ_y, σ_z の値にどのような値を与えるかは拡散式を用いる場合の最も重要な点であるが，パスキルは大気安定度を地上風速，日射量及び雲量を組み合わせてA～Fの6階級に分類し，各安定度に対応する拡散幅σ_y, σ_zを決定した。パスキルの安定度分類を表1.9に示す。

この安定度分類に基づいて，図1.12のパスキルの拡散幅を読み取り，σ_y, σ_zを求める。

(3) 大気拡散式の一般的性質

水平の拡散幅σ_yと垂直の拡散幅σ_zの増大の仕方は，気象条件によって左右される。

〔σ_y, σ_zの増減する条件〕

a) 一般に風下距離とともに増大する(σ_y, σ_z)。
b) 大気安定度が不安定のとき大きい(σ_y, σ_z)。
   大気安定度が中立のときやや小さい。
   大気安定度が安定のとき小さい。
c) 測定時間(捕集時間)の長いほど大きい(σ_y)。
d) 風速が大きいほど小さい(σ_y)。
e) 地形の複雑な所ほど大きい(σ_y)。
f) 都会は農村地帯より大きい(σ_y)。

大気汚染防止法の排出基準の式として採用したのはサットンの式である。σ_y, σ_zの拡散幅をC_y, C_zの拡散係数に置き換え，煙源の風下主軸上の地上で出現する最大濃度C_{max}を求めると，式(1.6)のようになる。

サットンの式

$$C_{max} = \frac{2}{e \cdot \pi} \cdot \frac{C_z}{C_y} \cdot \frac{Q}{U \cdot H_e^2} = 0.234 \frac{C_z}{C_y} \cdot \frac{Q}{U \cdot H_e^2} \tag{1.6}$$

ここに，Q：汚染物質の排出量
  e：2.72
  U：風速(m/s)

また，地上最大濃度が出現する煙源からの距離x_{max}は

$$x_{max} = \left(\frac{H_e}{C_z}\right)^{\frac{2}{2-n}} \tag{1.7}$$

ここに，n：拡散幅の増加率を表す係数

式(1.6)，式(1.7)より，次のことがいえる。

a) 地上最大濃度は，煙源の強さに比例する。
b) 地上最大濃度は，風速に反比例する。
c) 地上最大濃度は，有効煙突高さの自乗に反比例する。
d) 煙源から地上最大濃度地点までの距離は，有効煙突高さが高いほど大きい。

e) 煙源から地上最大濃度地点までの距離は，C_zが大きいほど(大気安定度が不安定なほど)小さい。

(4) 大気汚染防止法の規制式

大気汚染防止法における硫黄酸化物の一般排出基準式は，例えば東京のような汚染の著しい地域では，表1.6に示すように式(1.2)から最大着地濃度＝0.005として，排出量qとH_eとの関係を出したものである。$C_z/C_y=1$，ppm＝10^6，風速$U=6$m/s，時間修正係数＝0.15として

$$0.005 = \frac{0.234 \times 10^6 \times q \times 1 \times 0.15}{6 \times H_e^2}$$

qは毎秒単位であるので，1時間値に換算するため，1/3600，排出口の大気温度は15℃としているので，0℃(標準状態)に補正するため絶対温度に換算して，288/273を乗ずる。

$$0.005 = \frac{0.234 \times 10^6 \times q \times 0.15 \times 288}{6 \times H_e^2 \times 3600 \times 273}$$

$$10108800q = 29484H_e^2$$

$$q = 0.00292H_e^2$$

$$q = 3.0 \times 10^{-3} H_e^2 \tag{1.8}$$

式(1.8)は，東京特別区等の硫黄酸化物の排出規制式である。

1.5 大気汚染の影響

1.5.1 人体に与える影響

人間は1日に約13kgの空気を吸って生きている。食物や水の10倍近い値である。この多量に呼吸する空気が汚れていると，呼吸器，体内の細胞，組織，器官に影響を与えることになる。

大気汚染による疾病は，慢性気管支炎，気管支ぜん息，ぜん息性気管支炎，肺気しゅ(腫)等の呼吸器系疾患が多い。ほかに特殊な例として，光化学オキシダントによる目の刺激や，一酸化炭素による頭痛，視覚・精神機能の障害などがある。

有害物質が人体に侵入してくる経路として，気道，経皮，経口の3経路がある。気道侵入が最も多く，ガス，蒸気，フュームや微粒子状物質などによって，深く肺胞に達し，血流に触れて吸収されるが，また20μm以上の粗大な粉じんやミストの一部は，鼻毛や気管の線毛に引っ掛かって排出される。

また，汚染の現象は「質×量」で表すことができる。さらに，その影響は，「汚染濃度×暴露時間」である。有害物質の毒性は，濃度が算術級数で増加するとき，その毒性は幾何級数的に増加していくと考えてよい。

また，有害因子が複雑になれば，その毒性は各個因子の毒性の総合でなく，相乗的になる。

大気汚染による外徴的障害として，呼吸器の刺激症状，せき，呼吸困難，粘膜及び目への刺激症

1.5 大気汚染の影響

状から始まり,悪心,吐き気に進み,軽度なものが長期にわたったり,反復されたりすると,慢性的な障害となって現れる。

(1) 二酸化硫黄

二酸化硫黄は窒息性のにおいをもつ無色の気体で,大気中に存在する時間は12時間,長くて2日間,その一部は光酸化を受けて三酸化硫黄となる。都市以外の清浄大気に0.0035ppm程度含まれ,人工的には大部分石炭,重油の燃焼によって生ずる。大気汚染物質としての二酸化硫黄はそれ自身の有害性,有毒性のみならず,大気中に広く豊富に存在することから,一般的な大気汚染の尺度として用いられている。二酸化硫黄が光酸化を受け三酸化硫黄となる速度は,1時間に0.1～0.2％とかなり遅い。これによってできた三酸化硫黄(SO_3)は吸湿性が強く,$SO+H_2O \rightarrow H_2SO_4$の経過を経て,いわゆる硫酸($H_2SO_4$)ミストを形成し,スモッグの発生を促す。

二酸化硫黄の環境基準値(1時間0.1ppm)程度では,被害の発生はほとんどないが,1ppm程度で胸部に圧迫感,3ppmで容易ににおいを感じる。5ppmが労働環境(8時間)の最高許容濃度,20ppmで目を刺激する最低濃度,50～100ppmが1時間の最高許容濃度である。

水に対する溶解性が高いため,鼻くう,いん頭,こう頭,気管など,気道内の加湿されている上気道壁による摂取率が高く,上気道への刺激が強く現れる。二酸化窒素や酸素は水に対し緩慢な可溶性を示すため気道の深部に到達しやすく下気道への影響が現れるのに対し,上気道への影響が大きいのが二酸化硫黄の特徴である。

(2) 浮遊粒子状物質(SPM)

浮遊粒子状物質の生体影響は,a)濃度,b)粒径,c)粒子の化学的性質で決まる。

浮遊粉じんのうち,粒径10 μm以下の粒子は,人体への影響が大きいので,特に浮遊粒子状物質(SPM)として規定されている。

粒径が5 μm以上になると,鼻毛,のどの線毛などの上気道でとらえられ,上気道への沈着率が高いが,3 μm以下になると下気道への沈着率が高くなり,1 μm前後が肺胞への沈着率が最も高くなる。それより小さくなると再び沈着率が低下するといわれている。また,呼吸数が増加すると沈着率は低下する。

上気道に沈着した粒子は,気道壁にある線毛の運動により気道分泌物となっていん頭に運ばれ,たんとなって外に吐き出されたり,飲み込んだりされる。25～50 $\mu g/m^3$(0.025～0.05mg/m^3)はバックグラウンド,75～100 $\mu g/m^3$(0.075～0.1mg/m^3,1時間値の1日平均値0.1mg/m^3は環境基準)は多くの人に満足され得る濃度である。

(3) 二酸化窒素

窒素酸化物の主なものは一酸化窒素と二酸化窒素であるが,毒性が最も強く,大気汚染で問題になるのは二酸化窒素である。二酸化窒素は茶褐色の刺激性のガスで,32kmぐらい見える視程のときでも,0.25ppm程度の層があると,肉眼で茶褐色の層が明りょうに見える。

1～3ppmで臭気を感じ始め,13ppm程度で鼻や目の刺激がある。二酸化窒素はオキシダントを

生成する物質の一つであるが、水に難溶性のため、二酸化硫黄と異なり、上気道で吸収が行われないので、刺激を感じず、すべて深部の肺胞に無刺激で到達する。

人体には暴露時間後数時間を経て、呼吸困難を伴う肺水しゅ(腫)を起こし、500ppm以上吸入すると死亡することもあるといわれている。労働衛生の許容濃度は二酸化硫黄と同じ5ppmである。

上気道での沈着が少なく気道の深部に到達しやすい。細気管支や肺胞などの下気道への影響があり、肺水しゅ、呼吸機能、呼吸器系の炎症の促進などの直接影響を与える。

(4) 光化学オキシダント

光化学オキシダントの主成分はオゾンであるが、オゾンは0.02～0.05ppm程度でにおいが分かる。二酸化窒素と同様に水に対して緩慢な可溶性を示すため気道の深部に到達しやすく、細気管支や肺胞などの下気道への影響がみられる。夏季の一般環境大気下で昼間運動中にせき、軽い頭痛、胸部不快感の例がある。

オゾンは生体内でフリーラジカルや、過酸化脂質を生成することから、染色体異常や赤血球の老化などがあり、同一濃度の二酸化硫黄、二酸化窒素と比べるとオゾンの毒性ははるかに強い。0.1ppmで8時間(労働環境条件)が最高許容濃度、1ppmで目を開けていられなくなるほど痛くなり、呼吸器が乾燥、頭痛を起こす。50ppm以上では30分間吸入すると死亡のおそれがある。

(5) 一酸化炭素

一酸化炭素(CO)は、非刺激性の無臭の物質である。

血中ヘモグロビン(Hb)との親和力に富み、酸素に比べて200～300倍も結合力が強い物質であるところから、血中ヘモグロビンと結合、CO－Hbの量が増加すると体組織への酸素を運搬する機能が阻害され、酸素不足に最も敏感な中枢神経や心筋が影響を受け、血中のCO－Hbが10～20％になると軽い頭痛、30～40％になると激しい頭痛、めまい、50～60％で失神、けいれん、80％以上で死亡する。しかし、一般環境大気中ではこのような著しい高濃度に暴露されることはなく、環境基準の20ppm 8時間暴露でCO－Hbは約3.0％程度である。

(6) その他

大気汚染防止法に定める有害物質のうち、フッ化水素の人体影響の報告は少ない。塩化水素の労働環境の許容濃度(8時間)は二酸化硫黄、二酸化窒素と同じ5ppmであるから、同程度の生体影響があるものとみてよい。カドミウムは普通の呼吸器系疾患以外に胃腸、じん臓障害、骨変化を起こし、鉛は経口的、経気的に人体内に摂取され、造血作用に影響を及ぼす。

1.5.2 植物に与える影響

植物に影響を与える有害ガスとしては、二酸化硫黄、三酸化硫黄、フッ化水素、塩素、塩化水素、三塩化水素、硫化水素、二酸化窒素、エチレンなどがある。この中で二酸化硫黄は漂白力が強く、しかも、多数の工場から排出されるので、植物煙害の大部分を占めている。

三酸化硫黄、二酸化硫黄、二酸化窒素を除いてほとんど局地的なものばかりである。二酸化硫黄

1.5 大気汚染の影響

表1.10 汚染ガス別の各種煙はん形などの出現頻度の傾向

	葉先葉縁煙はん	脈間煙はん	全面点状はん	葉先葉縁点状はん	全面黄化	葉先葉縁黄化
二酸化硫黄	?	#	+	?	#	+
硫酸	+	+		+	+	?
塩素	#			#		
塩化水素	#			#	+	
フッ化水素	#	?	?	?	+	#
オゾン		+	#	+	#	?
PAN		+				
二酸化窒素		+	#			

(注) 被害微頻度　# 極めて多発　+ 多発　+ ときどき　? まれに　　　　(門田)

に次いで問題になっているのはフッ化水素である。人体に影響のある一酸化炭素，浮遊粉じん，エチレンを除く炭化水素の植物に対する被害報告はほとんどない。

　植物に対する有害濃度は，ガスの種類，接触時間，接触時における光線，温度，湿度，土壌の水分，植物の生育期，植物の種類や品種などで大きく異なるが，「ガス濃度×接触時間」に支配される。

　表1.10に汚染ガス別の各種煙はん形の出現頻度の傾向を示す。

(1) 二酸化硫黄

　二酸化硫黄は，人体にも植物にも影響を与える。0.3ppm程度の濃度8時間暴露で，葉肉部の葉脈間に不定形はん点，緑色部分の白化，生育抑制，早期落葉などの症状を呈する。力葉に被害が現れやすい。

(2) フッ化水素

　フッ化水素は，一般に動物より植物に対する毒性が強く，0.01ppm程度の20時間暴露で表皮葉肉部に，周縁枯死，葉先，葉縁の緑色部分の白化，落葉などの症状を呈し，また，新芽に被害を与えやすい。クワの葉を常食とするカイコの生育障害を起こした例がある。

(3) 二酸化窒素

　二酸化窒素は，人体への影響は著しいが，植物に及ぼす影響の報告は少ない。濃度2.5ppm程度，4時間暴露で葉肉部の葉脈間に白色・褐色，不定形はん点などの症状を呈する。

(4) オゾン

オゾンは，人体にも植物にも強い悪影響を及ぼしやすい。0.03ppmの低濃度，4時間暴露でさく(柵)状組織に小はん点，漂白はん点，色素形成，生育抑制，早期落葉など被害を呈する。

被害が軽いときは，葉に白色の小はん点が散在し，カスリ状となる。フッ化水素が新葉に，二酸化硫黄が力葉に被害が現れやすいのに比べ，オゾンはさらに成熟した葉に被害が現れる。

(5) PAN(パン，パーオキシアセチルナイトレート)

PANは，光化学スモッグの最終生成物として知られており，人体に対しては目に強い刺激を与え，植物にも悪影響を与える強酸化物である。

被害が軽いときは，オゾンと異なり，葉の裏面に被害が現れるが，外観上は銀白色又は青銅色を呈する。0.01ppmの低濃度，6時間暴露で植物に被害を与え，オゾンに匹敵するものである。

(6) エチレン

植物は，植物の成長作用を促進するために体内にホルモンをもっている。エチレンは，その体内ホルモンのオーキシンの移動を妨げるため，微量でも大きな影響を与える。葉が下に垂れ下ったり，植物の葉の上偏生長を起こし，若枝が不規則に湾曲したり，果実の着色を早め成熟を促進するなどの作用をする。このため，バナナの熟成などに用いられる。

洋ラン(カトレア)はエチレンのため花びらのがく部が乾燥，カーネーションは花びらが開かなくなる。

エチレンに敏感な植物はソバ(0.05～0.01ppmで影響)，トマト，カトレア(がく片がしおれる。)，ゴマなどである。

メタン，プロピレン，アセチレン，トルエンなどに比べ，最も影響を及ぼしやすいものはエチレンである。

1.5.3 大気汚染に対する植物の感受性

植物の耐煙性は，植物の種類によって異なる。

植物の耐煙性の判断は，二つの面から考慮する。一つは煙はんの発生の難易であり，もう一つは収穫の絶対量の多少である。

一般に海岸地域に植生する植物は耐煙性が強く，また，葉の肉が厚く，気孔のない葉を有する植物は耐煙性が強いとみてよい。例えば，山岳地帯に植生するアカマツは大気汚染に対する感受性が強いため，抵抗性が弱い。それに対してクロマツは耐煙性に強く，大気汚染の指標植物にはならない。海岸地域に多く植生するキョウチクトウ，ツバキ，ワジュロ，トベラ，モチなどは耐煙性であり，葉肉の厚いヤツデ，イチジク，マキ，クロキ，マサキ，ユズ，クチナシなども工場地域の二酸化硫黄を含んだガスに対して，煙が出始めてから10年後，500m以内に生き残った報告がある。特にキョウチクトウは，100m以内に残った唯一の樹木である。また，野菜類ではキャベツも強い。

大気汚染物質とその物質に対する抵抗性の弱い植物は，その汚染物質の指標植物となることもあ

1.5 大気汚染の現状

る。

　ムラサキウマゴヤシ(アルファルファ)は二酸化硫黄に最も弱いので、二酸化硫黄はこの植物を指標とする。0.4ppm程度で7時間接触すると影響が出てくるといわれている。ほかの植物も1.0ppmを超すと、被害が現れてくる。ムラサキウマゴヤシのほかに、ゴマ、ソバ、タバコ、ホウレンソウ、クワの葉なども同じ程度の植物である。二酸化硫黄濃度が20ppmという濃い濃度のときは、数分間という短時間のガスの接触で煙はんを生ずる。

　最も弱いゴマでは5ppmで煙はんが発生するが、耐煙性の強いツバキなどは、100ppmでも煙はんが現れないことがある。植物の耐煙性を判断するためには、二つの面から考えなければならない。一つは煙はんの発生の難易であるが、ほかの一つは収穫の絶対量の多少である。煙はんの発生が多くても、収穫が多いときは耐煙性が大きいとみなければならない。水稲、ムギ、果実類のような子実を目的とするものは、開花期におけるわずかな被害によって大きな減収を来すこともあるので、耐煙性の指標として適当ではない。

　以上のことを整理して、代表的なもの(指標植物)を選ぶと、次のとおりである。

　　a) フッ素化合物：グラジオラス、ソバ、ブドウなど
　　b) オゾン：タバコ、ハツカダイコン、インゲンマメ、アルファルファ、ホウレンソウ、アサガオなど
　　c) PAN：ペチュニア(アサガオの一種)
　　d) エチレン：カトレヤ(洋ランの一種)、ゴマなど
　　e) 硫黄酸化物：アルファルファ、ソバ、ゴマ、アカマツなど
　　f) 二酸化硫黄を含む複合汚染：地衣類(ウメノキゴケなど)

水稲、トウモロコシ、クワの葉なども指標植物となる。

1.5.4 その他への影響

　フッ化水素は養蚕地帯にも被害を与えている。フッ化水素がクワの葉に付着すると煙はんを現し、カイコの飼料に適さなくなり、また、ダストなどが葉に付着すると、それを食べたカイコは消化器を害し、発育が不ぞろいとなり、遺失カイコが多く、収量が減少してくる。

　しかし、二酸化硫黄に対してはカイコは比較的強く、成熟したカイコをまぶし(蔟)の上に移して、約500ppmでカイコに接触させても、短時間(約30分)では被害を受けないことが判明した。

　フッ化水素の人体への影響を与える労働衛生上の許容濃度は3ppmであるので、二酸化硫黄よりやや厳しいものであるが、人体への影響は二酸化硫黄の方が大きいといわれている。

1.6 大気汚染の現状

　大気の汚染に係る環境上の条件につき、人の健康を保護する上で維持されることが望ましい基準

1. 大気環境保全の一般知識

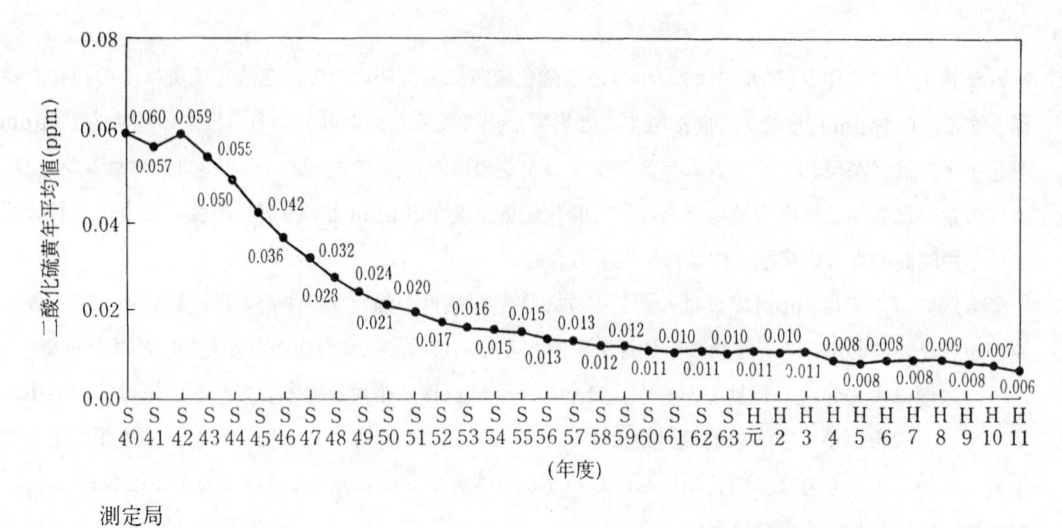

図1.13 継続13測定局における二酸化硫黄年平均値の単純平均値の年度別推移（環境庁調べ）

測定局					
（東　京）	神田司町 東糀谷 世田谷 南千住	（横　浜）	神奈川区総合庁舎 港北区総合庁舎 中区加曽台 神奈川県庁	（川　崎） （四日市） （堺）	大師健康ブランチ 公害監視センター 中原保健所 磯津 錦

（注）年平均値とは，年間にわたる1時間値の総和を測定時間数で除した値をいう。以下同じ。

が環境基準である。環境基準は平成13年4月現在，二酸化硫黄，二酸化窒素，一酸化炭素，光化学オキシダント，浮遊粒子状物質(SPM)，ベンゼン，トリクロロエチレン，テトラクロロエチレン，ダイオキシン類，ジクロロメタンについて設定されている。表1.4(a)(b)に基準値と測定法を示した。

以下において，継続した測定値のある主な成分について，経年推移と現状について述べる。

(1) 二酸化硫黄

大気中の硫黄酸化物は，主として石油，石炭などの化石燃料の燃焼に伴い発生するものである。昭和42年度当時，重油中の硫黄含有率は全国平均で2.5％，硫黄量は推定で180万t程度あったが，重油の脱硫装置の設置で，硫黄含有率は，平成10年度全国平均で1.18％，硫黄量は68万tに減少した。また，排煙脱硫装置の設置数も，昭和45年度当時は102基，処理能力$5 \times 10^6 m^3_N/h$であったものが，平成10年度では2340基$250 \times 10^6 m^3_N/h$(環境庁調べ)と大幅に増加して，硫黄酸化物の排出量を制御したため，二酸化硫黄の汚染は著しく改善された。

図1.13に一般的な状況を把握するため全国に設置されている一般環境大気測定局のうち，二酸化硫黄を昭和40年度から継続して測定している13局における年平均値の推移を示す。40年度の0.060ppmをピークに減少を続け平成11年度は0.006ppmとなっている。

この結果，札幌市，東京都，川崎市，横浜市，名古屋市，京都市，大阪市，神戸市，北九州市，

1.6 大気汚染の現状

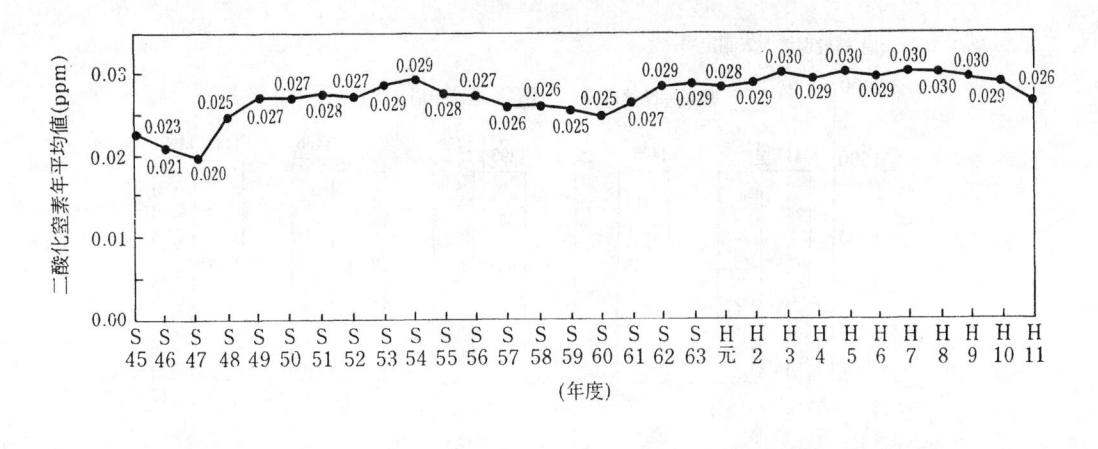

測定局			
(市 原)	国設市原	世田谷区	(尼崎) 国設尼崎
(東 京)	国設東京	板橋区氷川	(松江) 国設松江
	千代田区神田司町	(川崎) 国設川崎	(倉敷) 国設倉敷
	江東区大島	(名古屋) 名古目殻	(北九州) 国設北九州
	東糀谷	(大阪) 国設大阪	

図1.14 継続14測定局における二酸化窒素年平均値の単純平均値の年度別推移（環境庁調べ）

福岡市などの大都市では環境基準をすべて達成するようになった。

全国的にみると，二酸化硫黄の達成率は，火山の影響を受ける鹿児島を含めて99.5％である。

(2) 二酸化窒素

大気中の窒素酸化物は，その大部分が燃焼に伴って発生するものである。

発生源としては工場などの固定発生源に加えて，自動車などの移動発生源の占める割合も大きい。

二酸化窒素の濃度を昭和45年度から継続して測定している14の一般環境大気測定局における年平均値でみると，ここ十数年は0.029～0.030ppmと横ばいとなっていた。平成11年度は0.026ppmと低下している。

図1.14に単純平均値の年度別推移を示す。

二酸化窒素の環境基準達成状況を図1.15に示す。

大気汚染防止法に基づき窒素酸化物に係る総量規制地域として指定されている東京都特別区等地域，横浜市等地域及び大阪市等地域の3地域における過去10年間の二酸化窒素に係る環境基準の達成状況は，図1.16のとおりである。

自動車から排出される窒素酸化物の特定地域における総量の削減等に関する特別措置法に基づき，特定地域(自動車の交通が集中している地域で，これまでの措置によっては環境基準の確保が困難であると認められる地域)として指定されている首都圏特定地域及び大阪・兵庫圏特定地域における環境基準の達成状況は図1.17のとおりであり，全国の達成率98.9％に比べて低い水準となっている。

全国的にみると，平成11年度の二酸化窒素の環境基準達成率は98.9％である。

1. 大気環境保全の一般知識

(a) 一般環境大気測定局

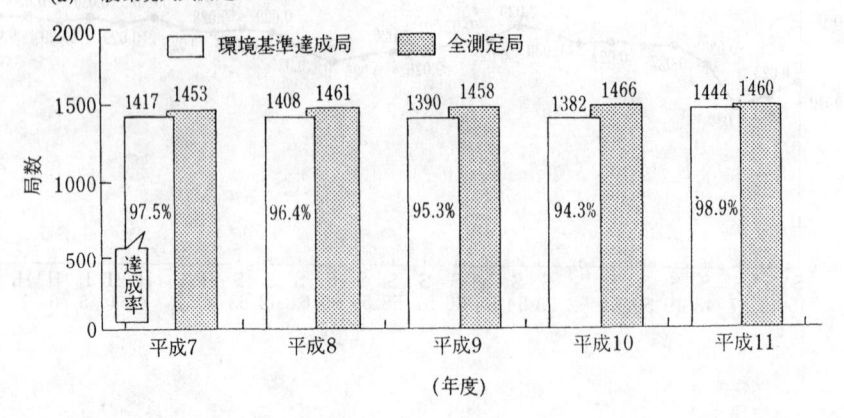

年度	環境基準達成局	全測定局	達成率
平成7	1417	1453	97.5%
平成8	1408	1461	96.4%
平成9	1390	1458	95.3%
平成10	1382	1466	94.3%
平成11	1444	1460	98.9%

(b) 自動車排出ガス測定局

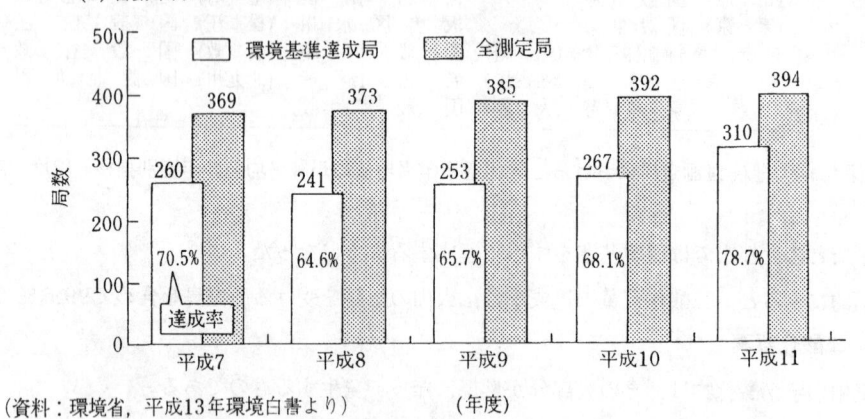

年度	環境基準達成局	全測定局	達成率
平成7	260	369	70.5%
平成8	241	373	64.6%
平成9	253	385	65.7%
平成10	267	392	68.1%
平成11	310	394	78.7%

(資料：環境省，平成13年環境白書より)

図1.15　二酸化窒素の環境基準達成状況

総量規制地域全体

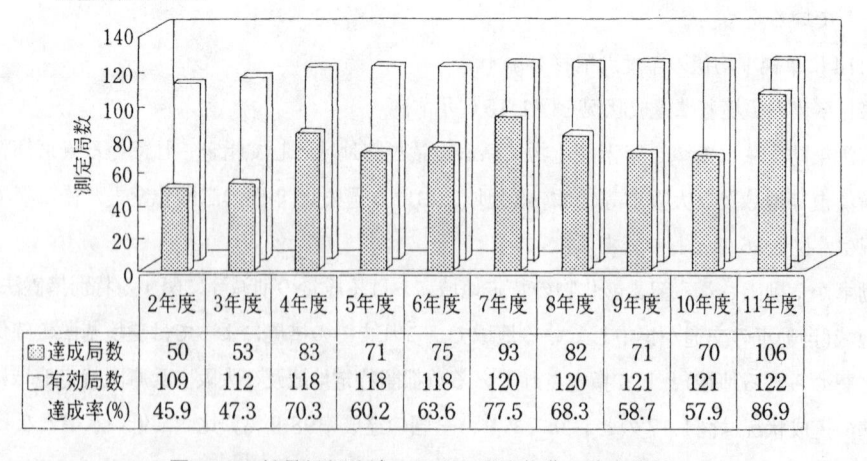

	2年度	3年度	4年度	5年度	6年度	7年度	8年度	9年度	10年度	11年度
達成局数	50	53	83	71	75	93	82	71	70	106
有効局数	109	112	118	118	118	120	120	121	121	122
達成率(%)	45.9	47.3	70.3	60.2	63.6	77.5	68.3	58.7	57.9	86.9

図1.16　総量規制地域における環境基準の達成状況

1.6 大気汚染の現状

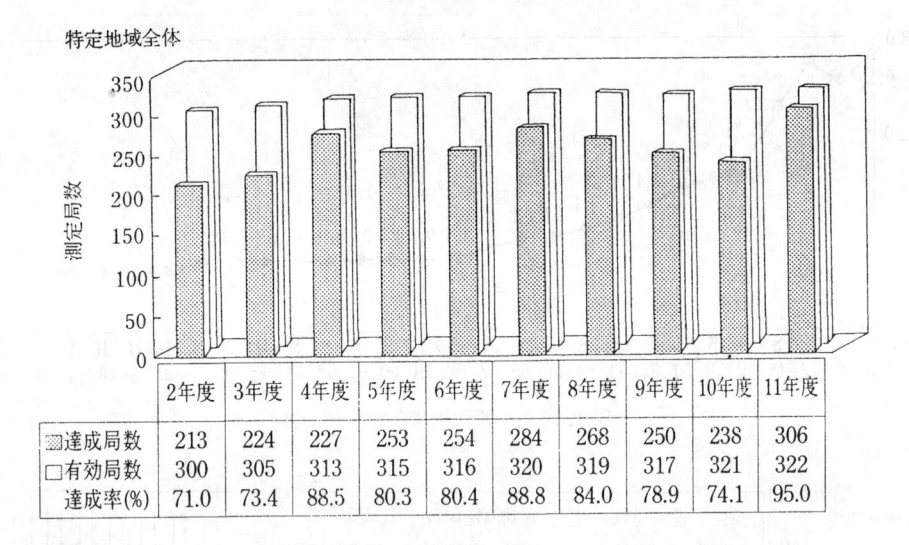

特定地域全体

	2年度	3年度	4年度	5年度	6年度	7年度	8年度	9年度	10年度	11年度
達成局数	213	224	227	253	254	284	268	250	238	306
有効局数	300	305	313	315	316	320	319	317	321	322
達成率(%)	71.0	73.4	88.5	80.3	80.4	88.8	84.0	78.9	74.1	95.0

図1.17 自動車NO_x法の特定地域における環境基準達成状況

表1.11 注意報等発令延日数, 被害届出人数の推移(平成2〜12年)

項目 \ 平成(年)	2	3	4	5	6	7	8	9	10	11	12
注意報等発令延日数(日)	242	121	164	71	175	139	99	95	135	100	259
被害届出人数(人)	58	1454	307	93	564	192	64	315	1270	402	1479

(資料:環境省)

(3) 光化学オキシダント

　光化学大気汚染は, 窒素酸化物と炭化水素類の光化学反応から二次的に生成される汚染物質によって発生するもので, その汚染状況は光化学オキシダント濃度を指標として把握されている。
　光化学オキシダント注意報(光化学オキシダント濃度の1時間値が0.12ppm以上で, 気象条件からみて, その状態が継続すると認められる場合に発令)の全国発令延日数は昭和54年から57年までは100日以下の水準にあったのに対し, 気象条件の影響もあり, 58年以降は100日を超え60年は171日となった。平成12年は259日と増加している。表1.11にその状況を示す。平成11年の注意報発令延日数をブロック別にみると, 東京湾地域(茨城県, 栃木県, 群馬県, 埼玉県, 千葉県, 東京都及び神奈川県)で60日, 大阪湾地域(京都府, 大阪府, 兵庫県及び奈良県)で19日と, 両地域で全国の発令延日数の79％を占めている。

(4) 一酸化炭素

　大気中の一酸化炭素は, 不完全燃焼により発生するもので, 主に自動車排出ガスによるものとみられている。
　自動車排出ガスに対する規制が昭和41年に開始され, 50年のいわゆるマスキー法による一酸化炭

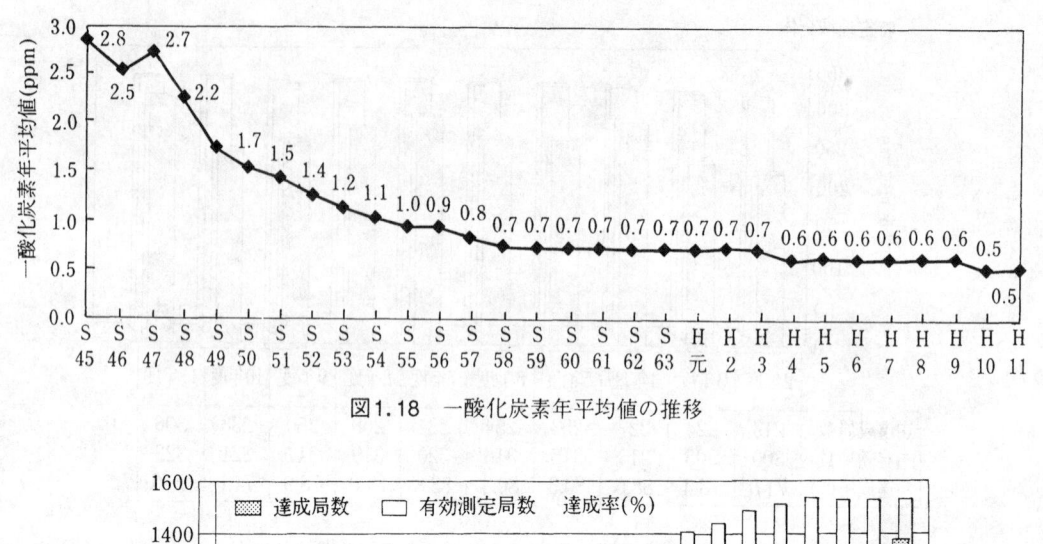

1. 大気環境保全の一般知識

図1.18 一酸化炭素年平均値の推移

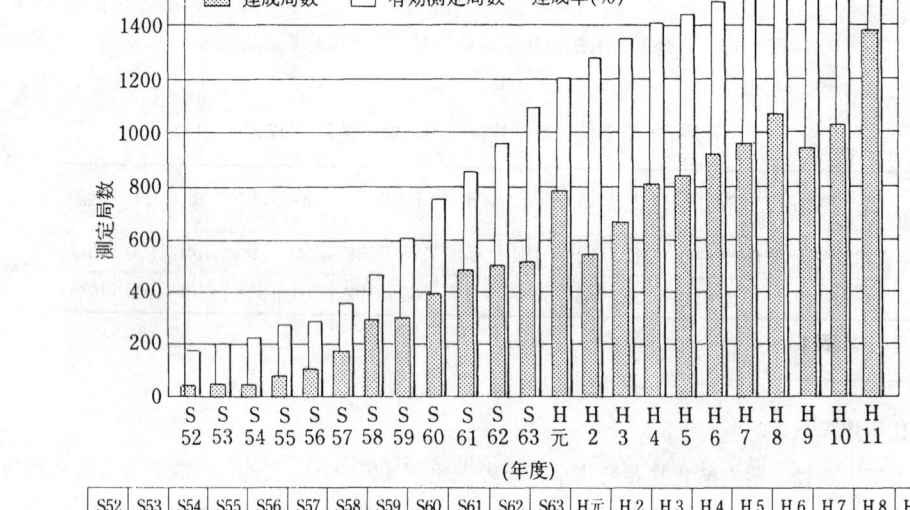

図1.19 浮遊粒子状物質環境基準の達成状況(長期評価)

	S52	S53	S54	S55	S56	S57	S58	S59	S60	S61	S62	S63	H元	H2	H3	H4	H5	H6	H7	H8	H9	H10	H11
達成局数	43	45	46	79	109	173	293	304	393	486	504	515	784	552	670	811	839	918	960	1070	944	1029	1378
有効測定局数	176	201	226	271	286	353	465	607	755	855	956	1094	1203	1282	1349	1409	1441	1485	1511	1533	1526	1528	1529
達成率(%)	24.4	22.4	20.4	29.2	38.1	49.0	63.0	50.1	52.1	56.8	52.7	47.1	65.2	43.1	49.7	57.6	58.2	61.8	63.5	69.8	61.9	67.3	90.1

素の規制により、一般環境大気測定局における一酸化炭素濃度は著しく低減した。46年度では年平均値2.8ppm程度であったものが、平成11年度では0.5ppmと約1/6程度に環境濃度が改善された。全国139の有効測定局のすべてで環境基準を達成している。

図1.18にその状況を示す。

(5) 浮遊粒子状物質

浮遊粒子状物質は、大気中に浮遊する粒子状物質のうち、粒径10μm以下のもので、大気中に比較的長時間滞留し、高濃度の場合には人の健康に与える影響が大きいものである。一般環境大気測

1.6 大気汚染の現状

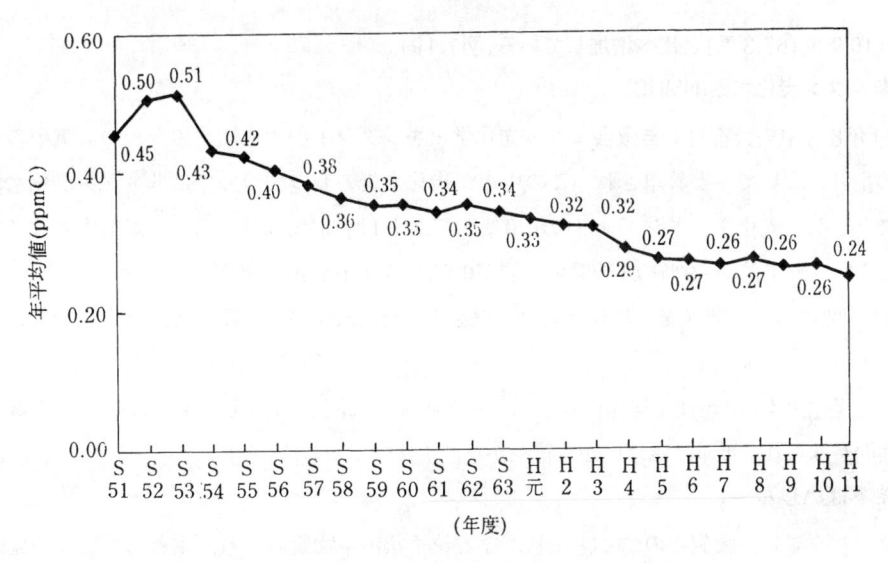

図1.20 非メタン炭化水素年平均値の経年変化

定局について環境基準(1時間値の1日平均値が0.10mg/m³以下であり、かつ、1時間値が0.20mg/m³以下であること。)の達成率をみると、長期的評価では年々向上してきていたが、平成11年度においては、有効測定局1529局中1378局(90.1％)において環境基準が達成されている。そ

表1.12 降下ばいじん量継続測定局(7局)における年平均値の経年変化

都道府県	市区町村	測定局	S50年度	S51年度	S52年度	S53年度	S54年度	S55年度	S56年度	S57年度	S58年度	S59年度	S60年度	S61年度	S62年度
宮城県	桶谷町	国設箟岳	2.9	2.8	1.9	2.1	1.8	2.6	1.2	1.7	1.5	0.9	1.1	1.3	2.7
東京都	新宿区	国設東京	8.8	7.7	6.1	6.2	5.6	4.6	3.7	4.4	3.6	4.2	9.3	5.4	4.7
神奈川県	川崎市	国設川崎	13.6	9.9	8.1	9.9	11.8	9.2	9.1	9.7	7.9	6.6	7.6	6.9	6.0
新潟県	新潟市	国設新潟	5.7	7.3	5.4	4.2	5.4	4.8	5.9	5.4	5.7	3.5	6.0	5.3	5.0
兵庫県	尼崎市	国設尼崎	5.0	4.6	3.4	2.9	2.7	3.2	3.9	4.8	3.3	3.4	3.4	2.6	2.4
島根県	松江市	国設松江	4.4	5.4	4.2	4.7	5.3	5.2	4.1	3.8	5.0	4.4	4.3	3.1	4.2
福岡県	大牟田市	国設大牟田	6.8	7.1	8.9	6.0	6.0	6.4	5.0	5.5	5.2	5.1	3.7	2.8	
	平　均		6.7	6.4	5.4	5.1	5.5	5.1	4.7	5.0	4.6	4.0	5.3	4.0	4.0

都道府県	市区町村	測定局	S63年度	H元年度	H2年度	H3年度	H4年度	H5年度	H6年度	H7年度	H8年度	H9年度	H10年度	H11年度
宮城県	桶谷町	国設箟岳	1.5	1.5	1.5	1.4	1.8	1.3	1.5	1.9	1.7	2.1	2.8	1.8
東京都	新宿区	国設東京	2.2	2.7	2.8	2.6	3.8	11.1	11.1	12.7	6.9	7.5	8.6	8.9
神奈川県	川崎市	国設川崎	5.4	5.6	6.6	5.3	5.6	4.6	4.9	4.7	4.6	4.4	3.7	4.0
新潟県	新潟市	国設新潟	4.3	3.5	4.2	4.6	3.6	4.1	3.4	4.8	5.1	3.4	3.0	－
兵庫県	尼崎市	国設尼崎	2.5	2.2	2.7	3.0	2.1	2.0	2.7	3.0	2.6	2.1	1.7	－
島根県	松江市	国設松江	4.1	3.4	4.6	4.1	4.7	5.2	4.0	5.2	4.5	4.0	3.3	－
福岡県	大牟田市	国設大牟田	4.3	4.2	4.2	11.6	9.6	5.8	3.9	3.2	1.8	1.9	2.0	2.9
	平　均		3.5	3.3	3.8	4.7	4.5	4.9	4.5	5.1	3.9	3.6	3.6	(4.4)

の割合は10年度(67.3%)と比べ増加している(図1.19)。

(6) 非メタン炭化水素(NMHC)

昭和51年8月中央公害対策審議会より「光化学オキシダントの生成防止のための大気中の炭化水素濃度の指針について」が答申され,この中で,炭化水素の測定については非メタン炭化水素を測定することとし,光化学オキシダントの環境基準である1時間値の0.06ppmに対応する非メタン炭化水素の濃度は,午前6～9時の3時間平均値が0.20～0.31ppmCの範囲にあるとされている。

平成11年度において非メタン炭化水素は,262市町村,361の一般環境大気測定局で測定されている。

非メタン炭化水素の3時間平均値の年平均値の経年変化は図1.20のとおりであり,昭和53年度以降低下傾向がみられ,近年は横ばいから緩やかな減少傾向にある。

(7) 降下ばいじん

降下ばいじん量は,大気中のすす,粉じんなど粒子状汚染物質のうち,主として比較的粒径が大きく,沈降しやすい粒子の量を1か月単位としてデポジットゲージなどで測定するもので,この結果は1 km^2 当たりに換算したt数で表される。

昭和50年度から継続して測定している地点(7地点)の降下ばいじん量の年平均値の経年変化は,表1.12に示すとおりである。

2. 燃料と燃焼の基礎知識

2.1 燃料及び燃料試験

2.1.1 燃　　料

燃料とは空気中で燃焼し，その燃焼熱を経済的に利用できる物質をいう。燃料はその性状により，気体燃料，液体燃料，固体燃料に大別される。

燃料の燃焼熱の大きさを発熱量といい，燃料の種類によりほぼ一定の値をとる。発熱量には高発熱量と低発熱量の2種類あるが，燃料の発熱量は一般に高発熱量で表す。発熱量の単位として，気体燃料ではMJ/m^3_N($kcal/m^3_N$)，液体燃料及び固体燃料の場合はMJ/kg($kcal/kg$)を使う。m^3_Nはノルマルリュウベ[1]と呼び，気体の標準状態(0℃，1気圧)のときの体積を示す。

2.1.2 気　体　燃　料

(1) 気体燃料の種類と性状

気体燃料は，石油系燃料と石炭系燃料に大別される。石油系ガスには天然ガスと油(原油，ナフサなど)を分解してガス化した油ガス，原油の蒸留によって得られたガスを液化させてつくった液化石油ガス，石油精製のとき，種々の精製過程から排出される製油所ガスなどがある。表2.1に気体燃料の性状と用途を示す。

一方，石炭系ガスは，石炭を乾留する際に得られる石炭ガスと，製鉄用高炉から副産する高炉ガスがある。

(2) 天　然　ガ　ス

天然ガスには乾性ガスと湿性ガスがある。

乾性天然ガスの主成分は，大部分が飽和炭化水素のメタン(CH_4)であるが，多少の二酸化炭素(CO_2)を含んでいるため，高発熱量は$37.7MJ/m^3_N$($9000kcal/m^3_N$)と，湿性天然ガスより低い。

湿性天然ガスの主成分は，飽和炭化水素のメタンが75％を占め，ほかにエタン(C_2H_6)，プロパン(C_3H_8)，ブタン(C_4H_{10})などが含まれている。メタンより炭素の数の多いエタン，プロパン，ブタンなどを含んでいるため，高発熱量は乾性天然ガスより高く$50.2MJ/m^3_N$($12000kcal/m^3_N$)である。

---

1) ノルマルリュウベ：立米(立方メートル，m^3)のことをリュウベと読む習わしなので，m^3_N(normal・m^3)のことをノルマルリュウベという。平方メートル(m^2)のことをヘイベというのと同じである。

2. 燃料と燃焼の基礎知識

表2.1 気体燃料の性状と用途

	気体燃料		成分 (%)												高発熱量 (MJ/m³N) [kcal/m³N]	主用途
			CO_2	C_nH_{2n}			O_2	CO	H_2	C_nH_{2n+2}						
				C_2	C_3	C_4				C_1	C_2	C_3	C_4	C_5	N_2		
石油系	天然ガス	乾性	3.4	—	—	—	0.1	—	—	94.6	—	—	—	—	1.9	37.7 [9000]	化学工業原料用
		湿性	0.7	—	—	—	—	—	—	75.4	13.6	7.5	2.8	—	—	50.2 [12000]	都市ガス用 発電用
	油ガス	熱分解ガス	3	21	12	—	1	7	20	28	2	0	—	—	6	40.6 [9700]	都市ガス用
		接触分解ガス	8	9	1	—	0	15	48	16	2	0	—	—	1	22.6 [5400]	都市ガス用
		ナフサ改質ガス	21	0	0	—	0	3	63	13	0	0	—	—	—	13.6 [3250]	原料ガス用 都市ガス用
	液化石油ガス	1種1号	—	—	4.0	0.2	—	—	—	—	—	0.6	90.8	4.4	—	102.6 [24500]	家庭用，業務用
		2種4号	—	—	—	3.0	—	—	—	—	—	—	1.1	95.4	0.5	—	133.6 [31900]	工業用，自動車用，原料用
	製油所ガス		0	0	0	—	0	0	58	16	15	8	—	—	—	32.5 [7760]	ボイラー用 都市ガス用

	気体燃料	成分(%)							高発熱量 (MJ/m³N) [kcal/m³N]	主用途
		CO_2	C_mH_n	O_2	CO	H_2	C_nH_{2n+2}	N_2		
石炭系	石炭ガス	2.5	3.0	0.7	9.9	52.1	27.3	4.5	20.9 [5000]	都市ガス用，窯炉用
	高炉ガス	17.7	—	—	23.9	2.9	—	55.5	3.77 [900]	窯炉用，ボイラー用

　天然ガスは硫黄分をほとんど含まないため，低公害燃料として適している。我が国では産出量が少ないため，液化天然ガスとして海外から輸入しているが，今後輸入量は増大し，都市ガス用，電力用などに使用されることが予想される。液化することによって体積を縮小できる。

　液化天然ガスは，LNG (Liquified Natural Gas)とも呼ばれる。

(3) 液化石油ガス

　液化石油ガスは常温で圧力を加えると容易に液化する石油炭化水素をいい，一般にLPG(Liquified Petroleum Gas)と呼ばれる。LPGは石油精製の際，常圧蒸留の最初に出てくるものと，天然ガスから回収されるものがある。我が国では現在，供給の約8割を輸入に依存している。

　LPGは大部分がプロパンかブタンである。したがって，高発熱量は$100 \sim 130 MJ/m^3_N$(24000～32000kcal/m³N)と高い。プロパンの方が軽いガスであるから，プロパンの多いほど蒸気圧は高くなる。どちらも気化したときの密度は，空気の1.5～2.0倍程度で重い。したがって，漏えいすると地上をはうことになり危険である。

2.1 燃料及び燃料試験

(4) 油ガス

油ガスは石油類の熱分解によって得られるガスで，都市ガス用として用いられる。熱分解に用いた燃料の燃焼ガスを含んでいるので，二酸化炭素，一酸化炭素(CO)などを多く含み，水素(H_2)分が20～60％程度あるので高発熱量は，水素分の少ないものは40.6MJ/m^3_N(9700kcal/m^3_N)程度であるが，水素分の多い油ガスは，分解ガスのメタンが13％と少ないため13.6MJ/m^3_N(3250kcal/m^3_N)と小さい。

(5) 石炭ガス

石炭ガスは石炭乾留で得られるガスで，水素が約半数前後，飽和炭化水素が1/4前後，ほかに一酸化炭素が10％前後含まれているので，高発熱量は20.9MJ/m^3_N(5000kcal/m^3_N)程度である。

(6) 高炉ガス

高炉ガスは製鉄所の溶鉱炉からの排ガスなので，燃焼ガスが大部分で，若干未燃の一酸化炭素を含有している。窒素(N_2)55％前後，一酸化炭素24％程度，二酸化炭素18％程度と燃焼排ガスに近い性状を示しているため，高発熱量は約3.77MJ/m^3_N(900kcal/m^3_N)と低い。

(7) 質量当たり発熱量と気化容量

水素の高発熱量は12.7MJ/m^3_N(3050kcal/m^3_N)と，ほかの気体燃料に比べて容量当たりでは低いが，質量当たりでみると，約142MJ/kg(34000kcal/kg)と気体燃料中で最も高い。

メタン　　(CH_4)　　 : $39.7\text{MJ/m}^3_N(9500\text{kcal/m}^3_N) \times \dfrac{22.4\text{m}^3_N}{16\text{kg}} \fallingdotseq 55.6\text{MJ/kg}(13300\text{kcal/kg})$

エタン　　(C_2H_6)　 : $70.6\text{MJ/m}^3_N(16900\text{kcal/m}^3_N) \times \dfrac{22.4\text{m}^3_N}{30\text{kg}} \fallingdotseq 52.7\text{MJ/kg}(12618\text{kcal/kg})$

プロパン　(C_3H_8)　 : $101.2\text{MJ/m}^3_N(24200\text{kcal/m}^3_N) \times \dfrac{22.4\text{m}^3_N}{44\text{kg}} \fallingdotseq 51.5\text{MJ/kg}(12320\text{kcal/kg})$

ブタン　　(C_4H_{10}) : $127.9\text{MJ/m}^3_N(30600\text{kcal/m}^3_N) \times \dfrac{22.4\text{m}^3_N}{58\text{kg}} \fallingdotseq 49.4\text{MJ/kg}(11820\text{kcall/kg})$

水　素　　(H_2)　　　: $12.7\text{MJ/m}^3_N(3050\text{kcal/m}^3_N) \times \dfrac{22.4\text{m}^3_N}{2\text{kg}} \fallingdotseq 142\text{MJ/kg}(34000\text{kcal/kg})$

水素1kmolは2kg，その容量は22.4m^3_Nである。気体1kmolはすべて22.4m^3_Nである。

メタン，エタン，プロパンと容量当たり発熱量は高くなっていくが，飽和炭化水素では質量当たりは余り変わらず，52MJ/kg(12500kcal/kg)前後となる。

この計算方法は，すべての気体燃料に当てはまる。質量(kg)当たりと容量(m^3_N)当たりの用語に注意する。

また，プロパンやブタンを気化させると，1kmolの容積は22.4m^3_Nであるから，式中のプロパン，ブタンの容積は

　　プロパン：22.4m^3_N/44kg≒0.51m^3_N/kg
　　ブタン　：22.4m^3_N/58kg≒0.39m^3_N/kg

になる。プロパン，ブタン100kgを気化させるときは，それぞれ100倍して，51m^3_N，39m^3_Nとなる。

2. 燃料と燃焼の基礎知識

2.1.3 液体燃料

液体燃料の主なものは石油類である。天然に産するのが原油で、産地によって性状に差がある。普通密度が0.73～0.95g/cm^{3}程度の無数の炭化水素の混合物であり、元素組成は炭素、水素のほか、若干の硫黄、窒素、酸素などとなっている。原油は蒸留その他の方法で精製され、低沸点のLPGがとれた後、軽質ナフサ(沸点30～180℃)、重質ナフサ(沸点90～200℃)、灯油(沸点150～280℃)、軽油(沸点250～350℃)、残油(沸点300～320℃)と沸点によって分類する。残油を一般に残さ油又は重油(重質油)と呼んでいる。ナフサは揮発油又はガソリンとなる。

工業用液体燃料としては、重油の使用量が最も多く、液体燃料の70%くらいである。

表2.2に液体燃料の性状と用途を示す。

表2.2 液体燃料の性状と用途

液体燃料	主成分	沸点範囲 (℃)	高発熱量 (MJ/kg) {kcal/kg}	主用途
揮発油	C, H	30～200	46.1～48.1 {11000～11500}	ガソリンエンジン用
灯油	C, H	180～300	46.1～48.1 {11000～11500}	石油発動機用、暖房用、ちゅう房用
軽油	C, H	200～350	46.1～48.1 {11000～11500}	小形ディーゼル用、焼玉機関用、加熱用
重油	C, H (O, S, N)	230～	41.9～46.1 {10000～11000}	各種ディーゼル用、ボイラー用、工業炉用

我が国の原油の大部分を中東地域からの輸入に頼っているが、一般にこれらの原油は硫黄の含有率が高く、蒸留過程から硫黄は重質油に多く含まれて、原油で平均2.5%程度だったものが重油には3.5%含まれ、これらが燃焼によって硫黄酸化物を発生させ、大気汚染問題を起こしていた。ガソリンの密度が最も小さく、重油が最も大きい。灯油、軽油はその間にある。

【重油の性状】

JISでは重油の品種を動粘度を中心に1種、2種、3種に大別し、次いで8項目について規格を区分している。

表2.3に重油の日本工業規格(JIS K 2205)を示す。

重油は元来残油を指していたが、規格に適合するよう、動粘度の小さい灯油、軽油あるいは、脱硫重油を加えて、諸性状を調整して製造される。

重油の性状は、反応、引火点、動粘度、流動点、残留炭素分、水分、灰分、硫黄分の8項目について区分しているが、重油を噴霧燃焼するときの適切な動粘度は50mm^2/s(cSt)(センチメートルストークス)程度なので、1種、2種(灯油、軽油が多く含まれている重油)はそのまま噴霧燃焼できるが、3種重油は加熱して動粘度を小さくして噴霧しなければならない。1種・2種・3種重油をA・B・C重油ともいう。

2.1 燃料及び燃料試験

表2.3 重油の日本工業規格(JIS K 2205)

種類		反応	引火点 (℃)	動粘度 (50℃) (mm²/s) {cSt} *¹	流動点 (℃)	残留炭素分 (質量%)	水分 (容量%)	灰分 (質量%)	硫黄分 (質量%)
1種	1号	中性	60以上	20以下	5以下*²	4以下	0.3以下	0.05以下	0.5以下
	2号								2.0以下
2種				50以下	10以下*²	8以下	0.4以下		3.0以下
3種	1号		70以上	250以下	—	—	0.5以下	0.1以下	3.5以下
	2号			400以下	—	—	0.6以下		—
	3号			400を超え1000以下	—	—	2.0以下	—	—

(注) *¹ 1mm²/s = 1cSt
*² 1種及び2種の寒候用の流動点は0℃以下とし、1種の暖候用の流動点は10℃以下とする。

① 引火点

　油を加熱して，その蒸気が空気と混合して可燃性ガスを生ずる最低温度をいう。引火点は重油の組成，密度，動粘度などに関係する。引火点が低いと火災の危険があり，高いと着火が困難になる。
　1種，2種とも60℃で3種の70℃より低い。引火点は，油温を段々上げて，小さな火種を接近させ，その着火温度を求める。
　着火温度はほかから点火しないで，燃焼を開始する温度であるから，引火点より高い。重油では530～580℃程度である。

② 動粘度

　動粘度の低いものほど一般に低沸点炭化水素を含んでいる。動粘度は油の輸送，噴霧燃焼時のバーナーの噴霧状況に影響を与える性質として重要である。動粘度は温度の増加とともに低下するので，JISでは50℃における動粘度としている。動粘度の低い方，密度の小さい軽質油の方が使用上有利であるが，容積当たりの発熱量は小さくなり，良質燃料となるため価格も高くなる。

③ 流動点

　低温で取り扱う場合の難易を示す尺度として必要とされるもので，冬期又は寒冷地において特に重要である。通常，高粘度重油の場合は加熱保温の処理がとられる。一般に低粘度の重油は高粘度のものに比べて流動点が低い。3種重油には流動点の規格は適用がない。
　1種5℃以下，2種10℃以下だけで，動粘度の低い重油ほど流動点が低くなる。

④ 残留炭素分

　重油を空気の供給の十分でない所で，高温に加熱分解し，蒸気のみを燃焼させたとき，乾留状態から炭素分が凝着する。これを残留炭素分という。残留炭素分は密度の小さい1種重油が一番小さく，4wt%(質量%のこと)以下，2種が8wt%以下，3種にはない。

⑤ 水分

　原油中の水分や泥分が混入したもので，蒸留によって分離されたものが水分である。1種，2種，

3種の順に多くなる。

⑥ 灰分

重油中の不純物のうち燃焼して金属酸化物の固体として残るもの。主に鉄，マグネシウム，ケイ素，カリウム，バナジウムの化合物から成っている。灰分が多いと排ガス中のばいじんも増加する。

⑦ 硫黄分

重油の硫黄分は，原油の産地によっても異なるが，大部分が有機硫黄化合物として含まれている。したがって，軽油又は重油を高温・高圧下で水素を添加して，硫化水素，メルカプタンとして間接脱硫又は直接脱硫を行い，低硫黄化している。1種は灯油に近いので硫黄分は少なく，3種は多くなる。

重油中には有機窒素分も含まれているが，脱硫してもその原理から明らかなように，窒素分は除去できない。重油中の窒素分は重油中に含まれる硫黄分の約1/10くらいである。

2.1.4 固体燃料

固体燃料は褐炭，歴青炭及び無煙炭などの天然のままのものと，加工して得られる木炭，コークスなどがある。固体燃料の主成分，高発熱量，主用途を表2.4に示す。

表2.4 固体燃料

固体燃料	主成分	高発熱量 (MJ/kg){kcal/kg}	主用途
石炭	C, H, O(N, S)	18.8～33.5 {4500～8000}	ボイラー用，窯炉用，ガス及びコークス製造用，家庭用
コークス	C(H, O, S)	25.1～31.4 {6000～7500}	製鉄用，溶銑用，ガス製造用

石炭は気体燃料や液体燃料に比べて完全燃焼させにくく，ばい煙を発生しやすいのが特徴である。また，石炭中には二酸化硫黄の発生の原因となる硫黄分も含まれている。石炭の可燃分は固定炭素と揮発分によって示される。

次式が与える燃料比は石炭化の進行の程度を示す指数となる。無煙炭は12以上，歴青炭は1～7，褐炭は1以下である。

$$\frac{固定炭素}{揮発分} = 燃料比$$

石炭を加熱していくと，次第に軟化溶融し，分解を始めガス及びタールを残す場合と，軟化溶融せず原形を残す場合とがある。

この度合を示す性質を粘結性という。粘結性は石炭からコークスを製造するとき最も重要な性質である。

窒素の含有量は重油より石炭の方が多い。石炭は0.7～2.2％，C重油で0.2～0.4％程度である。

2.1 燃料及び燃料試験

発熱量は石炭化度が高いほど，すなわち燃料比が大きいほど炭素を増し，酸素は少なくなるから，それとともに大きくなる。

石炭の性状は，密度，比熱，着火温度，粘結性と膨張性，熱分解，燃焼性，灰分などによって判定する。

着火温度は褐炭250～450℃，歴青炭325～400℃，無煙炭440～500℃程度である。

灰分は，シリカ，アルミナ，酸化鉄などのほかにカルシウム，マグネシウム，ナトリウム，カリウムなどの酸化物から成る。日本の石炭灰ではシリカが多い。

コークスは，粘結炭を主とする原料炭を1000℃内外の温度で乾留して得られるもので，コークス炉で製造される。

成分は，ほとんどが炭素と灰分で発熱量は33.6MJ/kg(8000kcal/kg)程度で，着火温度は半成コークスで400～450℃，コークスで400～600℃である。

2.1.5 燃料試験方法

(1) 気体燃料

一般成分の分析は，ガスクロマトグラフ法による。発熱量の測定にはユンカース式流水形熱量計を用いる。

(2) 液体燃料

品位の評定は蒸留試験や使用上又は取り扱い上から規定した試験方法で行っている。

硫黄分は，表2.5の試験方法によって行う。

窒素分は，マクロケルダール法，微量電量滴定法，化学発光法によって行う。

発熱量は燃研式ボンベ形熱量計を用いて測定することを規定している。

表2.5 液体燃料の硫黄分試験方法の種類

試験方法の種類	適用油種例	測定範囲
酸水素炎燃焼式ジメチルスルホナゾⅢ滴定法	ガソリン，灯油，軽油	1～300 wt ppm
微量電量滴定式酸化法	ガソリン，灯油，軽油	1～1000 wt ppm
燃焼管式空気法	原油，軽油，重油	0.01 wt％以上
放射線式励起法	原油，軽油，重油	0.01 wt％以上
燃焼管式酸素法	原油，軽油，重油	0.01 wt％以上
ボンベ式質量法	原油，重油，潤滑油	0.10 wt％以上

(注) 1. 原油，軽油及び重油について，放射線式励起法，燃焼管式酸素法及びボンベ式質量法の試験結果に疑義が生じた場合は燃焼管式空気法の結果による。
2. ガソリン，灯油及び軽油について，酸水素炎燃焼式ジメチルスルホナゾⅢ滴定法，放射線式励起法の試験結果に疑義が生じた場合は微量電量滴定式酸化法の結果による。
3. 参考法としてランプ式容量法及び波長分散形蛍光X線法がある。

2. 燃料と燃焼の基礎知識

(3) 固体燃料

固体燃料は主として石炭であり，工業分析，元素分析，発熱量が中心である。

工業分析は水分定量法，灰分定量法，揮発分定量法によって，水分，灰分，揮発分を測定する。

固定炭素は，総量(100％)から，水分(％)，灰分(％)，揮発分(％)を差し引いたものである。

元素分析は，リービッヒ法，シェフィールド高温法によって，炭素，水素，全硫黄，塩素などを定量する。

全硫黄定量は，エシュカ法によって試料中の硫黄を硫酸塩として固定した後塩酸で抽出し，塩化バリウム温溶液を加え，硫酸バリウムの沈殿を熟成させて定量する。

窒素定量は，ケルダール法，セミミクロケルダール法によって定量する。

発熱量は，燃研式A形熱量計，燃研式B形熱量計などを用いて測定する。

2.2 燃焼と燃焼管理

燃焼とは，燃料が酸素との反応によって光と熱を同時に発する一種の化学反応である。燃焼には次のような特徴がある。

a) 燃料と空気を接触しただけでは反応しない。
b) 一度燃焼状態に入ると，燃料と空気が供給されれば燃焼を持続する。
c) 反応による発生熱量が非常に大きい。

燃焼には，一般の化学反応の原理，法則が適用できる。燃焼反応の前後に物質保存の法則を適用して収支計算を行い，理論空気量(A_0)，燃焼排ガス量(G)，その他を求める操作を燃焼計算という。

2.2.1 燃焼計算の基礎

メタンが完全に燃焼する反応式は次のように表される。

$$CH_4 + 2O_2 = CO_2 + 2H_2O + 75.2 \text{MJ/kmol}(18000 \text{kcal/kmol}) \quad (2.1)$$
メタン　酸素　二酸化炭素　水蒸気

この反応式は，メタン1kmolが完全に燃焼するためには酸素2kmolが必要なことを示している。また，その結果として二酸化炭素1kmol，水蒸気2kmolが生成され，このとき75.2MJ/kmol(18000kcal/kmol)の燃焼熱が発生することを示している。

$$CH_4 + 2O_2 = CO_2 + 2H_2O + 75.2 \text{MJ/kmol}(18000 \text{kcal/kmol}) \quad (2.2)$$
1kmol　2kmol　1kmol　2kmol

また，この反応式は次のように考えてもよい。メタン$1m^3_N$を完全に燃焼するために必要な酸素量は$2m^3_N$であり，燃焼の結果として二酸化炭素$1m^3_N$，水蒸気$2m^3_N$を生成する。

$$CH_4 + 2O_2 = CO_2 + 2H_2O + 75.2 \text{MJ/kmol}(18000 \text{kcal/kmol}) \quad (2.3)$$
$1m^3_N$　$2m^3_N$　$1m^3_N$　$2m^3_N$

2.2 燃焼と燃焼管理

一方,反応物質及び生成物質の分子量から次のことが分かる。メタン16kgを完全に燃焼するために必要な酸素量は64kgであり,燃焼の結果として二酸化炭素44kg,水蒸気36kgを生成する。

$$CH_4 + 2O_2 = CO_2 + 2H_2O + 75.2 MJ/kmol (18000 kcal/kmol) \quad (2.4)$$

$$\begin{array}{cccc} 16kg & 64kg & 44kg & 36kg \\ 1kmol & 2kmol & 1kmol & 2kmol \end{array}$$

ただし,ここでCH_4,O_2,CO_2,H_2Oの分子量はそれぞれ16,32,44,18である。

メタンのほか燃焼の反応を取り扱う場合の主なものは表2.6の気体の反応がある。

表2.6 主な気体及び物質の燃焼反応式

(1) $H_2 + \frac{1}{2}O_2 = H_2O + 241.1$	MJ/kmol	(水素の燃焼)
(2) $CO + \frac{1}{2}O_2 = CO_2 + 283$	MJ/kmol	(一酸化炭素の燃焼)
(3) $C_2H_4 + 3O_2 = 2CO_2 + 2H_2O + 1305.2$	MJ/kmol	(エチレンの燃焼)
(4) $C_3H_8 + 5O_2 = 3CO_2 + 4H_2O + 2086$	MJ/kmol	(プロパンの燃焼)
(5) $C + O_2 = CO_2 + 406$	MJ/kmol	(炭素の燃焼)
(6) $C + \frac{1}{2}O_2 = CO + 123.1$	MJ/kmol	(炭素の不完全燃焼)
(7) $S + O_2 = SO_2 + 296.8$	MJ/kmol	(硫黄の燃焼)

(1) 単純ガスの燃焼計算

気体燃料を構成する主な単純ガスの燃焼方程式と分子数,空気量及び生成ガスの理論量を表2.7に示す。

表2.7の水素を例にとって説明すると,方程式から水素2容に対して,酸素(O_2)1容を必要とし,生成する水蒸気ガスは2容である。したがって,水素$1m^3_N$については$0.5m^3_N$の酸素を必要とし,水蒸気$1m^3_N$を生成する。空気中の窒素(N_2)は79容量％だから,酸素の79/21倍,燃焼に伴う窒素の量は次のとおりである。

$$0.5 \times \frac{79}{21} \fallingdotseq 1.88 m^3_N$$

空気量は

$$O_2 + N_2 = 0.5 + 1.88 = 2.38 m^3_N$$

又は,理論空気量$A_0 = O_2/0.21$から

$$A_0 = \frac{0.5}{0.21} = 2.38 m^3_N$$

2. 燃料と燃焼の基礎知識

表2.7 単純ガスの燃焼表

燃料		燃焼方程式と分子数	燃料1m³Nに対する			
名称	分子記号		空気量(m³N)		燃焼ガス量(m³N)	
			O_2	N_2	CO_2	H_2O
水素	H_2	$2H_2 + O_2 = 2H_2O$ 2 1 2	0.5	1.88	—	1
一酸化炭素	CO	$2CO + O_2 = 2CO_2$ 2 1 2	0.5	1.88	1	—
メタン	CH_4	$CH_4 + 2O_2 = CO_2 + 2H_2O$ 1 2 1 2	2	7.52	1	2
エチレン	C_2H_4	$C_2H_4 + 3O_2 = 2CO_2 + 2H_2O$ 1 3 2 2	3	11.28	2	2
アセチレン	C_2H_2	$2C_2H_2 + 5O_2 = 4CO_2 + 2H_2O$ 2 5 4 2	2.5	9.40	2	1
ベンゾール蒸気	C_6H_6	$2C_6H_6 + 15O_2 = 12CO_2 + 6H_2O$ 2 15 12 6	7.5	28.20	6	3
一般炭化水素	C_xH_y	$C_xH_y + (x+\frac{y}{4})O_2 = xCO_2 + \frac{y}{2}H_2O$	$x+\frac{y}{4}$	$3.76\times(x+\frac{y}{4})$	x	$\frac{y}{2}$

(2) 燃料中の可燃元素の燃焼計算

液体燃料及び固体燃料では，燃焼の元素組成中の可燃元素である炭素，水素及び硫黄などの燃焼反応を計算の基礎とする。表2.8にこれらの可燃元素の燃焼に要する空気及び燃焼ガスの理論量を示

表2.8 燃料中の可燃元素の燃焼表

可燃元素		①燃焼反応の方程式 ②分子量に基づく質量(kg) ③分子量に基づく体積(m³N)	可燃元素1kgに対する							
名称	記号		燃焼生成物			消費酸素		残存窒素		燃焼ガス
			名称	記号	量	記号	量	記号	量	記号	量
炭素	C	① $C + O_2 = CO_2$ ② 12, 32, 44 ③ 22.4, 22.4	二酸化炭素	CO_2	3.667kg 1.867m³N	O_2	2.667kg 1.867m³N	N_2	8.78kg 7.02m³N	CO_2及びN_2	12.45kg 8.89m³N
		① $C + \frac{1}{2}O_2 = CO$ ② 12, 16, 28 ③ $\frac{1}{2}\times$22.4, 22.4	一酸化炭素	CO	2.333kg 1.867m³N	O_2	1.333kg 0.933m³N	N_2	4.39kg 3.51m³N	CO及びN_2	6.72kg 5.38m³N
水素	H	① $H_2 + \frac{1}{4}O_2 = \frac{1}{2}H_2O$ ② 1, 8, 9 ③ $\frac{1}{4}\times$22.4, 11.2	水蒸気	H_2O	9kg 11.2m³N	O_2	8kg 5.6m³N	N_2	26.34kg 21.07m³N	H_2O及びN_2	35.34kg 32.27m³N
硫黄	S	① $S + O_2 = SO_2$ ② 32, 32, 64 ③ 22.4, 22.4	二酸化硫黄	SO_2	2kg 0.7m³N	O_2	1kg 0.7m³N	N_2	3.29kg 2.63m³N	SO_2及びN_2	5.29kg 3.33m³N

す。水素は液体及び固体燃料中の水素で，その容積は無視することができる。

単純ガスの燃焼表ではガス$1m^3_N$について考えていたが，液体燃料や固体燃料では，燃料1kgについて計算していることに注意されたい。

表2.8の炭素の例で説明すると，燃焼方程式から炭素1kmol(12kg)を燃焼するのに酸素1kmol(32kg)を必要とし，このとき二酸化炭素1kmol(44kg)を生成する。したがって，炭素1kg当たりの二酸化炭素の生成量は

$$\frac{44}{12} \fallingdotseq 3.667 \text{kg/kg}$$

これを容積に換算すると，二酸化炭素1kmolの容積が$22.4m^3_N$であることから

$$\frac{22.4}{12} \fallingdotseq 1.867 m^3_N/\text{kg}$$

同様な方法で消費酸素量を計算し，これを79/21倍すれば残存窒素量が得られる。燃焼ガスは生成した二酸化炭素と残存窒素の和であるので

$$CO_2 + N_2 = 3.667 + 8.78 \fallingdotseq 12.45 \text{kg}$$
$$CO_2 + N_2 = 1.867 + 7.02 \fallingdotseq 8.89 m^3_N$$

〔例題1〕 硫黄1kgを完全燃焼させたときの反応熱はいくらか。

〔解　答〕 表2.6の式(7)は，1kmol(32kg)当たりの反応熱だから

$$\frac{1}{32} \times 296.8 = 9.3 \text{MJ/kg}$$

〔例題2〕 純粋なプロパンから成るLPG 880kgを気化させて得られる気体燃料の容積はいくらか。

〔解　答〕 すべての気体物質1kmolは標準状態において$22.4m^3_N$の体積を占める。プロパン1kmolは44kgだから

$$\frac{880}{44} \times 22.4 \fallingdotseq 450 m^3_N$$

2.2.2　燃焼に要する空気量

(1) 理論空気量

燃料の完全な燃焼に必要な最小空気量を理論空気量という。空気中の酸素の組成比が容積で約21％であることから，これは燃焼反応式において，理論上必要とする酸素量を0.21で割ったものである。すなわち，酸素量をO_0，理論空気量をA_0とすると，O_0はA_0の約21％に相当するので

$$O_0 = 0.21 A_0 \tag{2.5}$$
$$\therefore A_0 = \frac{O_0}{0.21} \tag{2.6}$$

例えば，プロパン1kmolが完全に燃焼するときの理論空気量A_0を求めてみる。

プロパンの燃焼方程式は表2.6の(4)式から

$$C_3H_8 + 5O_2 = 3CO_2 + 4H_2O$$
$$\text{1kmol} \quad \text{5kmol} \quad \text{3kmol} \quad \text{4kmol}$$

プロパン1kmol($22.4\text{m}^3{}_N$)を燃焼させるには，酸素5 kmol($22.4\text{m}^3{}_N \times 5 = 112\text{m}^3{}_N$)必要とすることが分かる(気体1kmolは0℃，1気圧の標準状態で$22.4\text{m}^3{}_N$の体積を占める。)。燃焼に必要な酸素量の標準状態の体積は$112\text{m}^3{}_N$である。理論空気量A_0を求める。

$$A_0 = \frac{O_0}{0.21} = \frac{112}{0.21} = 533\text{m}^3{}_N/\text{kmol}$$

普通はプロパン$1\text{m}^3{}_N$当たりの理論空気量A_0を求めるのが一般的である。両辺を$22.4\text{m}^3{}_N$で割ると，容積比は

$$C_3H_8 + 5O_2 = 3CO_2 + 4H_2O$$
$$\text{1m}^3{}_N \quad \text{5m}^3{}_N \quad \text{3m}^3{}_N \quad \text{4m}^3{}_N$$

したがって

$$A_0 = \frac{O_0}{0.21} = 23.8\text{m}^3{}_N/\text{m}^3{}_N$$

(2) 気体燃料の理論空気量

燃料$1\text{m}^3{}_N$中の水素，一酸化炭素，メタン，エチレン，アセチレン，その他の一般炭化水素，酸素，二酸化炭素，窒素などの容積($\text{m}^3{}_N$)をそれぞれh_2, co, ch_4, c_2h_4, c_x, h_y, o_2, co_2, n_2とすると，その理論空気量A_0は表2.7から

$$A_0 = \frac{O_2}{0.21} = \frac{1}{0.21}\left\{0.5h_2 + 0.5co + 2ch_4 + 3c_2h_4 + \left(x + \frac{y}{4}\right)c_xh_y - o_2\right\} \quad (\text{m}^3{}_N/\text{m}^3) \tag{2.7}$$

で求められる。ここでO_2は燃料の各成分が完全燃焼するのに必要とする理論酸素量である。式(2.7)でo_2を引くのは，燃料中の酸素が燃焼のための酸素として使用されるからである。また，co_2やn_2は燃焼には直接参加しない。

(3) 液体燃料及び固体燃料の理論空気量

液体燃料あるいは固体燃料1kg中の炭素，水素，酸素，窒素，硫黄，灰分及び水分をそれぞれc, h, o, n, s, a及びw(kg)とする。そのうち燃焼に関係するのは，炭素，水素，酸素，硫黄である。表2.8から燃料1kgの燃焼に必要な理論空気量A_0を求める。

$$A_0 = \frac{O_2}{0.21} = \frac{1}{0.21}\left\{1.867c + 5.6\left(h - \frac{o}{8}\right) + 0.7s\right\} \quad (\text{m}^3{}_N/\text{kg}) \tag{2.8}$$

$$A_0 = 8.89c + 26.7\left(h - \frac{o}{8}\right) + 3.33s \quad (\text{m}^3{}_N/\text{kg}) \tag{2.9}$$

式(2.9)は重要な式である。液体燃料や固体燃料中の酸素は，燃焼に参加せず，一般に燃料中の水素の一部と化合し，結合水の状態で存在するので，その分の水素は燃焼に利用することができない。

2.2 燃焼と燃焼管理

燃焼に実際に利用できるのは，全水素から結合水中の水素を引いた残りの水素である。燃焼に利用される残りの水素を有効水素という。水素と酸素の反応式($2H_2 + O_2 = 2H_2O$)から酸素$o(kg)$と化合する水素は$o/8$である。したがって，有効水素は$(h - o/8)$である。

(4) 所要空気量

種々の燃料を燃焼するときは，燃料の理論空気量だけを供給したのでは完全燃焼させることが困難なため，実際には過剰の空気量を供給する。

(5) 空気比

実際に供給する空気量Aと理論空気量A_0の比を空気比又は空気過剰係数という。空気比をmとすると

$$A = m \cdot A_0 \quad (m > 1.0) \tag{2.10}$$

また，過剰空気は$A - A_0$に相当するので

$$\frac{A - A_0}{A_0} = (m - 1) \times 100 \quad (\%)$$

とし，$(m-1) \times 100(\%)$を過剰空気率(%)という。

(6) 燃焼方法と空気比

種々の燃料を燃焼するとき，できるだけ少ない過剰空気で完全燃焼する方が経済的である。表2.9に燃焼装置別の過剰空気係数の概略値と，その場合の生成二酸化炭素の％の大略を示す。

表2.9 燃焼方法と空気比

燃焼方法	ガスバーナー	油バーナー	微粉炭バーナー	移動火格子	手だき水平火格子
mの値	1.1～1.2	1.1～1.4	1.2～1.4	1.3～1.6	1.5～2.0
CO_2%	8～20	11～14	11～15	10～14	8～10

〔例題3〕 プロパン60％，ブタン40％から成る気体燃料$1m^3_N$を空気比1.1で完全燃焼した場合の空気量Aはいくらか。

〔解答〕
$$C_3H_8 + 5O_2 = 3CO_2 + 4H_2O \quad (プロパン)$$
$\quad\quad 1m^3_N \quad 5m^3_N \quad 3m^3_N \quad 4m^3_N$
$(60\%)\ 0.6m^3_N \ 3.0m^3_N \ 1.8m^3_N \ 2.4m^3_N$

$$C_4H_{10} + 6.5O_2 = 4CO_2 + 5H_2O \quad (ブタン)$$
$\quad\quad 1m^3_N \quad 6.5m^3_N \quad 4m^3_N \quad 5m^3_N$
$(40\%)\ 0.4m^3_N \ 2.6m^3_N \ 1.6m^3_N \ 2.0m^3_N$

$$A_0 = \frac{O_2}{0.21} = \frac{3 + 2.6}{0.21} = 26.7 m^3_N$$

空気比1.1だから
$$A = 26.7 \times 1.1 \fallingdotseq 29.4 m^3_N$$

2. 燃料と燃焼の基礎知識

〔例題4〕 プロパン1kgを空気比1.05で完全燃焼する場合の必要な空気量$A(m^3{}_N)$はおよそいくらか。

〔解 答〕 ガス燃料では普通1$m^3{}_N$で計算するが，この例題は1kg当たりになっているので注意する。

$$\underset{44\text{kg}}{C_3H_8} + \underset{22.4m^3{}_N \times 5}{5O_2} = 3CO_2 + 4H_2O$$

$$A = \frac{\dfrac{22.4m^3{}_N \times 5}{0.21}}{44\text{kg}} \times 1.05 = 12.7 m^3{}_N/\text{kg}$$

2.2.3 燃焼ガス量

(1) 湿りガスと乾きガス

燃料が燃焼して生成する燃焼ガスは，熱を被熱物に伝えて，煙道を経て煙突から排出される。この排ガスを燃焼排ガス又は単に排ガスという。

排ガスの中には，燃料中の水素が燃焼によって生成した水蒸気や燃料中の水分，被燃焼物の水分などから蒸発によって生成される水蒸気が不飽和蒸気の状態で含まれている。この排ガスを湿り燃焼ガスという。湿り燃焼ガスの場合は，燃料中の水素の含有率，水分の含有量などによって，他の窒素，二酸化炭素，酸素，一酸化炭素の含有率が相対的に変化する。例えば湿り燃焼ガス中に水蒸気が30％も含有しているときは，残りの70％に窒素，二酸化炭素，酸素，一酸化炭素などが含有されているので，燃焼状況について，ほかと比較することが難しい。そこで水蒸気を除外して考えたガスを，乾き燃焼ガスといい，排ガスのガス分析は乾き燃焼ガス中の組成割合で示される。

(2) 理論燃焼ガス量

燃料を理論空気量で完全燃焼したとき，生成される燃焼ガス量を理論燃焼ガス量(G_0)という。実際の燃焼ガス量G(湿り)は，理論燃焼ガス量G_0(湿り)より供給した過剰空気量の分だけ多くなる。理論空気量をA_0，空気比をmとすると，過剰空気は$(m-1)A_0$だから，理論燃焼ガス量にも湿りガスと乾きガスを考え，それぞれG_0及びG_0'として，実際ガス量にも湿り(G)及び乾き(G')とすると，この間には次の関係がある。

$$G = G_0 + (m-1) \cdot A_0 \tag{2.11}$$
$$G' = G_0' + (m-1) \cdot A_0 \tag{2.12}$$

(3) 燃焼ガス量の計算

① 気体燃料の場合

　1) 湿り燃焼ガス量

燃料の組成は前述(2)のとおりとする。気体燃料1$m^3{}_N$を燃焼させるのに，$m \cdot A_0$の空気量を与え，そのとき生成する湿り燃焼ガス量Gを求める。気体物質の反応前の体積は$(1 + m \cdot A_0)$，反応後の体積は，反応前の総和とは異なる。水素の燃焼についてみると，表2.7から

$$H_2 + 0.5O_2 = H_2O$$

水素と酸素の体積和は反応前で$(1+0.5)$容であるが，反応後には1容に変化し，0.5容だけ減少する。同様に一酸化炭素についても$CO(m^3{}_N)$当たり$0.5co(m^3{}_N)$の体積が減少する。メタン以下，一般炭化水素について考えると，$1m^3{}_N$当たりの反応後では次式の量だけ体積が増加する。炭化水素をc_xh_yとすると

$$\left(x+\frac{y}{2}\right) - \left\{1+\left(x+\frac{y}{4}\right)\right\} = \frac{y}{4} - 1$$

すなわち，c_xh_yでは$(y/4-1)c_xh_y(m^3{}_N)$の増加である。ここで$y=4$の炭化水素(例えばメタン)については反応前後で，体積の総和は変化しない。以上のことを考えると，Gは次の式で表される。

$$G = 1 + m \cdot A_0 - \left\{0.5h_2 + 0.5co - \left(\frac{y}{4}-1\right)c_xh_y\right\} \quad (m^3{}_N/m^3{}_N) \tag{2.13}$$

理論燃焼ガス量G_0は$m=1.0$とすればよいので

$$G_0 = 1 + A_0 - \left\{0.5h_2 + 0.5co - \left(\frac{y}{4}-1\right)c_xh_y\right\} \quad (m^3{}_N/m^3{}_N) \tag{2.14}$$

2) 乾き燃焼ガス量

乾き燃焼ガス量G'は，湿り燃焼ガス量Gから水蒸気量を差し引いたものである。表2.7からH_2，CH_4，C_2H_4，C_xH_y $1m^3{}_N$当たり，それぞれ $1m^3{}_N$，$2m^3{}_N$，$2m^3{}_N$，$1/2m^3{}_N$の水蒸気を発生するので，各組成ごとの量に直して差し引くと

$$G' = G - \left(h_2 + 2ch_4 + 2c_2h_4 + \frac{y}{2}c_xh_y\right) \quad (m^3{}_N/m^3{}_N) \tag{2.15}$$

である。また，乾き理論燃焼ガス量G_0'は

$$G_0' = G_0 - \left(h_2 + 2ch_4 + 2c_2h_4 + \frac{y}{2}c_xh_y\right) \quad (m^3{}_N/m^3{}_N) \tag{2.16}$$

② 液体燃料及び固体燃料の場合

1) 湿り燃焼ガス量

燃料の元素の組成は前述(3)と同様とする。燃料1kgを燃焼させるために$m \cdot A_0$の空気を与え，そのとき生成される湿り燃焼ガス量Gを求める。燃料成分中，可燃成分(炭素，水素，硫黄)は供給された酸素量と反応して排ガスとなり，不燃成分(窒素，水分)はそのまま気化して燃焼ガスに加えるものと考える。この量と燃焼に利用されない残余の空気量(過剰空気量)の和がGである。A_0のうち0.21%だけ酸素を消費したのだから，残余の空気量は$(m-0.21) \cdot A_0$である。表2.8から

$$G = \underset{\text{空気中の}N_2+O_2}{(m-0.21)A_0} + \underset{CO_2}{1.867c} + \underset{H_2O}{11.2h} + \underset{N_2}{0.8n} + \underset{SO_2}{0.7s} + \underset{H_2O}{1.24w)} \quad (m^3{}_N/kg)$$

$$\tag{2.17}$$

ここで，n，wは燃料中の窒素，水分(kg)が気化したときの体積である。

2. 燃料と燃焼の基礎知識

また，反応前の燃料の体積は，供給される空気量(約$10m^3_N$前後とすると)に比べ無視できる程度であるから，燃焼後の体積増加を考慮すれば次式にもなる。

$$G = m \cdot A_0 + 0.5 \times \frac{22.4}{2}h + \frac{22.4}{32}o_2 + \frac{22.4}{28}n + \frac{22.4}{18}w$$
$$= m \cdot A_0 + 5.6h + 0.7o_2 + 0.8n + 1.24w \tag{2.18}$$

理論湿り燃焼ガス量G_0は$m=1.0$とすればよい。

2) 乾き燃焼ガス量

乾き燃焼ガス量G'は，式(2.17)，式(2.18)から燃料中の水分及び燃焼によって生成される水蒸気を差し引けばいいので

$$G' = (m - 0.21)A_0 + 1.867c + 0.8n + 0.7s \quad (m^3_N/kg) \tag{2.19}$$

又は

$$G' = m \cdot A_0 - 5.6h + 0.7o + 0.8n \quad (m^3_N/kg) \tag{2.20}$$

理論乾き燃焼ガス量の場合は式(2.19)，式(2.20)の$m=1.0$とすればよい。

〔例題5〕 $c=87\%$, $h=12\%$, $s=1\%$の組成の重油1kgを燃焼したときの理論燃焼ガス量を求めよ。

〔解 答〕 理論空気量A_0は式(2.9)から求める。

$$A_0 = 8.89 \times 0.87 + 26.7 \times 0.12 + 3.3 \times 0.01 = 11.0 m^3_N/kg$$

理論燃焼ガス量G_0は式(2.18)から

$$G = A_0 + 5.6 \times 0.12 = 11.6 m^3_N/kg$$

〔例題6〕 硫黄分1％の重油を燃焼した場合，生成する二酸化硫黄(SO_2)の濃度(ppm)はおよそいくらか。ただし，乾き燃焼ガス量は重油1kg当たり$15m^3_N$とし，Sの原子量は32とする。

〔解 答〕 重油1kgを燃焼したとき生成する二酸化硫黄量は

$$SO_2 = 1000 g \times 0.01 \times 2 \times \frac{22.4 l}{64 g} = 7 l = 7000 ml$$

[硫黄(S)は燃焼によって二酸化硫黄になるので，質量は2倍になる。]

$$二酸化硫黄濃度 = \frac{7000ml}{15m^3_N} \fallingdotseq 470ml/m^3_N = 470ppm$$

〔例題7〕 炭素87％，水素13％の灯油を100kg燃焼した場合，湿り燃焼ガス量と乾き燃焼ガス量との差(m^3_N)はおよそいくらか。

〔解 答〕 湿り燃焼ガス量G_0と乾き燃焼ガス量G_0'の差は，水素hによって生成された水蒸気の量である。

$$G_0 = (1-0.21)A_0 + 1.867c + 11.24h$$
$$\underline{- G_0' = (1-0.21)A_0 + 1.867c \qquad\qquad}$$
$$\qquad\qquad\qquad\qquad\qquad 11.24h$$

したがって，$H_2O(m^3{}_N) = 11.24 \times 0.13 \times 100 = 146.1 m^3{}_N$

〔例題8〕 一酸化炭素(CO)25％，窒素(N_2)50％，二酸化炭素(CO_2)25％から成る気体燃料$1m^3{}_N$を空気比1.1で完全燃焼した場合，燃焼ガス量$(m^3{}_N)$はおよそいくらか。

〔解 答〕 N_2とCO_2は燃えないので，そのまま燃焼ガスとして排出される。

$$N_2 = 1m^3{}_N \times 0.5 = 0.5 m^3{}_N$$

$$CO_2 = 1m^3{}_N \times 0.25 = 0.25 m^3{}_N$$

$$\underset{1m^3{}_N}{CO} + \underset{0.5m^3{}_N}{0.5 O_2} = \underset{1m^3{}_N}{CO_2}$$

$$A_0 = \frac{0.5}{0.21} = 2.38 \; m^3{}_N$$

$$A = m \cdot A_0 = 1.1 \times 2.38 = 2.62$$

CO 25％の燃焼排ガスG_{co}は

$$G_{co} = (\underset{A}{2.62} - \underset{O_2}{0.5} + \underset{CO_2}{1}) \times 0.25 = 0.78$$

$$G = G_{co} + N_2 + CO_2$$

だから

$$G = 0.78 + 0.5 + 0.25 = 1.53 m^3{}_N$$

〔例題9〕 プロパン(C_3H_8)を空気比1.2で完全燃焼させた場合，乾き燃焼ガス中の二酸化炭素［$CO_2(\%)$］はおよそいくらか。

〔解 答〕
$$\underset{1m^3{}_N}{C_3H_8} + \underset{5m^3{}_N}{5O_2} = \underset{3m^3{}_N}{3CO_2} + \underset{4m^3{}_N}{4H_2O}$$

$$A_0 = \frac{O_2}{0.21} = \frac{5}{0.21} = 23.8 m^3{}_N/m^3{}_N$$

空気比1.2であるから

$$A = m \cdot A_0 = 1.2 \times 23.8 = 28.56 m^3{}_N$$

しかし，この空気の中から$O_2 = 5m^3{}_N$を消費し，$CO_2 = 3m^3{}_N$，$H_2O = 4m^3{}_N$を生成した。乾き燃焼ガス(G')なので，H_2Oを除くと

$$G = 28.56 - 4 + 3 = 26.56 m^3{}_N$$

この乾き燃焼ガスの中にCO_2が$3m^3{}_N$あるのだから

$$CO_2(\%) = \frac{3}{26.56} \times 100 = 11.29 \% \fallingdotseq 11.3 \%$$

2.2.4 発 熱 量

燃料の単位量が完全に燃焼するとき発生する熱量を発熱量といい，熱量計で測定される。発熱量には高発熱量と低発熱量の2種類の表し方があり，高発熱量は総発熱量，低発熱量は真発熱量ともいう。

2. 燃料と燃焼の基礎知識

　発熱量は熱量計を用いて測定される。気体燃料はユンカース式流水形熱量計を用い，単位容量($1m^3{}_N$)当たりの熱量MJ(kcal)として求められる。液体及び固体燃料計には，定容計と定圧計があるが，規格に指定されているのはボンベ式熱量計と呼ばれる定容形のものである。

　熱量計で測定される熱量は高発熱量である。高発熱量は燃焼によって生成した水がすべて凝縮した場合の発熱量であって，水蒸気の凝縮の潜熱[0℃で2.5MJ/kg(600kcal/kg)][2)]を加算した値である。燃料中の水分及び燃焼によって生成された水分が，凝縮するときの熱も外部の仕事に有効に使われるとした値である。

　しかし，一般に燃焼ガス中の水分は水蒸気のまま排出されることが多い。低発熱量H_lは高発熱量H_hから水蒸気の凝縮熱を差し引いたもので，燃焼ガス温度の計算には普通，真発熱量ともいう低発熱量が用いられる。高発熱量H_hと低発熱量H_lの関係を次に示す。

a)　気体燃料の場合

$$H_l = H_h - 2.0\left(h_2 + 2ch_4 + 2c_2h_4 + \frac{y}{2}c_xh_y\right) \quad (\text{MJ}/m^3{}_N) \tag{2.21}$$

　ここで，h_2, ch_2, c_2h_4, c_xh_yは気体燃料中の水素，メタン，エチレン，炭化水素の組成を示し，係数2.0は水蒸気$1m^3{}_N$の蒸発潜熱で，$2.5 \times 18/22.4 = 2\text{MJ}/m^3{}_N$ (480 kcal/$m^3{}_N$)からきたもの。

　kcal/$m^3{}_N$で表示する場合は，2.0→480となる。

b)　液体燃料及び固体燃料の場合

$$H_l = H_h - 2.5(9h - w) \quad (\text{MJ/kg}) \tag{2.22}$$

　ここで，h, wは液体燃料及び固体燃料中の水素及び水分の組成を示し，係数2.5は水1kgの蒸発潜熱[0℃で2.5MJ/kg(600kcal/kg)]である。

以上の高発熱量から低発熱量の関係式(2.21)，式(2.22)は燃焼計算に必須の重要式である。

〔例題10〕プロパンの高発熱量は101.2MJ/$m^3{}_N$である。低発熱量(MJ/$m^3{}_N$)はおよそいくらか。ただし，水の蒸発潜熱は2.5MJ/kgとする。

〔解　答〕　a)　プロパン(C_3H_8)の燃焼方程式は

$$C_3H_8 + 5O_2 = 3CO_2 + 4H_2O$$

すなわち，C_3H_8の$22.4m^3{}_N$を燃やすと4×18kgの水ができる。したがって，$1m^3{}_N$では

$$\frac{4 \times 18}{22.4} = 3.2\text{kg}$$

水の蒸発潜熱は2.5MJ/kgなので

$$101.2 - (2.5 \times 3.2) \fallingdotseq 93.2\text{MJ}/m^3{}_N$$

[2)]物質が状態変化するのに要する熱量で，融解熱，蒸発熱などがある。状態の変化にだけ消費されて燃料の出入は，温度変化に関与しないため，この名を生じた。

b) 又は，式(2.21)からの解き方もある。

$$H_l = H_h - 2\left(\frac{y}{2}c_x h_y\right)$$

に代入して

$$H_l = 101.2 - 2 \times \frac{8}{2} \times 1 = 101.2 - 8 = 93.2 \mathrm{MJ/m^3_N}$$

〔例題11〕メタンの高発熱量を$39.7\mathrm{MJ/m^3_N}$とすれば，その低発熱量($\mathrm{MJ/kg}$)はおよそいくらか。ただし，メタンの密度は$0.715\mathrm{kg/m^3_N}$とする。

〔解　答〕設問のメタンの高発熱量$39.7\mathrm{MJ/m^3_N}$と容量当たりに対し，低発熱量は$\mathrm{MJ/kg}$と質量当たりである。

 a)　式(2.21)から

$$H_l = 39.7 - 2 \times 2 \times 1 = 35.7 \mathrm{MJ/m^3_N}$$

問題は1kg当たりとなっているので，密度から

$$H_l = \frac{35.7}{0.715} = 49.93 \mathrm{MJ/kg} \fallingdotseq 50 \mathrm{MJ/kg}$$

 b)　密度($0.715\mathrm{kg/m^3_N}$)が与えられていなくても

$$H_l = 35.7 \mathrm{MJ/m^3_N} \times \frac{22.4 \mathrm{m^3_N}}{16 \mathrm{kg}}$$

$$= 49.98 \fallingdotseq 50 \mathrm{MJ/kg}$$

 c)　メタン(CH_4)を液体として考えると，CH_4中の水素は分子量16kgのうち4kg，すなわち$4/16 = 0.25(25\%)$である。メタン1kgについての高発熱量H_hは

$$H_h = \frac{39.7}{0.715} \fallingdotseq 55.5 \mathrm{MJ/kg}$$

式(2.22)から

$$H_l = 55.5 - 2.5 \times (9 \times 0.25) = 49.875 \fallingdotseq 50 \mathrm{MJ/kg}$$

2.2.5　理論空気量，理論燃焼ガス量の概略値

理論空気量A_0及び理論燃焼ガス量G_0は燃料の種類によって特有な値をとる。燃料中の炭素分は低発熱量にほぼ比例し，水素及び水分は燃料に特有な値をとるから

$$A_0 = a \cdot H_l + b \tag{2.23}$$

$$G_0 = a' \cdot H_l + b' \tag{2.24}$$

の関係がほぼ成立する。

このうち，a，b，a'，b'は燃料の種類によって決まる定数である。各種燃料に対するこれらの関係を表2.10に示す。これらの値とH_lが分かれば，燃料組成又は元素分析の結果が分からなくても，

2. 燃料と燃焼の基礎知識

表2.10 低発熱量H_lと理論燃焼ガス量G_0及び理論空気量A_0との関係

燃 料	G_0	A_0
固体燃料	$\dfrac{213H_l}{1000}+1.65(\mathrm{m^3_N/kg})$	$\dfrac{242H_l}{1000}+0.5(\mathrm{m^3_N/kg})$
液体燃料	$\dfrac{246H_l}{1000}(\mathrm{m^3_N/kg})$	$\dfrac{203H_l}{1000}+2.0(\mathrm{m^3_N/kg})$
低熱量気体燃料 $H_l=2.1\sim12.5\mathrm{MJ/m^3_N}$	$\dfrac{173H_l}{1000}+1.0(\mathrm{m^3_N/m^3_N})$	$\dfrac{209H_l}{1000}(\mathrm{m^3_N/m^3_N})$
高熱量気体燃料 $H_l=16.7\sim29.3\mathrm{MJ/m^3_N}$	$\dfrac{273H_l}{1000}+0.25(\mathrm{m^3_N/m^3_N})$	$\dfrac{261H_l}{1000}-0.25(\mathrm{m^3_N/m^3_N})$

(注) H_l：低発熱量($\mathrm{MJ/kg}$又は$\mathrm{MJ/m^3_N}$)

A_0，G_0の概略値を知ることができる。

2.2.6 排ガス分析と空気比
(1) 完全燃焼

燃料中の炭素と水素は完全燃焼すると，二酸化炭素と水蒸気になる。しかし，燃焼が不完全であると燃焼過程では燃料の分解で生じた未燃の炭化水素や不完全燃焼の一酸化炭素などを生ずる。しかし，未燃の炭化水素は微量なため，不完全燃焼の程度を知るのは一酸化炭素を測定して判断する。

(2) ガス分析値

燃焼状態の良否は燃焼ガス中に含まれているガス分析によって大体を判断することができる。ガス分析値は，乾き燃焼ガス中に含まれる組成割合として示す。普通の乾き燃焼ガス中には二酸化炭素，酸素，一酸化炭素，窒素が含まれており，%のオーダーである。硫黄酸化物や窒素酸化物はppmのオーダーである。

排ガス分析には普通オルザット分析装置が使われる。

オルザット分析装置では硫黄酸化物は二酸化炭素分析の際，同時に吸収液に吸収されるので，二酸化炭素に含まれて定量される。

この装置では，二酸化炭素，酸素，一酸化炭素が測定され，残りは窒素とみなされる。ガス分析は燃焼状況を判断するのに重要である。

二酸化炭素濃度が大きいことは，余計な空気が燃焼空気に入っていないことで，その燃料における最大二酸化炭素濃度に近ければ，理論空気量に近いことを示す。

酸素濃度が小さいことは，理論空気量に近い燃焼条件で燃焼させていることと，炉内の漏れ込み空気が少ないことを意味し，よい燃焼条件であるといえる。

一酸化炭素は不完全燃焼の程度を示すものであるが，廃棄物焼却炉や高炉，キュポラなどを除い

て余り検出されることはない。

排ガス中の二酸化硫黄濃度は，燃料中の硫黄含有量が分かっていれば，計算で排ガスの硫黄酸化物の濃度や量を求めることができる。

(3) 空気比の決定

燃焼に必要な理論空気量A_0と所要空気量Aが分かれば，次式により空気比mが計算できる。

$$m = \frac{A}{A_0}$$

理論空気量A_0は燃料組成から計算され，また所要空気量Aは直接測定できる場合があるが，燃焼ガス分析により，ガス中の酸素，二酸化炭素，一酸化炭素の濃度を測定することにより，空気比を求めることができる。

次に気体燃料，液体燃料及び固体燃料の場合，燃料組成と排ガス分析値から空気を求める式を導いてみる。

燃焼ガス中の二酸化炭素，酸素，一酸化炭素，窒素の濃度を(CO_2), (O_2), (CO), (N_2)とすると，一般に，窒素濃度は次の式で表すことができる。

$$(N_2) = 100 - \{(CO_2) + (CO) + (O_2)\}$$

a) 気体燃料の場合

$$m = \frac{1}{1 - 3.76 \times \dfrac{(O_2) - 0.5(CO)}{(N_2) - n_2 \cdot \dfrac{1}{G}}}$$

$$= \frac{1}{1 - 3.76 \times \dfrac{(O_2) - 0.5(CO)}{(N_2) - n_2 \cdot \dfrac{(CO_2) + (CO)}{co + co_2 + ch_4 + 2c_2h_4 + xc_xh_y}}} \quad (2.25)$$

b) 液体燃料の場合

気体燃料の場合と同様な考えで

$$m = \frac{1}{1 - 3.76 \times \dfrac{(O_2) - 0.5(CO)}{(N_2) - 0.8n_2 \cdot \dfrac{(CO_2) + (SO_2)}{1.867c + 0.7s}}} \quad (2.26)$$

一般に液体燃料及び固体燃料中のnは少量で無視できるので，上式から

$$m = \frac{1}{1 - 3.76 \times \dfrac{(O_2) - 0.5(CO)}{(N_2)}} \quad (2.27)$$

2. 燃料と燃焼の基礎知識

また，完全燃焼，すなわち(CO)＝0で，かつ水素が極めて少ない場合は，近似的に$(N_2)=79\%$として

$$m = \frac{21}{21-(O_2)} \quad (2.28)$$

で表すことができ，mの概略値を知ることができる。この式(2.28)は燃焼計算で重要な式である。

図2.1に各種燃料における燃焼ガス中の酸素，二酸化炭素の割合(％)と空気比の関係を示す。

空気比が大きくなると酸素濃度が増大し，二酸化炭素濃度は減少していく状況が分かる。

(4) 最大二酸化炭素量$(CO_2)_{max}$

理論空気量で完全燃焼することができると仮定すると，燃焼ガス中の二酸化炭素の比率は，その燃料で最大となる。

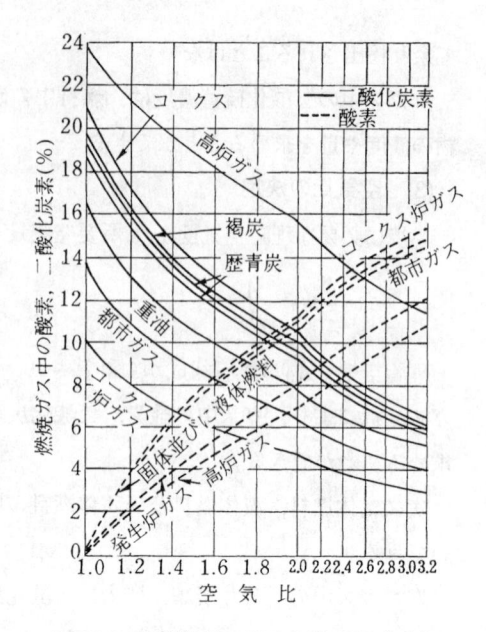

図2.1 各種燃料における排ガス成分と空気比との関係

この場合の二酸化炭素量を最大二酸化炭素量といい$(CO_2)_{max}$で示す。

$(CO_2)_{max}$は燃料の組成によって定まるが，燃料に特有な値となる。表2.11に$(CO_2)_{max}$の概略値を示す。

ガス燃料では11～15％の範囲，液体燃料では16％弱，固体燃料では19％前後と記憶しておく。

表2.11 $(CO_2)_{max}$の概略値

燃　料	$(CO_2)_{max}$(％)	燃　料	$(CO_2)_{max}$(％)
天然ガス　湿性	10.6	燃　料　油	15～16
乾性	11.5	歴　青　炭	18.5
オイルガス	11.4～12.2	無　煙　炭	19～20
液化石油ガス	13.8～15.1	コ　ー　ク　ス	20.6
石　炭　ガ　ス	11	炭　　　　素	21
溶鉱炉ガス	24		

〔例題12〕炭素86％，水素14％の組成の液体燃料を毎時100kg燃焼した場合の燃焼排ガスの分析結果は，二酸化炭素12.5％，酸素3.5％，窒素84.0％であった。1時間当たりの湿り燃焼排ガス量(m^3_N)はおよそいくらか。

〔解　答〕
$$A_0 = 8.89c + 26.7\left(h - \frac{o}{8}\right)$$
$$= 8.89 \times 0.86 + 26.7 \times 0.14 = 7.645 + 3.738 = 11.383$$
$$m = \frac{21}{21-O_2} = \frac{21}{21-3.5} = 1.2$$
$$G = (m-0.21)A_0 + 1.867c + 11.2h$$

$$= (1.2 - 0.21) \times 11.383 + 1.867 \times 0.86 + 11.2 \times 0.14$$
$$= 11.269 + 1.605 + 1.568 = 14.442 \, m^3{}_N/kg$$

1時間に100kg使用するのだから，排出ガス量Qは

$$Q = 14.442 \times 100 = 1444 \fallingdotseq 1440 \, m^3{}_N/h$$

〔例題13〕炭素87%，水素13%の組成の液体燃料の$(CO_2)_{max}$はおよそ何%か。

〔解　答〕
$$A_0 = 8.89c + 26.7\left(h - \frac{o}{8}\right)$$
$$= 8.89 \times 0.87 + 26.7 \times 0.13 = 7.734 + 3.471 = 11.205 \, m^3{}_N/kg$$

G_0'（理論乾きガス量）を求める。

$$G_0' = (1 - 0.21)A_0 + 1.867c$$
$$= 0.79 \times 11.2 + 1.867 \times 0.87 \fallingdotseq 10.5 \, m^3{}_N/kg$$

$(CO_2)_{max}$は，理論乾きガス中の二酸化炭素濃度だから

$$(CO_2)_{max} = \frac{1.867 \, c}{G_0'} = \frac{1.867 \times 0.87}{10.5} \fallingdotseq 0.155 = 15.5 \%$$

2.2.7　燃　焼　管　理

(1)　燃焼管理の意義

燃料の主体が固体燃料であった時代には，燃焼装置の効率的な運転方法が重要で，このことを燃焼管理と呼んでいたが，燃焼装置が進歩し，燃料自体が固体から液体へと変わってきたため，従来の意味での燃焼管理は，それほど重要ではなくなってきている。

しかし，適性燃料の使用，熱設備全体系の保全などの広義の燃焼管理又は設備管理は大気汚染防止と関連して，非常に重要な問題となってきている。

(2)　燃焼装置の容量

燃料が空気の存在の下で加熱され，ほかから点火されることなしに，燃焼を開始する最低温度を着火温度といい，点火源を与えて燃焼を開始する最低温度を引火点という。燃料が燃えるためには，常に着火点以上に保たれていなければならない。

表2.12は燃料の着火温度を示すものである。木炭より重油，重油よりメタンの方が着火温度が高

表2.12　燃料の着火温度

燃　　料	着火温度(℃)	燃　　料	着火温度(℃)
木炭（黒炭）	320～370	重　　　油	530～580
褐炭（乾）	250～450	歴青炭タール脂	580～650
歴　青　炭	325～400	水　　　素	580～600
無　煙　炭	440～500	一酸化炭素	580～650
半成コークス	400～450	メ　タ　ン	650～750
ガスコークス	500～600	発生炉ガス	700～800

2. 燃料と燃焼の基礎知識

い点に注意すること。

　一定の燃料が燃え尽くすためには，一定の時間，空間が必要で，これらの条件を表す燃焼装置の容量の表示方法として，燃焼室熱負荷(熱発生率)，火格子燃焼率，火格子熱負荷(熱発生率)などがあり，大体の値が決まっている。これらの値は高い方が燃焼機や燃焼室が小さくなって好ましいが，バーナーの容量，火炉の耐火強度などの制限のためにある程度以上には上げられない。

　結局これらの値を大きくすることは，無理だきとなり，不完全燃焼，ばい煙発生の原因となる。バーナー燃焼の場合には，燃焼室の単位容量当たりの発生熱量をもって燃焼室熱負荷(W/m^3)を示す。

　表2.13に燃料の種類ごとの燃焼室熱負荷の関係を示す。固体燃料，廃棄物焼却に用いる火格子の場合は，$1m^2$当たり，1時間の燃焼量で表し，($kg/m^2 \cdot h$)の単位を用いる。おおむね$150kg/m^2 \cdot h$前後であるが，自然通風の場合は小さく，押込通風の場合は大きい。

表2.13　燃料と燃焼室熱負荷

燃　料	燃焼室熱負荷	
	($10^4 W/m^3$)	($10^4 kcal/m^3 \cdot h$)
微粉炭	11.6～34.9	10～30
重　油	11.6～232.6	10～200
ガ　ス	11.6～58.2	10～50

〔例題14〕燃焼室熱負荷($10^4 W/m^3$)又は火格子燃焼率($kg/m^2 \cdot h$)として，誤っているものは(1)～(5)のどれか。

　　　(1)　重油の燃焼室熱負荷　　　　　　　　11.6　～　232.6
　　　(2)　ガスの燃焼室熱負荷　　　　　　　　11.6　～　58.2
　　　(3)　微粉炭の燃焼室熱負荷　　　　　　　11.6　～　34.9
　　　(4)　石炭(散布式ストーカー)の火格子燃焼率　　10　～　30
　　　(5)　石炭(移床式ストーカー)の火格子燃焼率　　150　～　200

〔解　答〕散布式ストーカーは移床式ストーカーよりやや火格子燃焼率の範囲が広く，150～250$kg/m^2 \cdot h$である。

〔例題15〕縦，横，高さがそれぞれ1.2m，2.0m，1.5mの燃焼室で，低発熱量が41.9MJ/kg(10000kcal/kg)の重油を1時間に100kg燃焼している。燃焼室熱負荷はおよそいくらか。

〔解　答〕　　　燃焼室熱負荷$=\dfrac{発生熱量}{燃焼室容量}=\dfrac{41.9 \times 100}{1.2 \times 2.0 \times 1.5}$

$$\fallingdotseq 11.6 \times 10^2 MJ/m^3 \cdot h (28 \times 10^4 kcal/m^3 \cdot h)$$

$$= \dfrac{11.6 \times 10^2 \times 10^6}{3600} = 32.2 \times 10^4 W/m^3$$

(3)　燃料と燃焼装置

① ガス燃焼

　ガス燃焼の燃焼形式には予混合燃焼と，拡散燃焼がある。a)予混合燃焼は，燃料ガスと空気を混合して，その混合ガスを燃焼室内に噴出させて燃焼させる方式で，噴出口の部分に火炎面ができるため，火炎面付近の温度は高くなるが，燃焼室全体の加熱を平均化することは難しい。ばい煙の発

2.2 燃焼と燃焼管理

生は少ない。b)拡散燃焼は，燃料と空気を別々に燃焼室内に噴出させて，拡散によって燃料と空気を混合させる方式である。

燃焼室内全域の平均的な加熱に適しているので，加熱炉などに用いられる。予混合燃焼に比べてすすが発生しやすい。

② 油燃焼とその装置

1) 液体燃料の燃焼方式

液体燃料の燃焼形式は蒸発燃焼と噴霧燃焼がある。a)蒸発燃焼は，例えば家庭用石油ストーブのように，液体燃料が液面から蒸発して燃焼するものである。b)噴霧燃焼は，油を噴霧し，これを微小な油滴群にしてから燃焼させる方法である。

重油のような重質油は，主として噴霧燃焼によるが，噴霧の状態はその後の燃焼に深い関係をもっている。

噴霧燃焼は，他の火炎や炉内壁からのふく射によって予熱された油滴が，一部ガス化すると同時に周囲の空気を吸引して着火，燃焼するという，非常に複雑な燃焼過程をもっている。

2) 油燃焼装置の構成

油燃焼装置とは，燃焼油を完全に燃焼させるのに必要な機器全般をいい，油バーナーのほか燃料貯蔵タンク，給油タンク，油ろ過機，給油ポンプ，油圧調節弁などを含む。

3) 油燃焼装置の種類と特徴

油バーナーは大別すると，a)油圧式バーナー，b)回転式バーナー，c)高圧気流式バーナー，d)低圧空気式バーナーがある。その特徴を次の表2.14に示す。

表2.14 各種バーナーの特性と用途

バーナー形式	燃料使用範囲 (l/h)	油量調節範囲	火炎の形状	用途
油圧式	30～3000	ノンリターン式で 1：1.5 リターン式で 1：3.0	広角の火炎で長さは空気の供給によって変化するが，比較的短い。	負荷変動の少ない発電用，舶用，その他大形ボイラー
回転式	5～1000	1：5	比較的広角になり，長さは空気の供給によって変化できる。	負荷変動のある中形・小形ボイラー
高圧気流式	2～2000	1：10	最も狭角で長炎になり，内部混気式の方がやわらかい炎になる。	製鋼用平炉，連続加熱炉，ガラス溶解炉，セメントキルン，その他均一加熱の必要な高温加熱炉
低圧空気式	2～300	1：5	比較的狭角で，長さも短いが一次・二次空気で変化できる。	小形加熱炉，熱処理炉，その他比較的小規模の加熱装置

③ 微粉炭燃焼

固体燃料燃焼装置には代表的なものとして微粉炭燃焼装置と火格子燃焼装置がある。微粉炭燃焼

は石炭を粉砕して極めて微細な粒子とし，燃焼室内に吹き込んで燃焼させるもので，火格子燃焼とは全く異なり，むしろガス燃焼，油燃焼に近いもので空間燃焼である。

微粉炭燃焼は大容量の燃焼装置として適しており，燃焼効率がよく，低発熱量炭をも使うことができる。

燃焼形式としては火炉の構造により

  a) U形炎燃焼法
  b) L形炎燃焼法
  c) 角隅バーナー燃焼法

などがある。

④ 火格子燃焼

石炭や廃棄物などを火格子の上で燃焼させる方式で，下込めストーカー，散布式ストーカー，移動火格子ストーカー(鎖床ストーカー，移床ストーカー)などがある。

⑤ 流動層燃焼

固体粒子を容器に充てんし，底部の分散板から空気を吹き込み空気量を増していくと，粒子は激しく不規則に動くようになる。このような流体によって浮遊流動化された固体粒子層を流動層という。この原理を使って石炭と石灰石を固体粒子として燃焼させる方式を流動層燃焼といい，ボイラーに用いられるようになった。利点として，次の点が挙げられる。

  a) 脱硫及び窒素酸化物の生成制御に効果がある。
  b) 構造が小さくなる。
  c) 伝熱面積が少なくてすむ。
  d) 広範囲の燃料に適する(粒径の範囲も広い。)。
  e) 微粉炭装置が不要。
  f) 灰の溶融がない。
  g) 建設費が安い。

2.3 ばい煙の発生とその防止

2.3.1 すすの性状と発生

燃焼は非常に複雑な現象であるが，種々の燃料の燃焼が完了した後にできる炭素粒子をすす又はばい煙という。

(1) すすの生成機構

すすの生成機構は現在のところまだ十分解明されてはいないが，炭化水素燃料の燃焼過程では，脱水素や分解と同時に，重合や環状化反応(芳香族環)の生成などにより，次第に炭素の多い物質ができ，最後に炭素が生成されるといわれている。

2.3 ばい煙の発生とその防止

(2) すすの生成しやすい性質

燃料の性質とすすの発生のしやすさは大いに関係がある。すすの発生しやすい性質を下記に列挙する。

 a) 炭素・水素比(C/H)の大きい燃料
 b) 炭素結合を切断するより脱水素の容易な燃料
 c) 脱水素, 重合, 環状化反応の起こりやすい炭化水素

(3) すすの種類

すすには燃料が分解して, 気相になってから生成した気相分解形のすすと, 液体燃料の気化が悪くて, コークス状の粒径の大きな粒子が残っているセノスフェアがある。

〔例題16〕すすの発生に関する次の記述のうち, 誤っているものは次の(1)～(5)のうちどれか。

(1) 重油燃焼の場合, その炉の燃焼室熱発生率の値以上に重油をたけば, すすが発生する。
(2) 燃料中の炭素・水素比(C/H)の値が大きいほど, すすが発生しやすい。
(3) 空気比を大きくして完全燃焼すれば, すすの発生は少ない。
(4) 火格子燃焼では, 粘結炭は非粘結炭よりすすの発生が多い。
(5) 歴青炭を火格子で燃焼した場合, 低揮発分のものの方が高揮発分のものよりすすが発生しやすい。

〔解 答〕 燃焼に伴うすすとは, 一般に燃焼により生成する遊離炭素を意味し, これは燃料の成分である炭化水素が不完全燃焼することによって, 炭素を生成させるのである。このことは, 燃料中にあらかじめ含まれる灰分などの不燃成分が燃焼に伴い遊離し, 排ガス中に含まれるものと区別されている。炭素あるいはすすの生成には燃料の性質が大きく影響し, 一般には次のことがいえる。

 a) 燃料中のC/Hが大きいほど発生しやすい。
 b) −C−C−の炭素結合を切断するよりも, 脱水素の容易な燃料の方が発生しやすい。
 c) 脱水素, 重合及び環状化(芳香族生成)などの反応の起こりやすい炭化水素ほど発生しやすい。
 d) 分解や酸化しやすい炭化水素は発生が少ない。

また, 燃焼条件によってもすすの生成は異なるため, 次の方法によってすすの発生の抑制を図る。

 a) バーナーの霧化を良好にすること。
 b) 燃焼用空気の供給方法に留意すること。
 c) 火炎形状と燃焼室との関係を適正にすること。

(1) 一定量の燃料を完全に燃焼させるには, 一定の時間と空間が必要であって, 燃焼

室熱発生率は，燃焼施設ごとにそれらの容量を表したものである。したがって，この容量以上の重油を燃焼させると不完全燃焼になり，すすの発生を招くことになる。

(2) C/Hの値が大きいほど，すすが発生しやすいので正しい。
(3) 説明文どおりである。
(4) 石炭燃焼に伴うすすの発生は，石炭中の揮発分中の炭化水素の不完全燃焼によるのであるから，それの少ない石炭ほどすす発生が少なくなる。しかし，十分な空気の供給があれば，すすは発生しない。石炭の火格子燃焼の場合，炭層内の空げきが燃焼空気を供給する通路である。しかし，一般には燃焼中の石炭は膨張し，この通路を狭める。この傾向(膨張のため通路を狭め，炭層内の通気抵抗を増加させること)により，非粘結炭に比べ不完全燃焼を起こしやすくなる。
(5) 揮発分の多少とすすの発生については，燃焼空気の供給の良否に通ずる問題であり，既に示したとおりである。この場合は，歴青炭に限っての問題であるが，一般的には，低揮発性の石炭の方がすすの発生が少ない。よって，(5)が誤りである。

2.3.2 燃焼に伴う障害対策

燃料中に硫黄分があると，燃焼ガス中に二酸化硫黄を生成する。燃焼排ガス中に二酸化硫黄は普通0.2％以下であるが，この中の1～5％が三酸化硫黄(無水硫酸)である。三酸化硫黄は水蒸気と反応して硫酸を生成し，燃焼ガス中の硫酸蒸気が凝縮する温度を高くする。

硫酸蒸気の凝縮濃度は種々の条件によって異なり，最高160℃くらいまで上昇することがある。硫酸蒸気の凝縮し始める温度を酸露点というが，酸露点以下15～40℃で硫酸の凝縮量は最大となり，酸による腐食も最大となる。

硫酸を含んだすすの塊をアシッドスマットと呼び，近隣へ被害を与える。

酸による腐食を防止する方法として，次のような対策が考えられる。

a) 硫黄分の少ない燃料を使用する。
b) 燃焼ガスの流れを一様にする。
c) 酸化マグネシウム，炭酸マグネシウムの中和剤を燃焼室に投入する。
d) 過剰空気をできるだけ少なくし，二酸化硫黄から三酸化硫黄になるのを防ぐ。

〔例題17〕ボイラーの低温腐食防止対策として，最も効果の少ないものはどれか。

(1) 空気予熱器や節炭器の表面温度が酸露点以下にならないようにする。
(2) 換熱器内の排ガスの流れを一様にする。
(3) 粉末状のドロマイトを二次空気に混ぜて燃焼室内に吹き込む。
(4) 低空気比燃焼を行う。
(5) 灰分中のバナジウム含有量の少ない燃料を用いる。

〔解　答〕(1) 燃焼排ガス中の二酸化硫黄は普通0.2％以下であるが，この中の1～5％が三酸化

2.3 ばい煙の発生とその防止

硫黄になる。三酸化硫黄は水蒸気と反応して硫酸を生成し，これが凝縮すれば腐食の原因となる。したがって，一次空気予熱器や節炭器の表面温度を酸露点以下にしてはならない。正しい。

(2) 換熱器内の排ガスの流れが一様でないと，局部的にガス温度が酸露点以下になって伝熱面を腐食する。正しい。

(3) 粉末状のドロマイトは三酸化硫黄を吸着，あるいは化学的に中和する。正しい。

(4) 低空気比燃焼を行うと，二酸化硫黄から三酸化硫黄になる量を低減することができる。正しい。

(5) 灰分中のバナジウム含有量の大小は，高温腐食に影響があり，三酸化硫黄生成に何ら関係ない。誤り。

2.3.3 通風及び通風装置
(1) 通風の方法と特徴

通風の方法は次のように分けられる。

- 自然通風(煙突通風)
- 人工通風(強制通風) ── 押込通風
  - 吸引通風
  - 平衡通風

押込通風は送風機で空気をたき口から押し込む方式，吸引通風は煙突の下部又は煙道に排風機を設置して，燃焼ガスを炉内から誘い出す方式である。平衡通風は押込通風と吸引通風を結合して，炉内における燃焼ガスの圧力を大気圧近くに保つ方式である。

人工通風について，次の表2.15と図2.2を比較し，理解しておくこと。

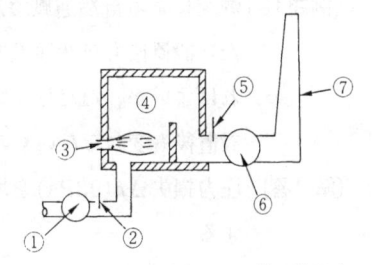

① 押込通風機　④ 燃焼室
②，⑤ ダンパー　⑥ 吸引通風機
③ バーナー　　⑦ 煙突

図2.2 人工通風

表2.15 人工通風の方法と特徴

種類	使用機器	炉内圧	欠　　　点
押込通風	①，②，⑦	やや正圧	排ガス温度を余り下げられない。
吸引通風	⑤，⑥，⑦	負圧	排ガス温度を余り高くできない。
平衡通風	①，②，⑤，⑥，⑦	調節自由	設備に費用が掛かる。

2. 燃料と燃焼の基礎知識

(2) 煙突の通風力

煙突内部の排ガスは，周囲の大気より高温になるので密度が小さくなる。通風力は，煙突内外の空気の密度の違いによる圧力差で起こる。

したがって，煙突内のガスの密度をρ_g(kg/m³)，大気の密度をρ_a(kg/m³)，煙突の高さをH(m)とし，通風力P(Pa)とすれば

$$P = H \cdot (\rho_a - \rho_g) \tag{2.29}$$

で表すことができる。

ここで，燃焼ガス及び空気を完全ガスとみなし，0℃におけるその密度をρ_0とすると

$$\left.\begin{array}{l} \rho_a = \rho_0 \cdot \dfrac{273}{273 + t_a} \\[2mm] \rho_g = \rho_0 \cdot \dfrac{273}{273 + t_g} \end{array}\right\} \tag{2.30}$$

の関係が成り立つ。ただし，t_a及びt_gはそれぞれ大気及び燃焼ガスの温度(℃)である。標準状態における空気の密度はおよそ1.3kg/m³_Nであるので，$\rho_0 = 1.3$とおいて，式(2.30)を式(2.29)に代入すると

$$P \fallingdotseq 335H \times 9.8 \left(\frac{273}{273 + t_a} - \frac{273}{273 + t_g} \right) \quad \text{(Pa)} \tag{2.31}$$

を得る。式(2.31)は燃焼管理で重要な式である。

〔例題18〕煙突による自然通風で燃焼している熱設備に，圧力損失が98Paの集じん装置を設置した。設置後も自然通風で燃焼させるためには，理論的に煙突をさらにおよそ何m高くすればよいか。ただし，煙突内の平均ガス温度は227℃，外気温度は27℃で，集じん装置設置後も変わらないものとする。

〔解 答〕 圧力損失Δp(98Pa)を増やすには，通風力Pを増加させなければならない。次式に代入する。

$$P \fallingdotseq 335H \times 9.8 \left(\frac{273}{273 + t_a} - \frac{273}{273 + t_g} \right) \quad \text{(Pa)}$$

ここに，　H：煙突高さ(m)
　　　　　t_a：外気温度(℃)
　　　　　t_g：ガス温度(℃)

$$98 \fallingdotseq 335H \times 9.8 \left(\frac{1}{273 + 27} - \frac{1}{273 + 227} \right)$$

$$\fallingdotseq 335H \times 9.8 \left(\frac{1}{300} - \frac{1}{500} \right)$$

$$\fallingdotseq 335H \times 9.8 \left(\frac{2}{1500} \right)$$

$$335H = \left(\frac{1500}{2 \times 9.8} \right) \times 98$$

$$H = \frac{1500 \times 98}{2 \times 9.8 \times 355} = 21.12 \fallingdotseq 21\text{m}$$

〔例題19〕 通風に関する記述として,正しいものはどれか。
(1) 煙突の高さが2倍になると,通風力は4倍となる。
(2) 煙突内のガスの平均温度が2倍になると,通風力は2倍になる。
(3) 煙突の内径の大きさは,有効通風力に関係がない。
(4) 押込通風では,炉内圧は負圧となる。
(5) 平衡通風では,冷空気の侵入,燃焼ガスの吹き出しを防ぐことができる。

〔解 答〕 (1) 式(2.31)からHが2倍になっても通風力は2倍にしかならないから,誤り。
(2) ガスの平均温度が2倍になっても,式(2.31)から通風力は2倍にならない。誤り。
(3) 通風力を求める式には,煙突の内径は書かれていないが,煙突の摩擦係数が小さいことを前提としているので,煙突の内径が排ガス量に比べ極端に細いときは,摩擦抵抗により通風しないこともある。誤り。
(4) 押込通風では炉内は正圧になる。誤り。
(5) 炉内圧と外圧とは炉全体で大体等しくなるので,冷気の侵入あるいは熱ガスの吹き出しを防ぐことができる。正しい。

3. 硫黄酸化物処理技術の基礎知識

3.1 概　　　　説

硫黄酸化物の発生は，燃料による場合，燃料中の硫黄含有分によって生ずる。したがって，最も簡単な対策は硫黄分を含まない燃料に転換することである。都市ガス，LNG(液化天然ガス)，LPG(液化石油ガス)，灯油は実用上硫黄分ゼロである。しかし，実際には硫黄分を含む燃料を使用しなければならず，対策として次のような方法を講じている。

a) 輸入燃料の低硫黄化：低硫黄分原油の輸入は限られた地域からだけであるため，さらに低硫黄化を進めることは期待できない。

b) 重油脱硫：重油中の硫黄分を除去するために触媒を用いる水素化脱硫法が行われている。この方法には重油(原油を常圧蒸留した残油のこと)をそのまま脱硫する直接脱硫法や重油をさらに減圧蒸留し，そのうち軽い部分のみを脱硫する間接脱硫法などが行われている。

　このような輸入原油の低硫黄化，重油脱硫などにより，内需用重油の平均硫黄含有率は，昭和42年度の2.50％から55年度1.33％，60年度1.13％と低下し，以後，1.1％台で推移している。

c) 排煙脱硫：上記のa)及びb)の対策による低硫黄燃料の供給は，工業用燃料の全需要に対して量的に十分でない。したがって，燃焼により発生した硫黄酸化物を除去して排出量を減少させる排煙脱硫が必要となる。排煙脱硫の方式は，湿式法と乾式法に大別される。表3.1に主要な排煙脱硫プロセスを示す。現在設置されているものの大部分が湿式法であり，排煙を吸収液で接触洗浄し

表3.1　排煙脱硫方式の分類

方式	吸収剤又は吸着剤	回　収　物
湿式	炭酸カルシウム(石灰石)又は水酸化カルシウム(消石灰)スラリー	石こう
	水酸化ナトリウム又は炭酸ナトリウム水溶液	亜硫酸ナトリウム，硫酸ナトリウム，二酸化硫黄，石こう
	アンモニア水溶液	硫酸アンモニウム，石こう，二酸化硫黄，硫黄
	水酸化マグネシウムスラリー	二酸化硫黄，石こう，硫酸マグネシウム
	希硫酸	石こう
乾式	活性炭	硫酸，石こう

て硫黄酸化物を吸収除去する方式で，脱硫率がよく，負荷変動に対しても安定な脱硫成績が得られ，技術的に確立された方式である。

3.2 湿式排煙脱硫プロセス

燃料を燃焼すると，燃料中の燃焼性硫黄の大部分は二酸化硫黄(以下，SO_2で示す。)となり，その1～5％が三酸化硫黄(以下，SO_3で示す。)にまで酸化される。SO_3は排ガス中の水蒸気と反応して硫酸となる。SO_2は無色，刺激臭のある気体で，水に溶解すると，次のように電離して酸性を示す。

$$SO_2 + H_2O \rightleftarrows H_2SO_3 \rightleftarrows H^+ + HSO_3^- \rightleftarrows 2H^+ + SO_3^{2-} \tag{3.1}$$

このSO_2，SO_3を水溶液中に固定するには
- a) アルカリ金属イオン（Na^+, K^+）
- b) アルカリ土類金属イオン（Ca^{2+}, Mg^{2+}）
- c) その他アルカリ性イオン（NH_4^+）

のいずれかを用いて吸収能力を高める。これらのアルカリイオンと水に溶解してイオン化した硫黄酸化物(SO_3^{2-}, HSO_3^-)のモル比によって，溶液の水素イオン濃度指数(pH)が決まり，溶液のpHによって，これと平衡するガス中の理論SO_2濃度(ppm)が決まる。

実際の吸収装置においては，平衡に達することはなく，吸収塔における気液接触効率(吸収塔の形式，大きさ，液ガス比などにより異なる。)などによって処理ガス中のSO_2濃度に差が出る。

各種プロセスの優劣は，エネルギー消費が少ないか，長期連続安定運転が可能か，ガス量・SO_2

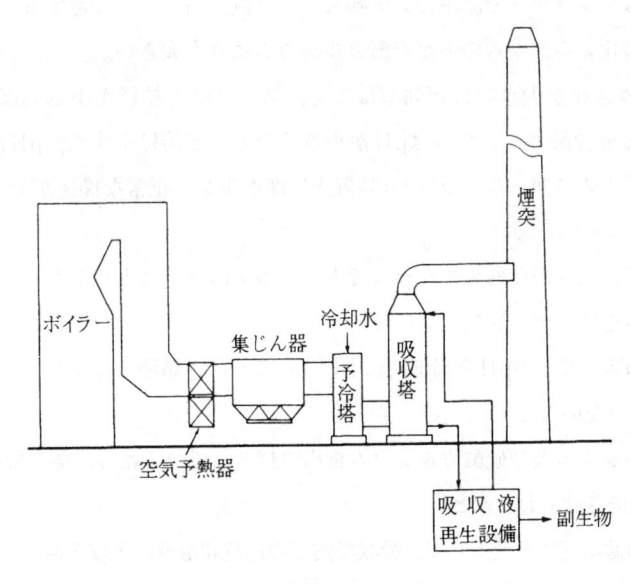

図3.1 湿式法フローシート

3. 硫黄酸化物処理技術の基礎知識

濃度の変動などに対する負荷追従性がよいか，副生品の市場はどうか，などによって判定される。

湿式法のフローシートは，図3.1にまとめられる。予冷器と吸収塔は条件によって一体となることもある。

各種の湿式排煙脱硫プロセスの中で，実用化され普及度の高い方式については，以下に説明する。

(1) 石灰石・消石灰スラリー吸収法

炭酸カルシウム(石灰石)($CaCO_3$)や水酸化カルシウム(消石灰)[$Ca(OH)_2$]の微粉を5〜15％のスラリー液としてpH6前後でSO_2を吸収させ，石こう($CaSO_4 \cdot 2H_2O$)を副生させる。このスラリー液での吸収の主役は水である。溶けている少量のCa^{2+}が反応してしまうと，後はスラリーの溶解速度が吸収反応速度を支配することになる。プロセスは次のフローで示される。

$$SO_2 + \begin{matrix} Ca(OH)_2 \\ \text{又は} \\ CaCO_3 \end{matrix} \longrightarrow CaSO_3 \xrightarrow{\text{酸化}} CaSO_4 \cdot 2H_2O$$

吸収剤へのSO_2の吸収・反応機構は簡素化して示すと，次式のとおりである。

$$Ca(OH)_2 + SO_2 \longrightarrow CaSO_3 \cdot \tfrac{1}{2}H_2O + \tfrac{1}{2}H_2O \tag{3.2}$$

$$CaCO_3 + SO_2 + H_2O \longrightarrow CaSO_3 \cdot \tfrac{1}{2}H_2O + CO_2 + \tfrac{1}{2}H_2O \tag{3.3}$$

この反応により生成した亜硫酸カルシウム($CaSO_3$)は，一部は吸収塔内で排ガス中の酸素及び別設の空気酸化装置により石こうスラリーとなる。

$$CaSO_3 \cdot \tfrac{1}{2}H_2O + \tfrac{1}{2}O_2 + \tfrac{3}{2}H_2O \longrightarrow CaSO_4 \cdot 2H_2O \tag{3.4}$$

（せこう）

石こうスラリーはシックナーで濃縮後，分離機により副生石こうを分離する。

SO_2の反応は水酸化カルシウムの方が炭酸カルシウムよりも大きい。

一般に吸収は液ガス比が大きいほど効率はよく，スラリーの粒径が小さいほど反応率は大きい。吸収によって生ずる亜硫酸カルシウムはpHが小さくなるほど溶けやすく，pHが大きくなると溶解度が減少し，吸収塔内のスケールトラブル(装置内に塊が生じて正常な操業ができなくなること。)の原因となる。

スケールの組成は大部分が硫酸カルシウムであり，多少の亜硫酸カルシウム，石灰石より成る。

スケールトラブルを防止する対策としては

a) 吸収塔内のスラリーのpHを局部的に上げないように，循環スラリーへの新スラリーの追加を吸収塔内で行わないこと

b) 亜硫酸カルシウム及び硫酸カルシウム析出の核として，これらの塩の微結晶をスラリー中に一定量以上懸濁させておくこと

c) スラリーの循環速度を速くして，吸収塔内での過飽和溶液の生成を減少させること

d) 吸収塔をスケールのつきにくい構造にすること

3.2 湿式排煙脱硫プロセス

などが効果的である。吸収液のpHは6程度に調整される。

脱硫によって生成した亜硫酸カルシウムは廃棄される場合もあるが、酸化して石こうを回収する。亜硫酸カルシウムは酸性ほど酸化されやすく、pHを4以下に調整して空気酸化する。

(2) 水酸化ナトリウム (又は炭酸ナトリウム) 水溶液吸収法

溶解度の高い水酸化ナトリウム($NaOH$)又は炭酸ナトリウム(Na_2CO_3)を吸収剤として使用すれば、スケーリングの心配がなく、吸収性能も高い。プロセスは次のフローで示される。

$$SO_2 + NaOH \text{又は} Na_2CO_3 \rightarrow NaHSO_3 \xrightarrow{NaOH} Na_2SO_3 \xrightarrow{酸化} Na_2SO_4$$

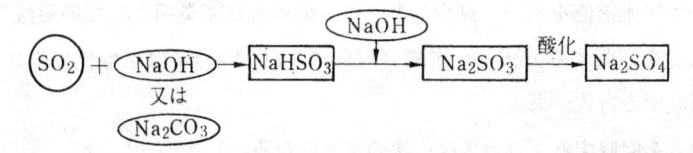

副生品として亜硫酸ナトリウム(Na_2SO_3)又は硫酸ナトリウム(ボウ硝)(Na_2SO_4)を回収する場合は、吸収剤としてのナトリウムイオンは吸収SO_2 1molに対し2molを必要とし、吸収反応は

$$2NaOH + SO_2 \longrightarrow Na_2SO_3 + H_2O \tag{3.5}$$

$$Na_2CO_3 + SO_2 \longrightarrow Na_2SO_3 + CO_2 \tag{3.6}$$

となり、硫酸ナトリウム回収又は放流の際には、さらにこれを酸化する。

$$Na_2SO_3 + \frac{1}{2}O_2 \longrightarrow Na_2SO_4 \tag{3.7}$$

この方法は小形排煙脱硫装置向けとして実績が多く、特に副生品のない排水を放流するものは小形向けに多数ある。副生品として硫酸や石こうを回収する方式もある。

石こう($CaSO_4 \cdot 2H_2O$)を副生するプロセスは

$$SO_2 + Na_2SO_3 \rightarrow NaHSO_3 \xrightarrow{CaCO_3, Ca(OH)_2} CaSO_3 \xrightarrow{酸化} CaSO_4 \cdot 2H_2O$$

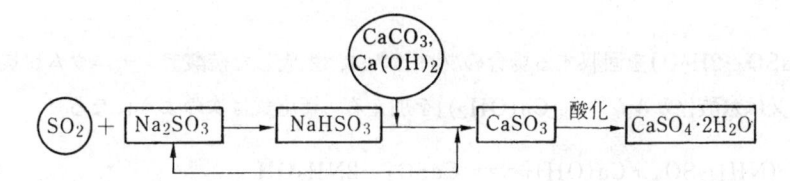

で示され、次式の反応による。

$$Na_2SO_3 + SO_2 + H_2O \longrightarrow 2NaHSO_3 \tag{3.8}$$

生成した亜硫酸水素ナトリウム($NaHSO_3$)溶液に炭酸カルシウム(石灰石)($CaCO_3$)を加えて複分解させて亜硫酸カルシウム($CaSO_3$)と亜硫酸ナトリウム(Na_2SO_3)にする。

$$2NaHSO_3 + CaCO_3 \longrightarrow CaSO_3 \cdot \frac{1}{2}H_2O + Na_2SO_3 + \frac{1}{2}H_2O + CO_2 \tag{3.9}$$

亜硫酸カルシウムは空気酸化し、石こうとして分離回収する一方、亜硫酸ナトリウムは吸収工程へ再循環使用する。硫酸を副生するプロセスは次のフローで示される。

3. 硫黄酸化物処理技術の基礎知識

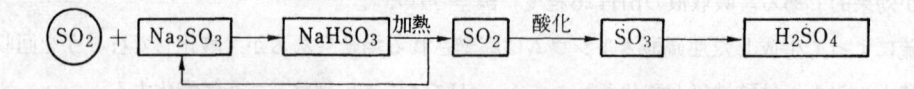

$$SO_2 + Na_2SO_3 \rightarrow NaHSO_3 \xrightarrow{加熱} SO_2 \xrightarrow{酸化} SO_3 \rightarrow H_2SO_4$$

生成した亜硫酸水素ナトリウム溶液を加熱し，SO_2を発生させ，これを硫酸製造装置に導入し濃硫酸として回収する。

(3) アンモニア水溶液吸収法

吸収剤にアンモニア水溶液を用い，副生品として，肥料及び工業用としての硫酸アンモニウム(硫安)[$(NH_4)_2SO_4$]を回収する方式と，炭酸カルシウム(石灰石)又は水酸化カルシウム(消石灰)を加えて石こうを回収する方式がある。

硫酸アンモニウムを回収するプロセスは，次のようになる。

$$SO_2 + NH_4OH \rightarrow NH_4HSO_3 \xrightarrow{NH_4OH} (NH_4)_2SO_3 \xrightarrow{酸化} (NH_4)_2SO_4$$

反応式は

$$2NH_4OH + SO_2 \longrightarrow (NH_4)_2SO_3 + H_2O \tag{3.10}$$

$$(NH_4)_2SO_3 + \frac{1}{2}O_2 \longrightarrow \underset{硫酸アンモニウム}{(NH_4)_2SO_4} \tag{3.11}$$

となる。このプロセスはpH調整が大切であり，pH7以上ではアンモニア分圧が高くなり損失する。pH5以下ではSO_2分圧が高くなり効率が低下する。したがって，循環吸収液のpHを6前後に保って脱硫を行う。

石こう($CaSO_4 \cdot 2H_2O$)を回収する場合のプロセスは，生成した硫酸アンモニウムに炭酸カルシウム($CaCO_3$)又は水酸化カルシウム[$Ca(OH)_2$]を加える。反応式は次のようになる。

$$(NH_4)_2SO_4 + Ca(OH)_2 \longrightarrow CaSO_4 + 2NH_4OH \tag{3.12}$$

$$SO_2 + NH_4OH \rightarrow (NH_4)_2SO_3 \xrightarrow{酸化} (NH_4)_2SO_4 \xrightarrow{CaCO_3, Ca(OH)_2} CaSO_4 \cdot 2H_2O$$

(4) 水酸化マグネシウムスラリー吸収法

水酸化ナトリウムに比べて，低廉な吸収剤であり，かつ放流可能な方式として，最近特に小形排煙脱硫用に採用されているものである。水酸化ナトリウムと異なり，水酸化マグネシウム[$Mg(OH)_2$]は溶解度が非常に小さく，吸収塔内ではスラリー状でSO_2と反応する。

$$Mg(OH)_2 + SO_2 \longrightarrow MgSO_3 + H_2O \qquad (3.13)$$

生成した亜硫酸マグネシウム($MgSO_3$)が酸化され,硫酸マグネシウム($MgSO_4$)になると溶解度が高く,放流が容易となる。

$$\boxed{SO_2} + \boxed{Mg(OH)_2} \longrightarrow \boxed{MgSO_3} \xrightarrow{酸化} \boxed{MgSO_4}$$

石こう($CaSO_4 \cdot 2H_2O$)を副生させる場合は水酸化カルシウム[$Ca(OH)_2$]を加える。

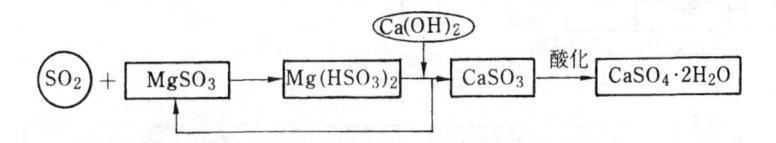

$$\boxed{SO_2} + \boxed{MgSO_3} \longrightarrow \boxed{Mg(HSO_3)_2} \xrightarrow{Ca(OH)_2} \boxed{CaSO_3} \xrightarrow{酸化} \boxed{CaSO_4 \cdot 2H_2O}$$

(5) 希硫酸吸収法(酸化吸収法)

鉄イオンなどの酸化触媒を含む希硫酸を吸収液とすると,SO_2は吸収されて亜硫酸となり55℃近辺では,ほぼ100％空気酸化されて硫酸となる。吸収液に炭酸カルシウムあるいは水酸化カルシウムを加えて石こうを沈殿させて分離し,液を循環する。硫酸濃度が増すとSO_2の溶解度は減少し効率は低下する。

この方法は,吸収液が強い酸性(pH約1)であって,吸収力が小さいため,多量の吸収液を循環させる必要があり,液ガス比は40～50 l/m^3_Nとなる。

3.3 乾式排煙脱硫プロセス

乾式法は,昭和40年代に二,三のプラントが試験的に建設されただけであり,脱硫率,経済性,固体の取り扱い上の問題などの面から実用化が遅れていたが,最近乾式脱硝と乾式脱硫の組み合わせが見直されつつある。

【活性炭による吸着法】

活性炭にSO_2,酸素及び水蒸気を含むガスを接触させると,活性炭表面でSO_2がSO_3に酸化され,さらに水蒸気と反応して硫酸が生成して吸着される。活性炭に吸着された硫酸は水洗脱着,水蒸気脱着(約300℃)又は加熱・還元脱着(370℃以上)によって除去することができる。

3.4 白煙防止技術

湿式排煙脱硫装置の出口排ガスは水分飽和のため,そのまま煙突から放出した場合,水滴(スタックレイン)や白煙が発生する。排煙脱硫装置の設置が急増した昭和45年代は,湿ガスによる煙道や煙突の防食を兼ね,アフターバーニング法が行われていたが,現在はこの方法はほとんど行われていない。発電所などの大容量の排ガスを排出する設備に対しては,ガス・ガス熱交換器(回転式熱交換器

3. 硫黄酸化物処理技術の基礎知識

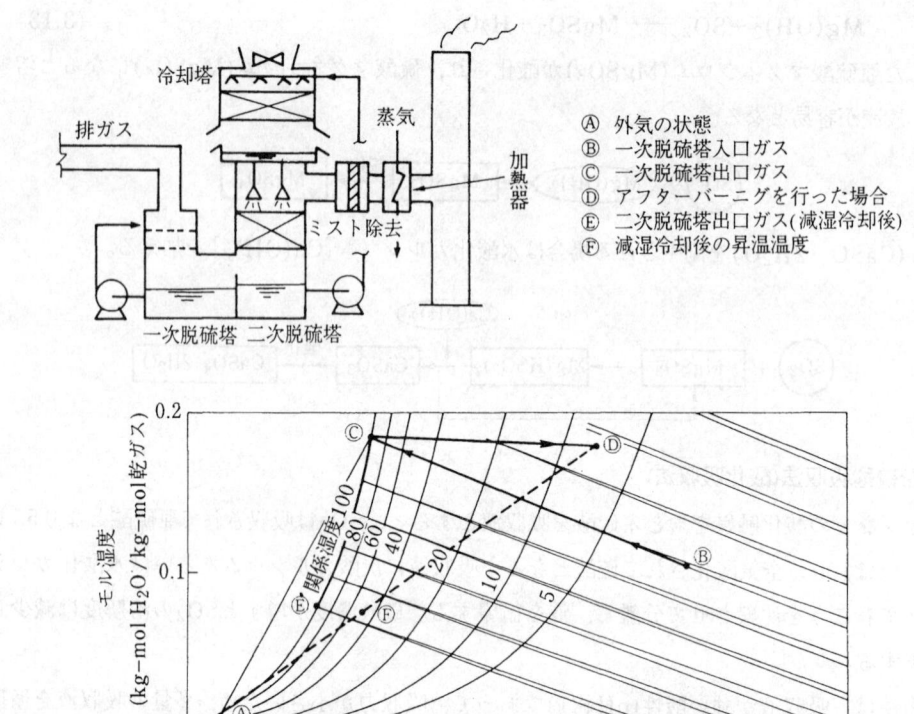

図3.2 減湿冷却法による白煙防止

Ⓐ 外気の状態
Ⓑ 一次脱硫塔入口ガス
Ⓒ 一次脱硫塔出口ガス
Ⓓ アフターバーニグを行った場合
Ⓔ 二次脱硫塔出口ガス(減湿冷却後)
Ⓕ 減湿冷却後の昇温温度

など)を設置して脱硫装置出入口の排ガスの熱交換を行う方法がとられている。このシステムは高価なため、中小ボイラーでは煙道及び煙突を耐食材料(FRP内筒製, ステンレス内筒など)とし, 特に白煙防止を行わない方法がとられている。ただし, この場合, 煙道や煙突で放熱により発生した水滴(ドレン)がミストとなって放出され, スタックレインを発生することがあるので, 煙突内流速を7.5〜12m/s以下とするか, 煙突頂部にミスト切りを設ける方法などによりミスト除去を行っている。また, 減湿冷却法が実用化され, 二次脱硫を兼ねて実施される例も出てきた(図3.2)。

この減湿冷却法は吸収液を冷却塔で空冷し, この温度の低下した吸収液と接触する排ガスは冷却され, 減湿される結果となり, 大気への水蒸気放散量を減少させ白煙を防ぐ方法である。

参 考 文 献

1) ㈳産業環境管理協会：三訂・公害防止対策要説(大気編) (1992)
2) ㈳産業環境管理協会：五訂・公害防止の技術と法規(大気編) (1998)
3) 小島ほか：石川島播磨技報, 23(5) (1983)
4) 設楽：動力, 34(167), 1(1984)
5) 池野：火力原子力発電, 35(10), 78(1984)
6) 安藤淳平：燃料転換とNO_x・SO_x対策技術, プロジェクトニュース社(1984)

4. 窒素酸化物処理技術の基礎知識

4.1 概　説

(1) 窒素酸化物(NO_x)とは

窒素酸化物(以下，NO_xで示す。)として，窒素(N)と酸素(O)の結合の状態によって数種類の化合物の存在が知られているが，燃料の燃焼によって発生するものは，一酸化窒素(以下，NOで示す。)と二酸化窒素(以下，NO_2で示す。)であり，一般にこの両者をNO_xと呼んでいる。

ボイラーなどの一般燃焼装置では，燃焼ガスの排出時点でのNO/NO_xは容量比で90～95％程度であり，排ガス中のNO_xはほとんどNOである。このNOが大気中で徐々に酸化されNO_2となる。NO_2は光化学オキシダントの原因物質と考えられ，これらの大気濃度が環境基準(1時間値の1日平均値が0.04～0.06ppm又はそれ以下)で規制されている。

(2) NO_xの生成過程

燃料の燃焼に伴って発生するNO_xは，大体において次の二つの経路により生成される。

　　a) 燃焼用空気の中に含まれている窒素と酸素が高温状態において反応してNO_xになる。これをサーマルNO_x(熱的NO_x)という。

　　b) 燃料中に含まれる各種の窒素化合物が燃焼に際して酸化されてNO_xとなる。この場合のNO_xをフューエルNO_x(燃料NO_x)という。

このように生成源，生成機構が大きく異なる2種類のNO_xがあること，及び硫黄酸化物の場合と違って燃料中の窒素分(フューエルN)のすべてがNO_xとはならないことなど，生成機構は複雑であり，このことは同一の低減技術を行っても，その発生施設ごとに，低減効果が異なるなどの結果をもたらすことになる。

(3) NO_xの対策技術の分類

NO_xの防除技術には，表4.1に示すようにNO_x抑制技術(低NO_x燃焼技術)と排煙脱硝技術とがある。

NO_x抑制技術としての燃焼改善の技術は，炉内の燃焼条件をできるだけNO_xの生成がしにくいようにするための技術である。

燃料改善のうち，燃料脱窒については現在のところ，重油から硫黄分を除去する重油脱硫のような技術が，窒素分についてはまだ確立されていないが，重油脱硫の際，付随的にある程度の窒素分

4. 窒素酸化物処理技術の基礎知識

表4.1 NO$_x$防除技術の種類

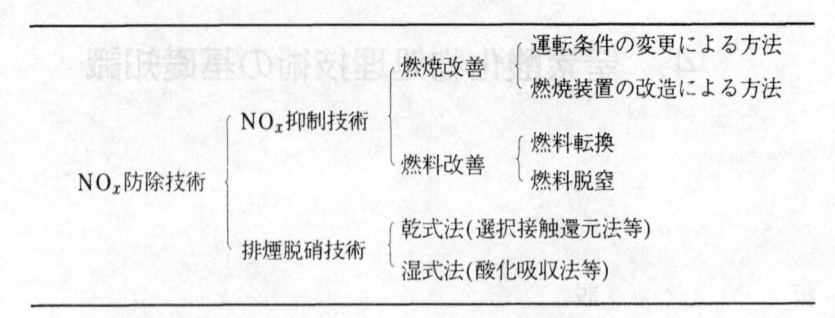

```
                  ┌ NO_x抑制技術 ┬ 燃焼改善 ┬ 運転条件の変更による方法
                  │              │          └ 燃焼装置の改造による方法
NO_x防除技術 ─────┤              └ 燃料改善 ┬ 燃料転換
                  │                          └ 燃料脱窒
                  └ 排煙脱硝技術 ┬ 乾式法(選択接触還元法等)
                                └ 湿式法(酸化吸収法等)
```

が除去されるので、低硫黄燃料を使用することはNO$_x$低減にも効果があることになる。

　排煙脱硝技術は、発生してしまった排ガス中のNO$_x$を除去する技術で、今後NO$_x$低減対策を進めていく上で重要な技術である。

4.2 NO$_x$の抑制技術

(1) NO$_x$抑制の基本原理

NO$_x$の発生を抑制するためには、次のような原理に従えばよい。

　a) 低窒素分燃料を使用する。
　b) 燃焼域での酸素濃度を低くする。
　c) 燃焼ガスの高温域での滞留時間を短くする。
　d) 燃焼温度を低くする。特に局所的高温域をなくす。

以上のいずれかの原理、あるいはその組み合わせを応用することによってNO$_x$の低減を図ることができる。上述の原理をサーマルNO$_x$とフューエルNO$_x$に関係付けて、抑制技術を分類すると、図

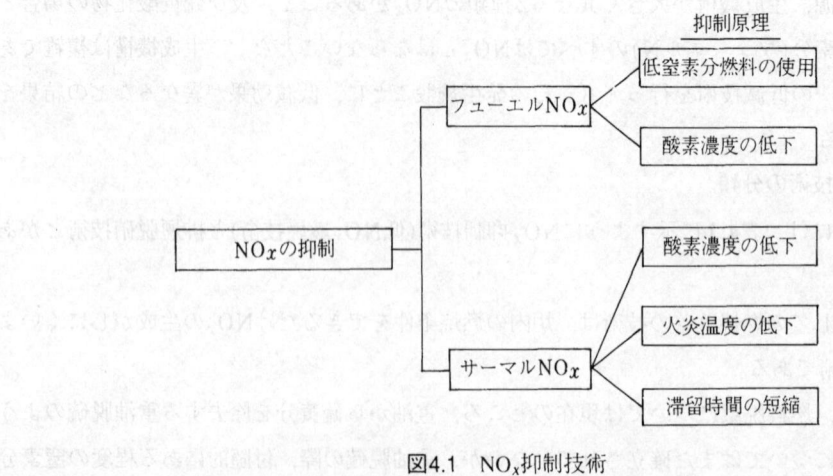

```
                          ┌ フューエルNO_x ┬ 低窒素分燃料の使用
                          │                └ 酸素濃度の低下
NO_xの抑制 ───────────────┤
                          │                ┌ 酸素濃度の低下
                          └ サーマルNO_x ──┼ 火炎温度の低下
                                           └ 滞留時間の短縮
```
　　　　　　　　　　　　　　　　　　　　　抑制原理

図4.1 NO$_x$抑制技術

4.2 NO$_x$の抑制技術

4.1のようになる。

NO$_x$抑制技術に関する重要な事項について簡単な解説を次に述べる。

(2) 燃料転換

一般に，固体燃料，液体燃料，気体燃料の順で，発生するNO$_x$濃度は低くなる。また，液体燃料のうちでは，重質燃料ほど燃料中の窒素分が多いため，NO$_x$濃度は高い。すなわち，重油，軽油，灯油，ガソリンの順でNO$_x$濃度は低くなる。これは燃料中の低窒素分化によるだけではなく，粗悪燃料を良質(軽質)燃料に転換することで，燃焼方法によるNO$_x$低減がしやすくなることも相乗的に作用する。

(3) 運転条件の変更

低NO$_x$燃焼法には，単に運転条件を少し変えるだけで低減する方法と，燃焼装置を改造して低減する方法に分類することがある。当然のことながら，前者の運転条件の変更だけでは大きな効果は望めないが，この方法には，空気量を可能な限り少なく(理論空気量に近く)する低空気比燃焼，炉の能力を低下させて炉内温度を低くする燃焼室熱負荷の低減，空気予熱温度の低下などがある。いずれも省エネルギーに反するもので，好ましい方法とはいえない。

燃焼装置を改造して低減させる方法を以下に述べる。

(4) 二段燃焼

サーマルNO$_x$にもフューエルNO$_x$にも低減効果のある方法である。原理は図4.2に示すように燃焼用空気を2段に分けて供給し，第1段階では，供給する空気量を空気比0.8～0.9(理論空気量の80～90％)程度に制限し，第2段階では不足の空気を補って供給し，系全体で完全燃焼させる。これは図4.3に示すように，空気比とNO$_x$濃度との関係は，空気比1(理論空気量)のときNO$_x$濃度はピークを示す。この理由は，空気比が1より小さいところでは酸素が少ないためにNO$_x$濃度は低減することとなり，空気比が1より大きいところでは多量の空気を供給することによる燃焼温度の低下によりNO$_x$濃度が低減するものである。したがって，二段燃焼の原理は，NO$_x$発生ピークとなる空気比1

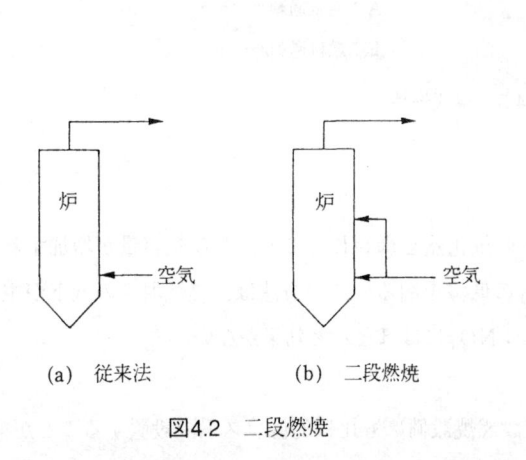

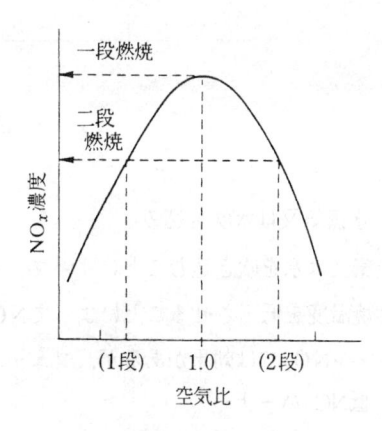

図4.2　二段燃焼　　　　　　　　　　　図4.3　空気比とNO$_x$濃度

(a) 従来法　　(b) 二段燃焼

4. 窒素酸化物処理技術の基礎知識

を避けた空気比での燃焼法である。

(5) 排ガス再循環

図4.4に排ガス再循環のフローを示す。

従来，大形ボイラーにおいて発生蒸気の温度制御の目的で一部の燃焼排ガスを再循環していたが，これを発展させたのが低NO_x燃焼法である。この方法はサーマルNO_xには効果があるが，フューエルNO_xにはほとんど効果はない。

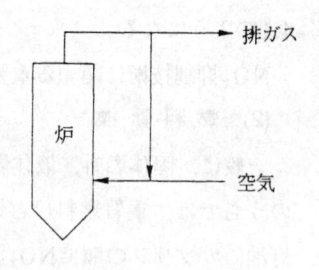

図4.4 排ガス再循環

排ガス再循環率を増せばNO_x低減率は増す傾向にあるが，安定に燃焼させるためには排ガス再循環率は15～20％程度である。この排ガス再循環率は次式で定義される。

$$排ガス再循環率 = \frac{排ガス再循環量 (m^3_N/h)}{燃焼用空気量 (m^3_N/h)} \times 100$$

(6) 濃淡燃焼

オフストイキオメトリック燃焼，非化学量論燃焼，又はバイアス燃焼などともいわれる。この方法は1本のバーナーでは適用できない。複数のバーナーを有する燃焼設備で，燃料過剰燃焼バーナーと空気過剰燃焼バーナーとを適切に配置することにより，燃料過剰帯でのNO_x生成抑制とその分解，さらに空気過剰ゾーンでの温度低下によるサーマルNO_x抑制が生じる。このように原理は二段燃焼と類似している(図4.5)。

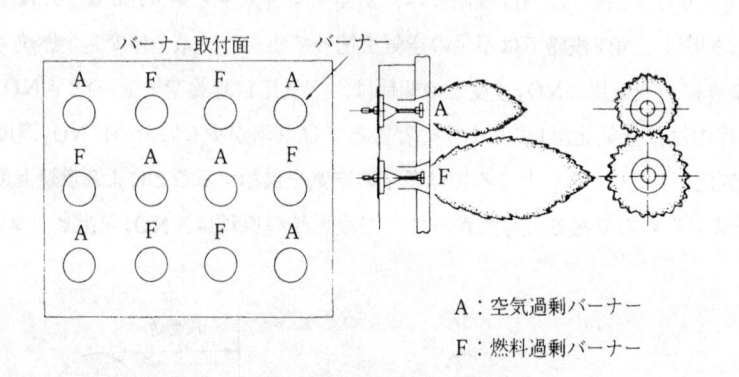

A：空気過剰バーナー
F：燃料過剰バーナー

図4.5 濃淡燃焼

(7) 水蒸気又は水吹き込み

水蒸気又は水を吹き込むことによって，その気化熱を奪われること，及び熱容量が増加することで，燃焼温度を低下させることによってNO_xの低減を図る。この方法は，燃焼温度の低下が主なのでサーマルNO_xには効果があるが，フューエルNO_xにはほとんど効果がない。

(8) 低NO_xバーナー

この方法は新設施設はもちろんのこと，既設燃焼設備にも比較的低コストで設置することができ，

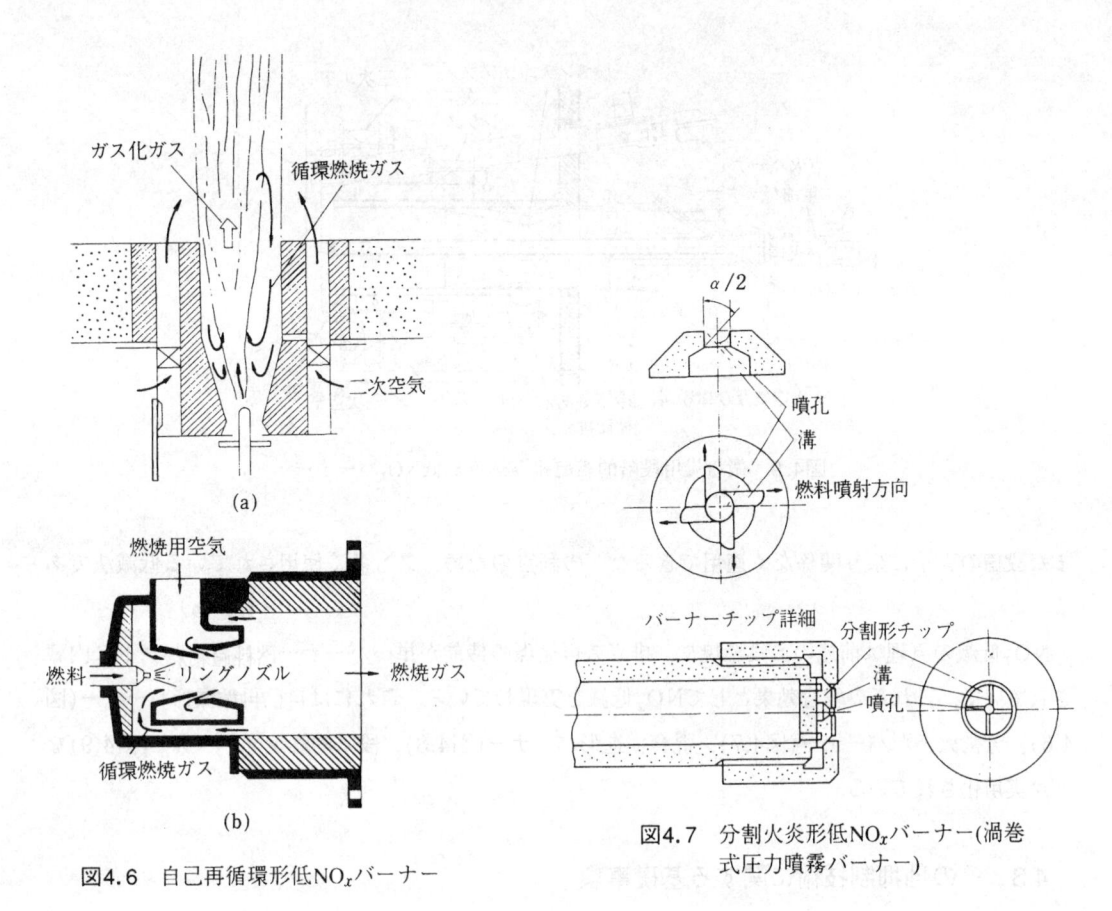

4.2 NO$_x$の抑制技術

図4.6 自己再循環形低NO$_x$バーナー

図4.7 分割火炎形低NO$_x$バーナー(渦巻式圧力噴霧バーナー)

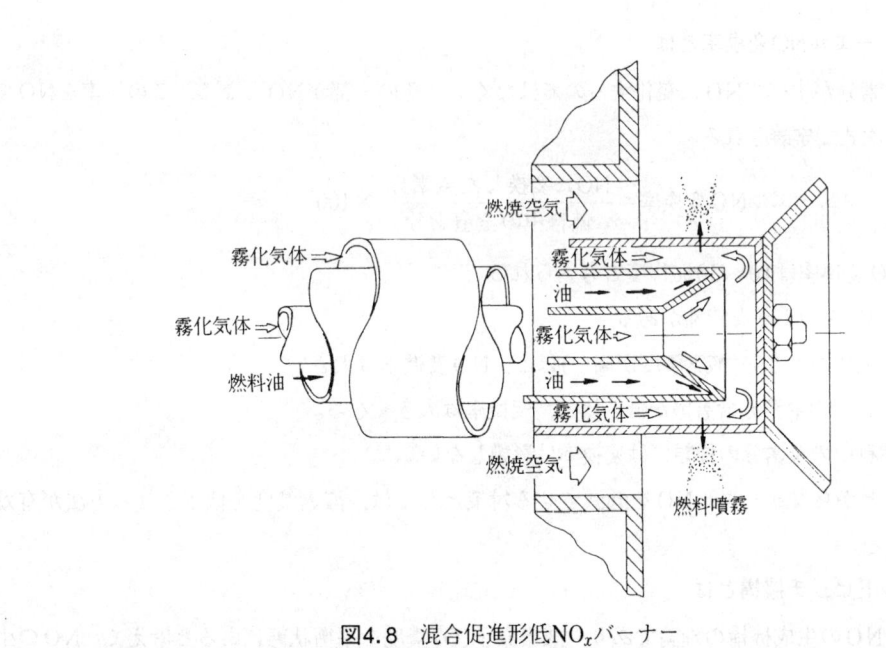

図4.8 混合促進形低NO$_x$バーナー

4. 窒素酸化物処理技術の基礎知識

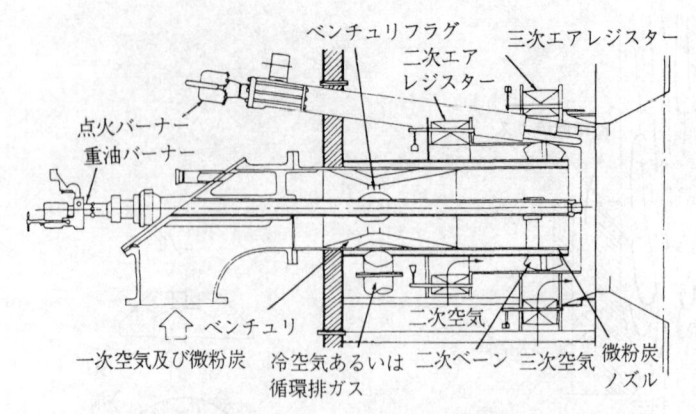

図4.9 微粉炭用段階的燃焼組み込み形低NO_xバーナー

また設備の大小に余り関係なく適用できるなどの利点のため，最も多く使用されている低減法である。

NO_x低減の原理は前述の二段燃焼や，排ガス再循環の機能が単一バーナー内にコンパクトに内蔵されていて，これらの総合効果としてNO_x低減を実現している。これには自己再循環形バーナー(図4.6)，分割火炎形バーナー(図4.7)，混合促進形バーナー(図4.8)，段階的燃焼形バーナー(図4.9)などが実用化されている。

4.3 その他抑制技術に関する基礎事項

(1) フューエルNO変換率とは

燃料中窒素分がすべてNOに変化するのではなくて，その一部がNOとなる。この比率をNO変換率といい，次式で定義される。

$$フューエルNO変換率 = \frac{NOに変換した窒素分}{燃料中の全窒素分} \times 100$$

通常，NO変換率は10～30％程度と考えられる。
NO変換率は次のような特性がある。
- a) 空気比が大きい(酸素濃度が高い)ほど，NO変換率は大きい。
- b) 燃料中の窒素分含有率が低いほど，変換率は大きくなる。
- c) 燃料中の窒素分の種類には変換率は影響しない。

以上のことからフューエルNOを低減させる対策としては，酸素濃度を低下させる方法が有効であるといえる。

(2) ゼルドビッチ機構とは

サーマルNOの生成機構の理論であり，酸素原子(O)濃度を平衡状態にあると考えて，NOの生成

は次式によるとしている。すなわち

$$N_2 + O \rightleftarrows NO + N$$
$$O_2 + N \rightleftarrows NO + O$$

さらに，次式を加えた拡大ゼルドビッチ機構により説明することもある。

$$N + OH \rightleftarrows NO + H$$

(3) プロンプトNOとは

上述のサーマルNO生成とは異なった生成機構で生じ，炭化水素炎のごく反応初期で生成されるという特徴をもつ。炭化水素の熱分解で生成される物質がNO生成を促進すると考えるものであり，当然ながら炭化水素系燃料に特有なものであり，水素，一酸化炭素の燃焼ではプロンプトNOは生成しない。しかし実際，炭化水素を燃焼させる実装置でのサーマルNOの生成でも大きな割合を占めるとは考えられない。

(4) 炉内制硝法

炉内脱硝，三段燃焼とも呼ばれており，図4.10に示すように燃料を2段に分けて供給し，後段の燃料供給により，その領域が炭化水素によって還元域となり，NO_xを還元させる。さらに，その後段で空気を加えて完全燃焼させる方法である。

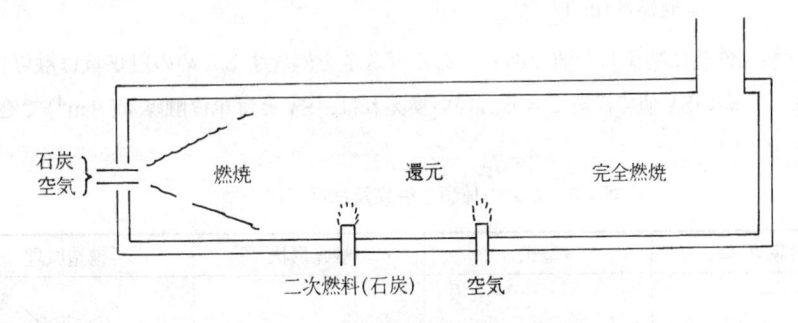

図4.10　炉内制硝法(炉内脱硝)

4.4　排煙脱硝

燃料の燃焼によって生成するNO_xの大部分は反応性の低いNOであるため，その除去は技術的にかなり難しい。排煙脱硝技術のうちで最も進歩しているのは，乾式の一つであるアンモニアを用いる選択的接触還元法である。

(1) 選択的接触還元法

接触還元法とは，触媒を用いてNO_xを窒素に還元する方法のことである。触媒とは自らは変化せず，反応速度を速くする物質である。NO_xの還元処理の場合，適当な触媒と還元剤との組み合わせにより，NO_xだけを選択的に効率よく窒素に還元することができる。

4. 窒素酸化物処理技術の基礎知識

選択とは，排ガス中に還元剤と反応する物質はNO_xのほかに酸素があり，排ガス中の酸素はNO_xの100倍以上(燃焼ガス中の酸素は通常1～10％)含まれている。したがって，酸素とも反応する還元剤(一酸化炭素，水素，メタン)を使用すると多量の還元剤を必要とするばかりでなく，燃焼熱のため反応器の制御も難しくなる。ここで還元剤としてアンモニア(NH_3)を使用すると，ある温度条件下では還元剤はNO_xと選択的に反応し，酸素などの共存物質との反応はほとんど起こらない。このような接触還元法を選択的接触還元法と呼ぶ。アンモニアによるNO_xの還元反応は次式で表される。

$$4NO + 4NH_3 + O_2 \longrightarrow 4N_2 + 6H_2O \tag{4.1}$$
$$\text{1mol} : \text{1mol}$$

$$6NO_2 + 8NH_3 \longrightarrow 7N_2 + 12H_2O \tag{4.2}$$

式(4.1)に示すように，アンモニアの理論消費量はNO 1molに対し1molである。実際の添加量はNH_3/NOモル比0.8～1.0程度とし，排出される未反応の遊離アンモニアは数ppm程度に抑えている。反応温度は300～350℃で，空間速度(SV)5000h^{-1}程度で，脱硝率90％以上が得られている。

〔参　考〕

空間速度(Space Velocity：略してSVという。)は

$$SV = \frac{\text{処理ガス量}(m^3_N/h)}{\text{触媒量}(m^3)} \times 100 \quad (1/h)$$

で定義され，触媒性能に関係した値である。あるガス量を処理するための触媒量は触媒性能がよければ少量でよく，高いSV値で操業できる。いい換えれば，SVとは単位触媒量($1m^3$)で処理できる1

表4.2 ガスの種類と触媒及び反応器の型式

対象ガス	型式	触媒形状	構造原理
クリーンガス (ばいじん$10mg/m^3_N$)		球状 円柱状 粒状	
ダーティガス (ばいじん無制限)	間欠移動床式(貫流形)	球状 粒状	
ダーティガス (ばいじん無制限)	固定床式(並行流形)	ハニカム状 (四角目,六角目) 板状 パイプ状	

4.4 排煙脱硝

時間当たりのガス量を意味する。

アンモニア接触還元脱硝法の触媒として，担体に酸化チタンを使用し，バナジウムの酸化物，タングステンの酸化物，モリブデンの酸化物などを担持させたものなどが使用されている。

触媒の形状には表4.2に示すような粒状，ハニカム状，板状，パイプ状などの種類があり，一般に

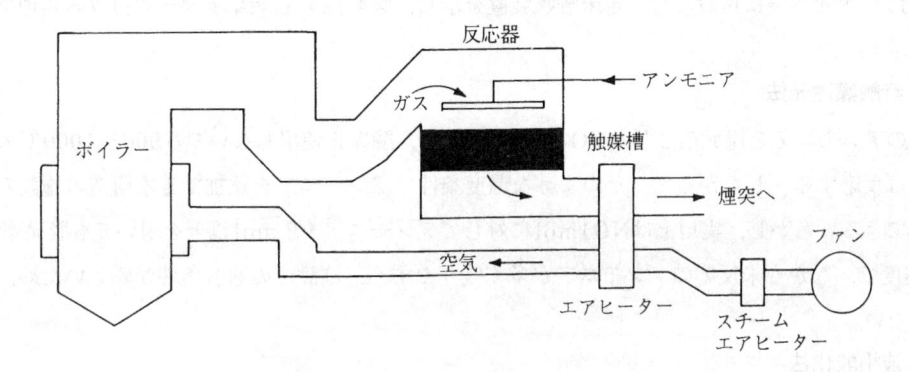

図4.11　固定床触媒装置

(a)　高ダスト脱硝法

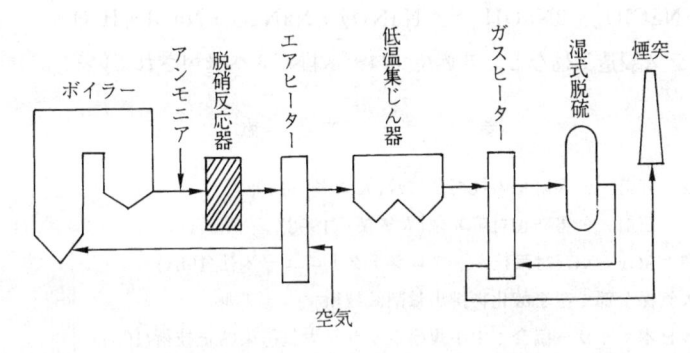

(b)　低ダスト脱硝法

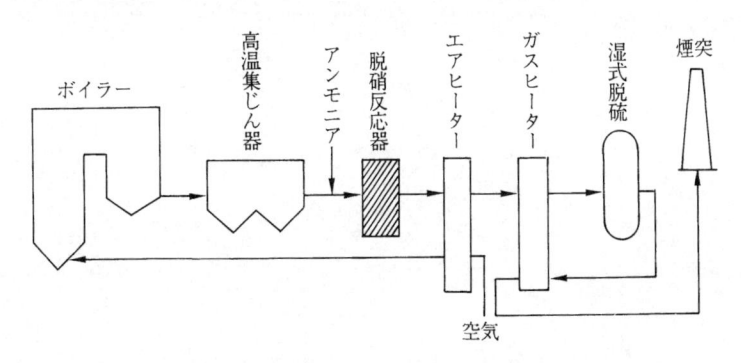

図4.12　脱硝・脱硫・集じんの組み合わせ

4. 窒素酸化物処理技術の基礎知識

反応器は固定床である。特にばいじん量の多い場合，移動床が採用され，間欠的ないし連続的に触媒を下方に移動させ，ふるいでばいじんを除いて反応器に戻す方式をとっている。また，石炭ボイラー排ガスのようにダストの多い場合，固定床方式を採用し，間欠的に付着したダストを飛散除去するスートブロー(空気による吹き飛ばし装置)を設けている例もある。

図4.11にボイラーに付設した固定床触媒装置を示し，図4.12に石炭ボイラーの排ガス処理フローの例を示す。

(2) 無触媒還元法

前述のアンモニアを還元剤としたNO_xの還元反応は，触媒を使用しないでも900～1000℃の高温であれば反応する。したがって，そのような温度条件でアンモニアを添加できる構造の施設の場合は適用できる。しかし，実用上はNO1molに対してアンモニアを2 mol以上を用いても脱硝率30～50％程度で，しかも未反応のアンモニアが多く残りやすく，施設への適合条件が難しいため，実施例は少ない。

(3) 液相酸化法

上記2法と異なり，気相酸化剤を用いず，吸収液に亜塩素酸ナトリウム($NaClO_2$)，過マンガン酸カリウムなどを添加し，NOを液相で酸化すると同時に吸収する。亜塩素酸ナトリウムによる吸収は次式の反応による。

$$2NO + NaClO_2 + 2NaOH \longrightarrow NaNO_2 + NaNO_3 + NaCl + H_2O \qquad (4.3)$$

液相酸化法は，ガラス製造工程など，非燃焼プロセス排ガスへ適用されている。

参考文献

1) ㈳産業環境管理協会：五訂・公害防止の技術と法規(大気編) (1998)
2) ㈳産業環境管理協会：三訂・公害防止対策要説(大気編) (1992)
3) 安藤淳平：燃料転換とSOx・NOx対策技術，プロジェクトニュース社(1983)
4) 東京都環境保全局大気保全部：窒素酸化物排出量削減技術マニュアル
5) 環境庁大気保全局，日本ボイラー協会：中小規模ボイラー大気汚染防止技術(1984)

5. 有害物質処理技術の基礎知識

5.1 有害物質の発生過程

(1) カドミウム及びその化合物

① 亜鉛の精錬工程

カドミウムは亜鉛鉱中に多く含まれており,亜鉛の精錬工程が発生源となる。

亜鉛鉱の代表的なものはセン亜鉛鉱であるが,この鉱石中に0.3％程度のカドミウムが硫化カドミウムとして含まれている。

② ガラス製品製造工程

ガラス製造の際,副原料として硫化カドミウム又は炭酸カドミウムを使用する。この製造のときの焼成炉,溶融炉が発生源となる。

(2) 鉛及びその化合物

① 鉛精錬所

鉛鉱石として代表的なものは方鉛鉱である。方鉛鉱から鉛を精錬する方法としての溶鉱炉法では,その排ガス中に$3 \sim 4 g/m^3_N$程度のダストを含み,その60～70％が酸化鉛である。これは回収し再び原料として使用しているが,一部は大気に排出される。

② 鉛蓄電池製造工程

鉛蓄電池の製造工程では,鉛の溶融,粉砕,乾燥などの工程があり,鉛の発生源となる。また,廃蓄電池の回収工程で,鉛が溶解して回収されるが,これらの工程が酸化鉛の発生源となる。

③ 鉛顔料製造工程

鉛系類料として,リサージ,鉛丹,鉛白,黄鉛[主成分はクロム酸鉛(Ⅱ)]がある。

これらの製造工程が酸化鉛の発生源となる。

④ クリスタルガラス製造工程

クリスタルガラスのうち,鉛クリスタルガラスでは,ガラス中に10～30％程度の酸化鉛を含有する。その溶解炉の排ガス中のダストに酸化鉛が多く含まれ,発生源となる。

⑤ 陶磁器製造

陶磁器のうわ薬として酸化鉛が用いられる。したがって,これら窯業が酸化鉛の発生源となる。

5. 有害物質処理技術の基礎知識

(3) フッ素，フッ化水素及びフッ化ケイ素

① アルミニウム製造工程

アルミニウムは，アルミナの電解によって製造される。この電解浴として，氷晶石，フッ化アルミニウムが約1000℃で用いられる。この際，フッ化水素やダスト状のフッ素化合物を排出し，発生源となる。

② リン酸又はリン酸肥料製造工程

リン鉱石中には2～6％のフッ素が含まれる。したがって，リン鉱石を原料とするリン酸あるいはリン酸肥料製造工程がフッ化水素の発生源となる。これら製造工程で，原料中にケイ酸(SiO_2)が共存するときは，次の式で四フッ化ケイ素(SiF_4)を生成する。

$$SiO_2 + 4HF \longrightarrow SiF_4 + 2H_2O$$

四フッ化ケイ素は，常温で無色の刺激臭のある気体である。

③ ガラス製品製造

ガラス繊維，テレビ用電気ガラス，乳白色ガラスなどの製造に，フッ化物が添加される。フッ素の大部分はガラス構成物質としてガラス中に固定されるが，一部は揮散され，フッ素化合物の発生源となる。

④ フッ化水素酸製造

フッ化水素(HF)酸はホタル石(CaF_2)を硫酸で分解してつくられる。この製造工程が発生源となる。

$$CaF_2 + H_2SO_4 \longrightarrow CaSO_4 + 2HF$$

⑤ ガラス表面処理工程

ガラスをつや消しにして模様や文字を入れる腐食操作には，フッ化水素酸及びフッ化水素酸アンモニウムを主成分とする腐食液が用いられるため，この工程がフッ化水素の発生源となる。

(4) 塩素及び塩化水素

① 炭化水素の塩素化工程

メタン(CH_4)の塩素化を例に挙げると，次の反応が生ずる。

$$CH_4 + Cl_2 \longrightarrow CH_3Cl + HCl$$

炭化水素の塩素化では多量の塩化水素(HCl)が副生するため，塩化水素の発生源となる。

② フロン類製造工程

フロン類は塩素化合物とフッ化水素の反応によって製造されるが，この際次式に示すように塩化水素が副生し，塩化水素(HCl)の発生源となる。

$$\underset{\text{クロロホルム}}{CHCl_3} + HF \longrightarrow CHCl_2F + HCl$$

③ 活性炭製造

活性炭の製造法には水蒸気活性化法と塩化亜鉛活性化法がある。このうち，塩化亜鉛活性化法は

塩化水素を発生し，塩化水素の発生源となる。

5.2 有害物質処理方式

有害物質にはダスト状で排出されるもの(鉛，カドミウムなど)と，ガス状で排出されるもの(フッ素，フッ化水素，塩素，塩化水素，炭化水素類)がある。このうちダスト状で排出されるものの除去技術は第6章で述べる集じん技術によって処理される。ガス状で排出されるものはガス吸収法，吸着法，直接燃焼法，触媒酸化法などが用いられる。ここでは特によく用いられる吸収法と吸着法についてその概説を述べる。

5.2.1 ガス吸収の基礎

ガス吸収は，ガス中の有害成分を液中に吸収除去し，無害なガスとして大気に放散させることを目的とする操作である。吸収液としては，水，水溶液などが用いられる。

ガス吸収の長所としては，処理コストが比較的低く，集じん，ガス冷却などの操作を兼ねることができるなどで，反面，100％近い効率は得難い。排水処理の設備が必要である。ガスの増湿により大気中への拡散性が悪くなるなどが短所として挙げられる。

(1) ヘンリーの法則

ガスの水への溶解度は，ガス濃度によって異なる。

ヘンリーの法則とは，ある成分のガス濃度と液中濃度が比例関係にあることをいう。

$$p = H \cdot c \tag{5.1}$$

ここに，p：溶解ガスの濃度(分圧)(Pa)

H：ヘンリー定数($Pa \cdot m^3/kmol$)

c：溶解ガスの液中濃度($kmol/m^3$)

これを縦軸にp，横軸にcとして描くと図5.1のように直線となり，直線の傾斜がヘンリー定数となる。

図5.1では(b)の成分の方が溶けやすい成分であり，ヘンリー定数は小さいことを示している。

このようにガス濃度と液中濃度との関係が直線で示される成分，いい換えるとヘンリーの法則が成立する成分は，一般に水に溶けにくい成分に限られる。したがって，アンモニア，塩化水素などのように水によく溶けるガスはヘンリーの法則が成立しないことにな

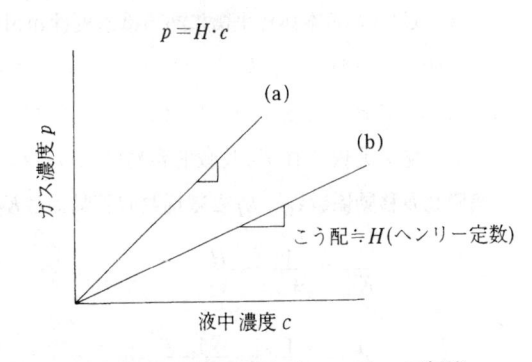

図5.1 気液平衡線図(ヘンリーの法則)

5. 有害物質処理技術の基礎知識

る。しかし，排ガスの吸収処理のように低濃度ガスを取り扱う場合は，ガス濃度と液中濃度との関係が直線となると考えてよく，どのようなガスでも近似的にヘンリーの法則に従うとしてよい。

(2) 二重境膜説

ガスが液中に吸収する速度を考えるとき，図5.2に示すように気相と液相とが接している界面に，ガスが液中に溶け込む際の抵抗となる境膜が存在すると考える。つまり，気相側の抵抗層を気相境膜，液相側の抵抗層を液相境膜と呼び，この二重の境膜抵抗の度合いによって吸収速度が速くなったり遅くなったりすると考える。この抵抗の逆数をそれぞれ，気相境膜物質移動係数，液相境膜物質移動係数という。この値は，吸収装置の大きさを決める際用いられる。

(3) 境膜物質移動係数と総括物質移動係数

上述の二重境膜説により吸収速度を考えるとき，ガス側境膜を通過する速度は，当然のことながら液側境膜を通過する速度に等しく，単位時間当たり，単位面積当たりの吸収量$N(\mathrm{kmol/m^2 \cdot h})$は，次式となる。

$$N = k_G \cdot (p - p_i) = k_L \cdot (C_i - C) = K_G \cdot (p - p^*) = K_L \cdot (C^* - C) \quad (5.2)$$

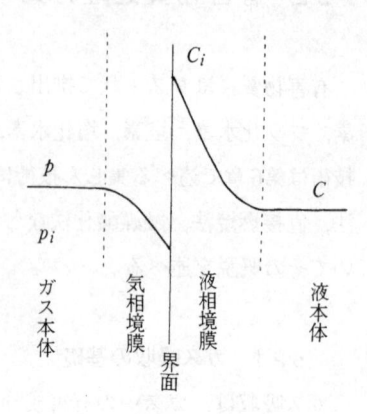

図5.2 二重境膜

ここに，k_G：気相境膜物質移動係数$(\mathrm{kmol/m^2 \cdot Pa \cdot h})$
p：ガス本体中の溶質の分圧(Pa)
p_i：界面における溶質の分圧(Pa)
k_L：液相境膜物質移動係数$(\mathrm{m/h})$
C：液本体中の溶質の濃度$(\mathrm{kmol/m^3})$
C_i：界面における溶質の濃度$(\mathrm{kmol/m^3})$
K_G：気相総括物質移動係数$(\mathrm{kmol/m^3 \cdot Pa \cdot h})$
K_L：液相総括物質移動係数$(\mathrm{m/h})$
p^*：液体と平衡にあるガス分圧(Pa)
C^*：ガス本体と平衡にある液濃度$(\mathrm{kmol/m^3})$

ガス吸収の実験から，k_G及びk_Lを求めようとすると，p_i及びC_iを測定しなければならないが，これは知ることができない。したがって，気相，液相の総括物質移動係数K_G，K_Lを使って計算する。この値は実験によって比較的容易に求められる値である。

境膜物質移動係数k_G，k_Lと総括物質移動係数K_G，K_Lとの関係は次のようになる。

$$\frac{1}{K_G} = \frac{1}{k_G} + \frac{H}{k_L} \quad (5.3)$$

$$\frac{1}{K_L} = \frac{1}{k_L} + \frac{1}{H \cdot k_G} \quad (5.4)$$

5.2 有害物質処理方式

左辺のK_G, K_Lの逆数は総括境膜抵抗を表し，右辺の境膜抵抗の和に等しい。Hはヘンリー定数である。

(4) ガス側抵抗支配と液側抵抗支配

吸収速度を支配するのは，気相，液相の抵抗であるが，この二つの抵抗を比較したとき，抵抗が大きい方が吸収速度を支配しているという。つまり，溶けやすいガスは液相の抵抗が小さく，ガス側抵抗支配となる。逆に溶けにくいガスは液側の抵抗が大きいために溶けにくいと考えられるので，一般に液側抵抗支配となる。したがって，装置を選択する際にガス側抵抗支配の場合は，ガス側の抵抗が小さくなるような装置を選び，逆に液側の抵抗支配の場合は，液側抵抗が小さくなるような装置を選ぶ必要がある。

一般に，ガス側の抵抗を小さくできる吸収装置は，液を小滴として分散しながらガスと接触する方式であり，これには充てん塔，スプレー塔，ベンチュリスクラバーなどがある。逆に液側の抵抗を小さくできる吸収装置は，液中にガスを気泡として分散する方式であり，これには段塔，気泡塔，ジェットスクラバーなどがある。

(5) HTUとNTU

充てん塔の所要高さhは，次の式のようになる。

$$h = \frac{G_M}{K_G \cdot a \cdot P} \cdot \int_{y_2}^{y_1} \frac{dy}{y - y^*} \tag{5.5}$$

ここに，h ：充てん塔高さ (m)
G_M ：ガス流量 (kmol/m^2·h)
K_G ：気相総括物質移動係数 (kmol/m^2·h·Pa)
a ：単位容積当たり有効接触面積 (m^2/m^3)
P ：全圧 (通常 101.32 kPa)
y_1, y_2：充てん塔入口・出口におけるガス濃度 (モル分圧)
y^* ：液体と平衡にあるガス濃度 (モル分率)

この式を実用上二つの項に分けて考える。

$$h = \left(\frac{G_M}{K_G \cdot a \cdot P}\right) \cdot \left(\int_{y_2}^{y_1} \frac{dy}{y - y^*}\right)$$

後の項の積分項は，吸収塔入口ガス濃度y_1を目標値である出口濃度y_2まで低減させる難しさの度合いを表し，吸収しやすい系では小さい値となる。これを移動単位数(NTU)といい，特に気相総括基準の場合のNTUをN_{OG}という。

$$N_{OG} = \int_{y_2}^{y_1} \frac{dy}{y - y^*} \tag{5.6}$$

前の項を移動単位高さ(HTU)といい，気相総括物質移動係数K_Gの入ったHTUをH_{OG}という。又は

$$h = H_{OG} \cdot N_{OG} \tag{5.7}$$

で表され，H_{OG} と N_{OG} の値を知ることで塔高さ h を決めることができる。

前述のように，N_{OG} は吸収の難しさを示す値であり，気液平衡関係(ヘンリー定数又は各ガス濃度に対する液中濃度)を知ることで理論的に求めることができる。

一方，H_{OG} は経験的な値であり，実験によって求めるか，経験的な推算式によって求める値である。吸収性能のよい装置では H_{OG} は小さい値となり，充てん塔高さも小さくてよいことになる。

H_{OG} 項の中の $K_G \cdot a$ を容量係数と呼ぶ。これは K_G と a とを別々に切り離した値として実験によって求めることが難しいため，便宜上二者を掛け合わせて一つの係数として考えている。この容量係数 $K_G \cdot a$ は吸収性能のよさを表し，この $K_G \cdot a$ が大きいときは H_{OG} は小さくなり，充てん塔高さ h も小さくてすむことになる。

アルカリ溶液によりフッ化水素や塩化水素を吸収させるような薬液を用いた化学反応を伴う吸収の場合，薬液の液面上のガスはすべて吸収すると考えると，液界面上のガス濃度はゼロと考えてよく，式(5.6)に $y^* = 0$ を代入し

$$\mathrm{NOG} = \int_{y_2}^{y_1} \frac{dy}{y} = \ln \frac{y_1}{y_2} \tag{5.8}$$

として計算できる。y_1, y_2 は塔入口・出口ガス濃度を表す。

(6) ガス吸収装置

ガス吸収装置には充てん塔，スプレー塔，ベンチュリスクラバー，ジェットスクラバー，ぬれ壁塔などが用いられる。これらの装置特性については，第6章の「除じん・集じん技術の基礎知識」に記述されているので参照されたい。

5.2.2 吸着の基礎

(1) 吸着とは

ガス吸着は，気体と固体(吸着剤)との界面においてみられるガス成分の濃縮現象であり，これを利用して内部表面積の大きい多孔性粒子(吸着剤)を用いて有害物質，悪臭などの処理を行うことである。装置は簡単であり，ガス処理に対し適正な吸着剤を選ぶことによって100％の除去が可能であり，ある程度の濃度変動にも対応できる。ただし，吸着剤が比較的高価なため，特に高濃度ガスを対象とした場合，処理コストが高くなる。また，ダストやミストを含むガス及び高温ガスに対しては前処理装置が必要である。

(2) ガス濃度，ガス温度の影響

吸着剤単位質量当たりの被吸着物質の質量(g-ガス/g-吸着剤)を吸着容量又は平衡吸着量あるいは，ただ単に吸着量という。この吸着量は，吸着剤と被吸着物質の種類，及び濃度，吸着温度・圧力に影響される。被吸着物質の濃度(分圧)が下がると吸着容量は減少する。したがって，できるだけガス濃度は希釈されないように装置配管を工夫する必要がある。

5.2 有害物質処理方式

温度が上昇すると吸着量は減少する。したがって，高温の排ガスの吸着処理は不適当である。なお，使用済みの吸着剤を再生するには熱風あるいは過熱蒸気を用いて吸着量を減少させて吸着している成分を放出させる。これを脱着という。溶剤回収など比較的高濃度ガスの吸着装置では加熱(脱着工程)，冷却(吸着工程)を交互に行っている。

(3) 破過時間

固定層吸着装置の場合，図5.3の(a)に示すように層内吸着量の変化ではA～B部分では既に吸着成分が飽和している。B～Cの比較的狭い部分で吸着が行われている。この帯域を吸着帯という。実装置の設計では，この吸着帯の幅がどの程度になるかが重要であり，この吸着帯幅が推算によって決定され，この吸着帯の吸着剤を未飽和の状態で残して塔の切り換え及び吸着剤の交換が行われる。C～D部分は未吸着帯である。

破過曲線は吸着層内を進行する吸着成分の濃度変化を示したものである。図5.3の(b)は吸着層内を時間的に移動する濃度変化を示したものであり，①→②→③の順で進行し，③の時点で被吸着成分が塔出口に初めて流出してくる。これを破過したといい，これに至るまでの時間を破過時間という。図5.3の(c)に示す曲線を破過曲線という。

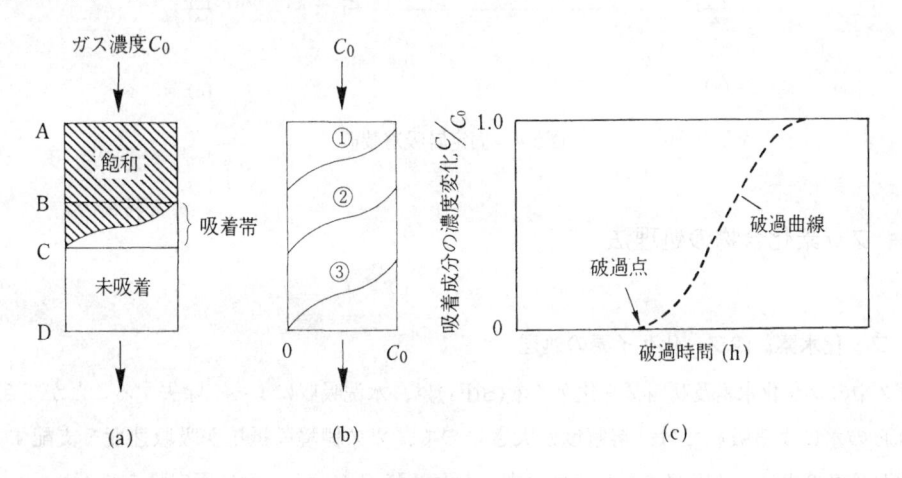

図5.3 吸着帯と破過曲線

(4) 吸着剤の種類

吸着剤には活性炭，シリカゲル，活性アルミナ，モレキュラーシーブなど多くの種類があり，それぞれ特色をもっており，被吸着ガスに適合した吸着剤の選定が大切である。混合ガスの吸着には2種類以上の吸着剤を使用することもある。

最も多く用いられているのは活性炭である。活性炭は無極性であるため，水などのような極性成分の吸着力が小さく，水蒸気を含む空気中の有害成分の除去には有利となる。また，化学薬品を活性炭に浸み込ませた添着炭も使用されている。

5. 有害物質処理技術の基礎知識

(5) 化学吸着と物理吸着

吸着剤には薬液を浸み込ませた添着炭や最近実用化されたイオン交換樹脂の一種である脱臭樹脂などの吸着剤のように，吸着剤表面での化学反応を伴う吸着は化学吸着と呼ばれ，操作は不可逆的である。これに対し化学反応を伴わない吸着を物理吸着という。物理吸着の場合は加熱や減圧によって可逆的に脱着させることができる。

(6) 吸着装置

吸着装置を分類すると，固定層方式，移動層方式，流動層方式の3種類となるが，公害防止施設としての吸着装置は固定層方式がほとんどである。

固定層方式には図5.4に示すようなものがある。

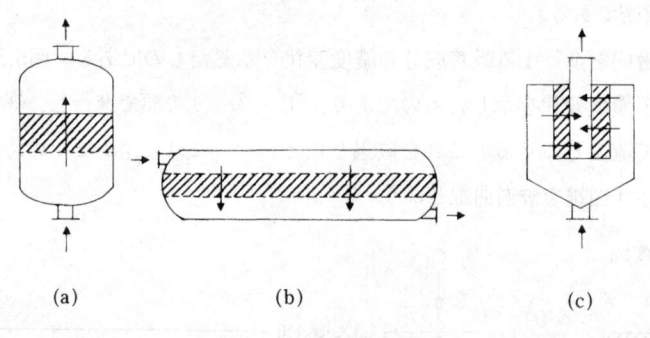

(a)　　　　(b)　　　　(c)

図5.4　固定層吸着装置

5.3　フッ素化合物の処理法

(1) フッ化水素，四フッ化ケイ素の処理

排ガス中のフッ化水素及び四フッ化ケイ素(SiF_4)は，水洗吸収によって除去することができる。

これらの水による吸収では，溶解度が大きいので，ガス側境膜抵抗が吸収速度を支配する。四フッ化ケイ素の水による吸収に際しては生成したケイ酸(SiO_2)が水面に固定膜をつくり，ヘキサフルオロケイ酸(H_2SiF_6)を生じる。

$$3SiF_4 + 2H_2O \longrightarrow 2H_2SiF_6 + SiO_2$$

装置としては，生成するケイ酸が目詰まりの原因となるため，充てん塔は不適当であり，スプレー塔が用いられる。

フッ化水素の処理には水のほかに水酸化ナトリウム溶液による方法や，硫酸ナトリウム水溶液による吸収法(小野田肥料法)などがある。

フッ化水素(HF)を含む洗浄水の処理法としては，水酸化カルシウム(消石灰)[$Ca(OH)_2$]による中和がある。

$$2HF + Ca(OH)_2 \longrightarrow CaF_2 + 2H_2O$$

(2) 装置の材質

フッ化水素はケイ酸及びホウ酸と反応するので，ガラス，陶磁器，ホウロウ，石綿，ケイ素鋳鉄などは使用できない。

ニッケル，モネルメタル(ニッケルを67％含む合金)，高クロム・モリブデン・ニッケル・ステンレス鋼はフッ化水素酸及びヘキサフルオロケイ酸に対する耐食性が強い。

5.4 塩素，塩化水素の処理法

(1) 塩　素

排ガス量が多く，塩素(Cl_2)濃度が低い場合は，石灰乳又は水酸化ナトリウム(NaOH)水溶液を吸収剤として用い，次亜塩素酸塩として吸収する。水酸化ナトリウム水溶液吸収の場合は，物質移動に対する抵抗はガス側となる。

$$2Ca(OH)_2 + 2Cl_2 \longrightarrow \underset{さらし粉}{CaCl_2 \cdot Ca(OCl)_2 \cdot 2H_2O}$$

$$2NaOH + Cl_2 \longrightarrow NaCl + NaOCl + H_2O$$

水酸化ナトリウムを吸収剤として用いるときは，塩素を吸収すると発熱して温度が上昇するので，冷却して45℃以下に保つ必要がある。生成物の次亜塩素酸塩(NaOCl)の溶液はさらし液として利用する。

(2) 塩化水素

塩化水素(HCl)が水に吸収される際溶解熱により発熱し，温度が上昇すると塩化水素の分圧は上昇する。つまり溶けにくくなる。したがって，塩化水素の水による除去に際し，溶解熱の除去が大切である。

塩化水素の水に対する溶解度が大きく，かつ水との反応速度も速いので，塩化水素の水による吸収は完全にガス側境膜抵抗支配である。ガス中の塩化水素の濃度が高いときは，吸収装置としては管外から冷却を行うことのできるぬれ壁塔が用いられ，ガス中の塩化水素濃度が低いときは充てん塔が用いられる。

塩化水素濃度の低い吸収液の処理法としては，アルカリ水溶液により中和して廃棄する方法がとられる。

$$2HCl + Ca(OH)_2 \longrightarrow CaCl_2 + 2H_2O$$

(3) 装置の材質

塩酸は腐食性があるので，構造材料としては耐酸れんが，陶磁器，ガラス，ホウロウ，ゴム，プラスチック(ポリ塩化ビニル，ポリエチレン，ポリスチレン，フィラー入りフェノール樹脂など)，炭素などが用いられる。

グラファイトは400℃までの温度で塩化水素を扱う場合，優れた材料である。

5.5 鉛及び鉛化合物の処理法

(1) 鉛精錬ダストの処理

ばい焼炉,焼結炉,溶鉱炉などの排ガスと一括処理する場合,排ガス中のダスト濃度は数g/m^3_Nで,鉛の粒径は$1\mu m$以下の微細なフュームである。一方,ダストの見掛け電気抵抗率は$10^{10}\Omega\cdot m$前後で,電気集じんにおいては逆電離領域にある。このため,電気集じんでは相対湿度を40％以上に調湿して処理することが必要である。

(2) 鉛蓄電池・鉛再精錬炉ダストの処理

鉛蓄電池のくずを主原料とし,ダストは溶解工程中に連続的に発生する。溶解工程でのダスト濃度は$10\sim30g/m^3_N$であり,ダストの粒径は,中位径で$0.5\mu m$前後であり,ダストの成分は鉛が75％,三酸化硫黄が15％前後含まれている。この多量の三酸化硫黄のために酸露点が高く,目詰まりの原因となるので,バグフィルターを使用する場合は,できるだけ水洗等により硫酸分を除去して,ろ布の目詰まり,設備の硫酸腐食を防ぐ対策をとる。

5.6 カドミウム及びカドミウム化合物の処理法

【亜鉛精錬ダストの処理】

亜鉛精錬用焼結炉排ガス中には多量のカドミウムと,かなりの硫黄分が含まれており,ダスト径は$1\mu m$以下が大部分である。ダストの捕集には,電気集じんが行われているが,ダストの電気抵抗率が高く,そのままでは逆電離領域であるため相対湿度を40％前後に排ガスを調湿することが必要である。

5.7 特定物質の処理

法令で定められている特定物質は表5.1に示す28種である。これらの特定物質の処理対策を考える上で,それぞれの特徴を把握しておく必要がある。次に主な特徴別に分類すると,次のとおりである。

- a) 空気より軽いもの:分子量が29より小さい物質は空気より軽い。アンモニア,フッ化水素,シアン化水素,一酸化炭素などがある。逆に,空気より重いものは低所を漂う傾向があるので,拡散を速やかに行う必要がある。
- b) 猛毒を有するもの:シアン化水素,リン化水素,ホスゲン
- c) 引火爆発するもの:燃える蒸気はすべて引火爆発する。アンモニア,シアン化水素,一酸化炭素,ホルムアルデヒド,メタノール,硫化水素,リン化水素,アクロレイン,二硫化炭素,ベンゼン,ピリジン,ニッケルカルボニル,エチルメルカプタン

5.7 特定物質の処理

表5.1 特定物質の性状

特定物質	化学式	形態、色、におい	融点 (℃)	沸点 (℃)	気体・蒸気比重(空気=1)	密度	水への溶解度 (g/100g水)	引火点 (℃)	着火点 (℃)	爆発限界(%) 下限	爆発限界(%) 上限	主な化学的性質、有毒性
1.アンモニア	NH_3	刺激臭のある無色の気体	-77.7	-33.6	0.59	0.676 (-33.4℃)	52.0 (20℃)	—	650	15	28	酸素中で黄色の炎をあげて燃える。ハロゲン、強酸と激しく反応する。皮膚、粘膜を激しく侵す。
2.フッ化水素	HF	液体、気体とも無色、特有な刺激臭、発煙性	-83	19.4	0.69	1.002 (0℃)	∞ (<19.4℃)	—	—	—	—	反応性に富む。ハロゲン化物とは激しく反応する。シリカを溶かす。皮膚を激しく侵す。
3.シアン化水素	HCN	特有のにおいをもつ無色の液体	-13.3	26	0.93	0.688 (20℃)	∞	18	540	5.6	40	水分やアルカリが入ると激しく反応し不安定。蒸発しやすい。皮膚からも吸収され、猛毒。
4.一酸化炭素	CO	無色、無臭の気体	-205	-191.5	0.97	—	0.0044 (0℃)	—	650	12.5	74	燃えて二酸化炭素になる。血液中のヘモグロビンと結合し中毒を起こす。
5.ホルムアルデヒド	HCHO	刺激臭の強い無色の気体	-92	-21	1.07	0.815 (-20℃)	∞	—	430	7	73	空気中で高温に加熱すると燃焼する。還元剤、メタノールになる。重合性あり。皮膚、粘膜、気管支を侵す。
6.メタノール(メチルアルコール)	CH_3OH	無色揮発性、特有臭、可燃性、刺激臭のある液体	-93.3	64.1	1.10	0.791 (20℃)	∞	11	465	7.3	36	酸化してホルムアルデヒドになる。溶剤、二酸化炭素と水を作る。蒸気目と気道を刺激。中枢神経系に障害を起こす。
7.硫化水素	H_2S	無色、腐卵臭のある気体	-82.9	-60	1.18	0.66 (0℃)	0.66 (0℃)	—	260	4.3	45.5	空気中で青い炎をあげて燃え、二酸化硫黄と水を作る。燃料、支燃剤を侵す。種々の金属と硫化物を作る。呼吸器を激しく侵す。
8.リン化水素(ホスフィン)	PH_3	無色、アセチレンに似た臭のある気体	-133	-87.7	1.17	—	0.039 (17℃)	—	150	—	—	空気中で燃えて五酸化リンと水を生成する。
9.塩化水素	HCl	無色、刺激臭のある発煙性気体	-122	-85	1.26	—	82.3 (0℃)	—	—	—	—	水に吸収されて硝酸になる。水ならびに塩出ヒドロゲンに溶ける、皮膚、粘膜に炎症を起こす。
10.二酸化窒素	NO_2	赤褐色、刺激臭のある液体(四酸化二窒素)	-9.3	21.3	1.59	—	—	—	—	—	—	多くの金属と反応し、水分を含むと硝酸となる。ヘモグロビンと結合する。呼吸器を侵す。一酸化窒素も毒性。
11.アクロレイン	$CH_2:CH·COH$	無色、黄色の液体(刺激臭)	-87	52	1.95	0.841 (20℃)	2~3倍の水に不溶	—	280	2.8	31	水に溶け容易に酸化される。長期保存では酸化防止剤(ポリフェノール)を添加する。呼吸器を侵す。
12.二酸化硫黄	SO_2	無色、刺激臭ある気体	-75.5	-10	2.21	1.46 (-10℃)	22.8 (0℃)	—	—	—	—	還元あるいは酸化の二つの作用あり。呼吸器を侵す。
13.塩素	Cl_2	黄緑色、刺激臭ある気体	-101	-34	2.45	1.507	0.997 (10℃)	—	—	—	—	活性大。水がかかるとヒドラとヒドロクロラス以外のほとんどすべての金属を腐食する。水に溶けて酸性を呈し、漂白・殺菌作用をもつ。眼、呼吸器を侵す。
14.二硫化炭素	CS_2	無色、屈折率の大きい液体	-111	46.3	2.63	1.26 (20℃)	22 (22℃)	-30	100	1.3	44	蒸発しやすく、引火性大、神経系を侵す。
15.ベンゼン(ベンゾール)	C_6H_5	無色、揮発性、芳香ある液体	5.5	80	2.70	0.874 (25℃)	難溶	-11	530	1.4	8.0	麻酔作用あり、溶剤、燃料、医薬、染料、香料、爆薬などの重要原材料。皮膚、目、上気道刺激。
16.ピリジン	C_5H_5N	無色、特有においのある液体	-42	116	2.73	0.983 (20℃)	難溶	20	480	1.8	12.4	アルコール、ベンゼンに可溶。溶剤、コールタール、アルコールからの分離精製用。医薬製造原料等に供す。
17.フェノール(石炭酸)	C_6H_5OH	白色、結晶性の有色気味の固体	41	182	3.25	1.071 (25℃)	水と付加物をつくり6.7(16℃)65℃以上∞	79	715	1.8	—	水に引火性があり、金属を腐食する。ニッケル、クロム鋼も侵食する。大火傷の原因。皮膚につくと激しい火傷を起こす。
18.硫酸	H_2SO_4	無色、粘ちょう液体	10.5	290で分解開始	3.38	1.922 (20℃)	∞	—	—	—	—	水に溶けて多量の熱を出す。有機質を激しく分解する。希硫酸は金属に対し、腐食性を示す。
19.フッ化ケイ素	SiF_4	無色、刺激臭ある気体	-96	-65	3.60	—	易溶	—	—	—	—	水と反応してフッ化ケイ素酸と、フッ化ナトリウム溶液によく溶け、熱すると一酸化ケイ素と塩素に分解。
20.ホスゲン(塩化カルボニル)	$COCl_2$	無色、乾草臭ある気体	-128	8	3.41	1.435 (0℃)	難溶	—	—	—	—	刺激臭性の強い、水酸化ナトリウム溶液によく溶け、熱すると一酸化炭素と塩素に分解。容器に運ぶ。水と反応し塩酸を出す、粘膜を侵す。
21.二酸化セレン	SeO_2	白色、結晶	340	昇華317	3.83	3.95 (15℃)	38.4 (14℃)	—	—	—	—	加熱と軽く昇華する。セレンの酸化物には二酸化物が実測可能。粘力障害を起こす。
22.クロロスルホン酸(クロロ硫酸)	HSO_3Cl	無色、刺激性発煙性液体	-80	152	4.02	1.766 (18℃)	∞	—	—	—	—	反応性大、ほとんどの金属を腐食する、染料、香料、医薬品光により。水と反応、発煙。
23.黄リン	P	黄白色、ニラのような臭気をもつ固体	44	280	4.74	1.82	$3×10^{-4}$ (15℃)	—	50	—	—	不安定、空気中で急に酸化を起こしセリン光を生じ、50℃で発火。猛毒性、皮膚につくと激しい火傷を起こす。水中貯蔵。
24.三塩化リン	PCl_3	無色、発煙性液体	-94	75	4.74	1.57 (20℃)	分解	—	—	—	—	水によって加水分解し、塩酸とリン酸を生成する。皮膚、粘膜を侵す。
25.臭素	Br_2	赤褐色、刺激臭強い液体	-7.2	59	5.52	3.10 (25℃)	3.58 (20℃)	—	—	—	—	室温で赤褐色の蒸気を出す。皮膚、硝膜を激発し腐食性大、粘膜を侵す。
26.ニッケルカルボニル	$Ni(CO)_4$	無色、揮発性液体、屈折率大	-25	42	6.0	1.32 (17℃)	0.018 (10℃)	—	—	—	—	熱すると爆発。遷移金属、触媒として反応に利用される。猛毒
27.五塩化リン	PCl_5	白色、結晶	—	昇華160	—	2.1	分解	—	—	—	—	300℃以上で分解蒸気を三塩化リンと塩素になる。水と反応してリン酸になる。
28.メルカプタン	$RSH(Rはメチル、など)$	黄色、ニラに似た臭気ある液体	-144	37	2.14	0.839 (20℃)	難溶	—	300	2.8	18	左の数値はエチルメルカプタン。アルカリ水溶液に溶ける。

5 有害物質処理の基礎知識

d) 水によく溶けるもの：多量の水による水洗除去が有効である。アンモニア，フッ化水素，塩化水素，ピリジン，フェノール，硫酸など。ただし，このうち発熱量の大きい物質(フッ化水素，塩化水素，硫酸など)は特に多量の水を使用する必要がある。

e) 水酸化カルシウム(消石灰)で中和できるもの：水酸化ナトリウム(カセイソーダ)，水酸化カルシウム(消石灰)又は炭酸ナトリウム(ソーダ灰)によって中和できる物質は，フッ化水素，塩化水素，塩素，硫酸，クロルスルフォン酸など。ただし，フェノールは，水溶液は弱酸で，水酸化ナトリウムで中和されるが，炭酸ナトリウムとは反応しない。

f) 常温でガス状のもの：アンモニア，一酸化炭素，ホルムアルデヒド，硫化水素，リン化水素，塩化水素，二酸化硫黄，塩素，四フッ化ケイ素

g) 沸点が常温に近く，ガス状になりやすいもの：フッ化水素(沸点19.4℃)，シアン化水素(沸点25.7℃)，二酸化窒素(沸点21.3℃)，ホスゲン(沸点8℃)，エチルメルカプタン(沸点37℃)，メチルメルカプタン(沸点5.5℃)

h) 常温では液状で，かなり高い蒸気圧を示すもの：メタノール(沸点64.6℃)，アクロレイン(沸点52.7℃)，二硫化炭素(沸点46.3℃)，ベンゼン(沸点80℃)，ピリジン(沸点116℃)，フェノール(沸点181℃)，三酸化硫黄(沸点44.5℃)，三塩化リン(沸点74.7℃)，臭素(沸点58.8℃)，ニッケルカルボニル(沸点42.3℃)，クロルスルフォン酸(沸点152℃)，黄リン(沸点280℃)，五塩化リン(沸点160℃)。常温で液状の物質及び沸点が常温に近い物質の蒸気の場合は，活性炭などによる吸着が有効である。

参 考 文 献

1) (社)産業環境管理協会：五訂・公害防止の技術と法規(大気編) (1998)
2) 加藤征太郎：三訂・公害防止対策要説(大気編)，(社)産業環境管理協会(1992)
3) 化学工業協会編：化学工学便覧(4版)，丸善(1978)
4) 藤田，東畑編：化学工学Ⅲ，東京化学同人(1978)
5) 河添邦太郎：化学工場, 13 (9), 9
6) (社)産業環境管理協会：環境管理小事典(1991)

6. 除じん・集じん技術の基礎知識

6.1 ダストとは

気体中に含まれる固体粒子や液滴の分離操作を一般に集じんと呼んでいる。

気体中の粒子の呼び方は、例えば、煙、霧、ダスト、ミスト、フュームなどがあるが、はっきりとした分類ではない。一般には固体粒子をダスト、液体粒子をミストとして示すことが多い。特に蒸気の凝縮により生成するような1 μm以下の微小な固体粒子をフュームと呼ぶことがある。

6.2 粒子の大きさと粒度分布

粒子の大きさは、一般にその直径(粒径)で示され、この粒径のことを粒度ともいう。取り扱う粒子は小さいので、その単位は1mmの1/1000に当たりμm(マイクロメーター、ミクロン)で示す。

例えば、重油燃焼ボイラーダストの粒径は平均で20 μm程度である。ちなみに人の頭毛の太さは40〜50 μm程度であり、肉眼での1個の粒子として見分けられる最小径は40 μm程度である。

一般にダストは、いろいろの粒径から成っている。つまり、粒径に分布がある。これを粒径分布あるいは粒度分布と呼ぶ。この粒度分布の表示法には頻度を用いる頻度分布と累積値を用いるふるい上(あるいはふるい下)分布とがある。

6.2.1 頻度分布とは

頻度とは、粒子全体のうち、ある粒径範囲にある粒子の比率をいい、一般に質量基準であり、次式で示される。

$$頻度 = \frac{ある粒径範囲内の粒子の質量}{粒子全体の質量}$$

頻度分布とは、適当な粒径間隔の頻度を粒径に対して示したものをいう。図6.1の(a)のように棒グラフに示したり、棒グラフの頭を連ね粒径を連続して曲線にして示したりする。

この頻度分布は、一見して粒径の分布状態が分かって便利であるが、粒径間隔のとり方によって山の高さや形が異なるのが欠点である。

6. 除じん・集じん技術の基礎知識

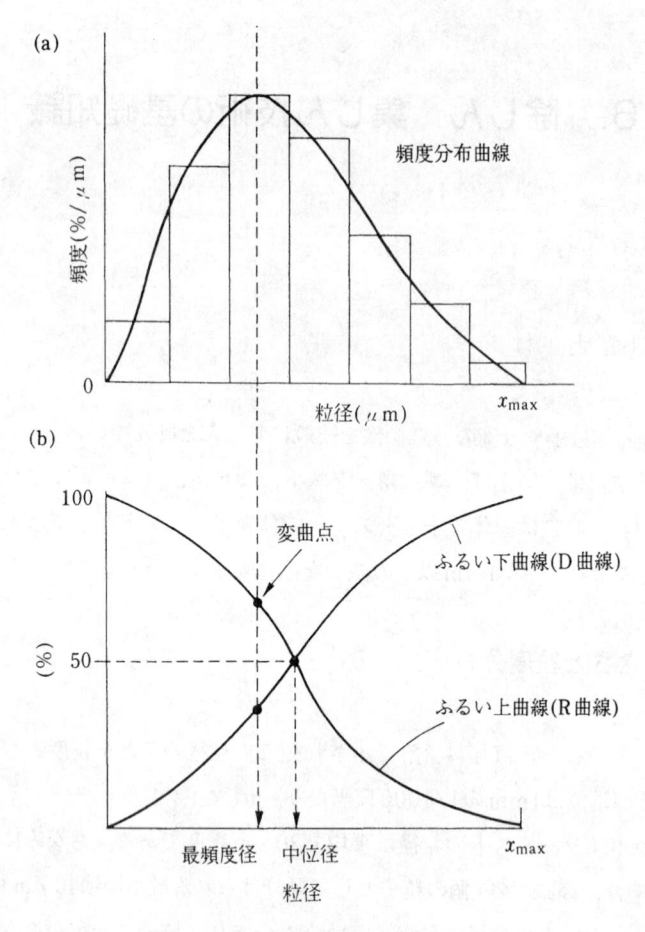

図6.1 頻度分布曲線と累積分布曲線

6.2.2 ふるい上分布とは

ある粒径より大きい粒子が全体に対して占める割合をふるい上という。記号Rで示す。図6.1の(b)の右下がりの実線がふるい上曲線である。頻度分布曲線において，ピークに対応する粒径を最頻度径又はモード径という。これはふるい上曲線において変曲点に相当する。

また，ふるい上曲線において$R=50$％に対応する粒径を中位径又はメディアン径という。

一般に，粒度分布を簡単な数式で示せば便利である。この数式を分布関数という。一般に，ダストの粒径分布は頻度分布曲線のピークを中心として，左右に対称ではなく，右側(粗い方)にすそを引いている。これによく合致する分布関数としてロジン-ラムラー分布と対数正規分布とがある。

6.2.3 ロジン-ラムラー分布とは

一般に，産業活動の過程で発生するダストの粒径分布がよく従うとされる分布関数(分布の公式)であり，ふるい上分布Rを次の式で示したものである。

$$R = 100\exp(-\beta \cdot d_p{}^n) \tag{6.1a}$$
$$= 100 \times 10^{-\beta' \cdot d_p{}^n} \tag{6.1b}$$

ここに,粒径d_pの係数β又はβ'及び指数nは,ダストの種類によって定まる実験的定数である。

いま,式(6.1b)の両片を2回対数をとると

$$\log(2-\log R) = \log\beta' + n\cdot\log d_p \tag{6.2}$$

となる。

そこで,$\log d_p$を横軸に,$\log(2-\log R)$を縦軸にとれば,式(6.2)は直線で表される。この線図をロジン-ラムラー線図(R-R線図)と呼ぶ。細かいダストほど係数βは大となり,nの値が大きいものほど,そのダストの粒径範囲は狭く,粒子の大きさが比較的そろっていることを意味する。

6.2.4 対数正規分布とは

一般に頻度分布関数が左右対称であるとき,正規分布に従うというが,集じんの対象となるダストの粒径分布は,粗い側へすそを引いた細かい方は$d_p=0$で終わるので,頻度分布曲線はモード径(ピーク)が細かい側へ偏る非対称分布の形になる。これらの多くのものは,対数正規分布といって,横軸に対数目盛をとれば正規形(左右対称)の分布となる。

6.3 集 じ ん 性 能

6.3.1 集じん率又は通過率

集じん率$\eta(-)$は次式で求められる。

$$\eta = (1 - \frac{S_o}{S_i}) \tag{6.3}$$
$$= (1 - \frac{C_o \cdot Q_o}{C_i \cdot Q_i}) \tag{6.4}$$

ここに,S :ダスト量(g/h)

C :ダスト濃度(g/m³)

Q :ガス流量(m³/h)

添字i:入口ダクト内の諸量

添字o:出口ダクト内の諸量

式(6.3),式(6.4)に100を掛ければ集じん率は(%)表示となる。

バグフィルターや電気集じん装置のように集じん率ηの値が大きな装置においては,ηの代わりに,次式で示される通過率pを用いる場合がある。すなわち,ηとpとの関係は

$$p = 1 - \eta$$

である。

6.3.2 直列運転と総合集じん率

二つの集じん装置を直列に接続した場合，装置全体の集じん率は次のようになる。すなわち

$\eta_1 =$ 一次側の集じん率$(-)$

$\eta_2 =$ 二次側の集じん率$(-)$

とすると，一次側，二次側の通過率p_1, p_2は次のようになる。

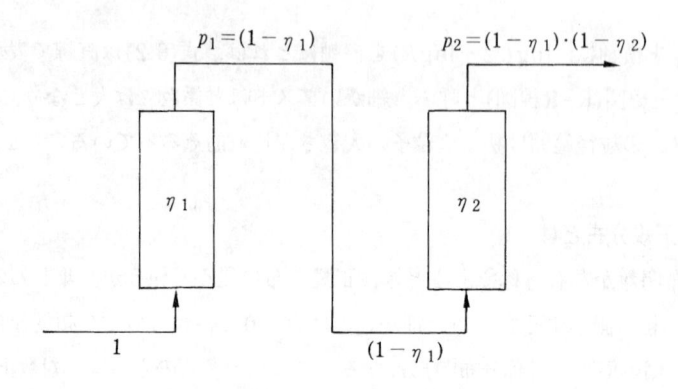

図6.2 直列運転の効率と通過率

図6.2に示すように一次側の装置の通過率は$p_1 = 1 - \eta_1$であり，この通過した部分が二次側に入り，η_2の集じん率で捕そくされる。つまり，$(1-\eta_2)$の率だけ通過してしまう。したがって一次側，二次側を総合して通過する通過率p_2は，$(1-\eta_1)$で入ったものが$(1-\eta_2)$だけ通過するのであるから

$$p_2 = (1-\eta_1) \cdot (1-\eta_2)$$

となる。集じん率＝$(1-$通過率$)$であるので，全集じん率η_tは

$$\eta_t = 1 - p_2$$
$$\eta_t = 1 - (1-\eta_1) \cdot (1-\eta_2)$$

として得られる。

同じ集じん率ηの装置n個連結した場合は，全集じん率η_tは，同様に考えると

$$\eta_t = 1 - (1-\eta)^n$$

で与えられる。

6.3.3 圧力損失

装置内をガスが通過するためには，装置内の通気抵抗に打ち勝って流れるために，その分だけエネルギーを消耗することになる。この消費エネルギーをガスの圧力損失と呼んでいる。装置の圧力損失の測定は，入口，出口の全圧の差で求める。全圧とは静圧と動圧との和である。

図6.3に示すように，入口，出口の温度差がなく，ダクト(配管)の径が同一$(A_i = A_o)$の場合は，

6.3 集じん性能

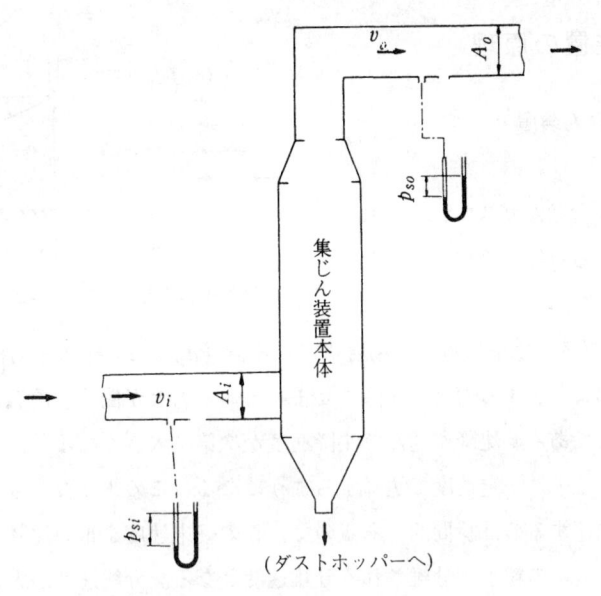

図6.3 集じん装置の圧力損失の求め方

両者の流速が均一($v_i = v_o$)であり，つまり動圧は等しいので，静圧の差が圧力損失となる。この測定は，ダクトに穴をあけ，水を入れたガラスのU字管(これをマノメーターと呼ぶ。)に継ぎ，U字管の左右の水柱差を測定し，入口，出口でのそれぞれの水柱差をp_{si}，p_{so}とする圧力損失Δpは

$$\Delta p = p_{si} - p_{so}$$

として表される。

この測定結果p_{si}とp_{so}との間に水柱で10mmの差が生じたとき，圧力損失が10mmH$_2$Oであるという。

水柱1mmH$_2$Oを圧力の単位Pa(パスカル)に直すには，下記のように計算する。

圧力差Δpは

$$\Delta p = \rho \cdot g \cdot h \quad (\text{Pa})$$

で与えられる。

ここで

水の密度$\rho = 1000$ kg/m^3，水柱高さ(1mm)$h = 10^{-3}$m，重力の加速度($=9.8$m/s^2)

を代入すると

$$\Delta p = 1000 \text{ kg/m}^3 \times 9.8 \text{m/s}^2 \times 10^{-3} \text{m}$$
$$= 9.8 \text{kg/m} \cdot \text{s}^2 = 9.8 \frac{\text{kg} \cdot \text{m/s}^2}{\text{m}^2} = 9.8 \frac{\text{N}}{\text{m}^2} = 9.8 \text{ Pa}$$

となる。差圧1mmH$_2$O$=9.8$Paは記憶しておくとよい。

6.4 集じん装置の原理

6.4.1 重力集じん装置
(1) 原理

重力集じん装置は含じんガス中に含まれる粒子を，重力による自然沈降によって分離捕集する装置である。

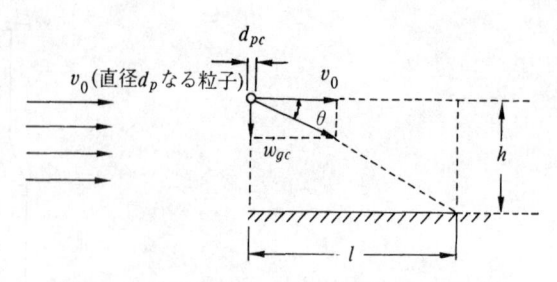

図6.4 水平ガス流中に含まれる粒子の重力沈降

図6.4は，含じんガスを水平に流した場合における直径d_pなる粒子の重力沈降を示したものである。粒子には沈降しようとする力と，沈降させまいとする力とが働く。前者は重力であり，後者はストークスの抵抗力である。沈降が進んで沈降速度が次第に大きくなると，ついには重力と抵抗力とが等しくなって，粒子は一定速度で沈降するようになる。このようなときの速度を終末速度といい，この終末速度に達するのは瞬間的であるので，この終末速度を重力沈降速度とする。この重力沈降速度が含じんガス中の粒子が分離される分離速度となる。分離速度が大きければ集じん性能はよいことになる。

粒子に作用する重力は

(重力)＝(粒子の質量)×(重力の加速度)

で表され，粒子の流体による浮力を考慮すれば

(重力)＝(粒子の質量－粒子と同体積の空気の質量)×(重力の加速度)

となり，次式のようになる。

$$F_g = \frac{\pi}{6} \cdot d_p^3 (\rho_p - \rho_g) \cdot g \tag{6.5}$$

ここに，F_g：粒子の重力(kg·m/s^2)　　d_p：粒子の直径(m)
　　　　ρ_p, ρ_g：粒子，ガスの密度(kg/m^3)　　g：重力の加速度($=9.8$m/s^2)

一方，抵抗力は粒径が3～100μmの範囲の場合，ストークス力による粘性抵抗だけを受けることになる。

このストークス力は次式で示される。

$$F_s = 3\pi \cdot \mu \cdot d_p \cdot w_g \tag{6.6}$$

ここに，F_s：ストークス力(kg·m/s^2)
　　　　μ：ガスの粘度(kg/m·s)
　　　　w_g：粒子の分離速度(m/s)

重力とストークス力とが釣り合いながら粒子は沈降するので，$F_g = F_s$であり

$$\frac{\pi}{6} \cdot d_p^3 (\rho_p - \rho_g) \cdot g = 3\pi \cdot \mu \cdot d_p \cdot w_g$$

となり，粒子の沈降速度(分離速度)w_gは

$$w_g = \frac{d_p^2 \cdot (\rho_p - \rho_g) \cdot g}{18\mu} \tag{6.7}$$

となる。この分離速度が大きいと，集じん率も大きくなる。

すなわち，重力集じんにおける粒子の分離速度は粒径の自乗に比例するので，粒径が小さくなると，分離速度が非常に小さくなり，集じんしにくくなる。

(2) 分離限界粒子径

重力集じん装置で完全に分離(捕集)できる最小粒子径を100％分離限界粒子径d_{pc}という。図6.4に示すように，沈降室の高さh，奥行きlの重力集じん装置を考えるとき，この集じん装置の分離限界粒子径d_{pc}に相当する粒子の沈降速度(分離速度)をw_{gc}，水平ガス速度をv_0とすると，次のような関係で表される。

$$\frac{w_{gc}}{v_0} = \frac{h}{l} \tag{6.8(1)}$$

式(6.7)を代入し

$$\frac{w_{gc}}{v_0} = \frac{d_{pc}^2 \cdot (\rho_p - \rho_g) \cdot g}{18\mu \cdot v_0} = \frac{h}{l} \tag{6.8(2)}$$

この式を変形すると，分離限界粒子径d_{pc}は次式で表せる。

$$d_{pc} = \sqrt{\frac{h \cdot v_0 \cdot 18\mu}{l \cdot (\rho_p - \rho_g) \cdot g}} \tag{6.9}$$

したがって，重力集じん装置では，沈降室内の処理ガス速度(基本流速)が小さく，沈降室の奥行長さが大きいほど，また落下点までの高さが低いほど，細かい粒子を分離捕集できることになる。

(3) 捕集粒子と圧力損失

重力集じん装置では，ガス流速を小さくとるほど，細かい粒子を分離することができ，集じん率は高くなるが，装置が大きくなり設備費が高くなるので，一般にガス流速は1～2m/s程度にとられる。

重力集じん装置での実用的な分離限界粒子径は，50～60μmであり，圧力損失はガス流速が小さいため，50～100Pa(5～10mmH$_2$O)程度である。

6.4.2 慣性力集じん装置

(1) 原理

慣性力集じん装置は，含じんガスをじゃま板などに衝突させ，あるいは気流の急激な方向転換を行い，粒子をその慣性力によって分離捕集する装置である。

図6.5に慣性力集じん装置の例を示す。

(2) 操作条件と集じん率

慣性力集じん装置の機能は，次の項目によって，その良否を判定することができる。

a) 衝突式では，一般に衝突直前のガス速度が大きく，装置出口のガス速度が小さいほど分離ダストの同伴が少なく，高い集じん率が得られる。

b) 反転式では，方向転換をするガスの曲率半径が小さいほど細かいダストを分離捕集することができる。

c) 含じんガスの方向転換回数が多いほど圧力損失は大きくなるが，集じん率は高くなる。

d) ダストホッパーは，分離したダストが容易にガス流によって同伴されない形状と，灰出し装置などの故障時を考慮して十分な容積をもっていることが必要である。

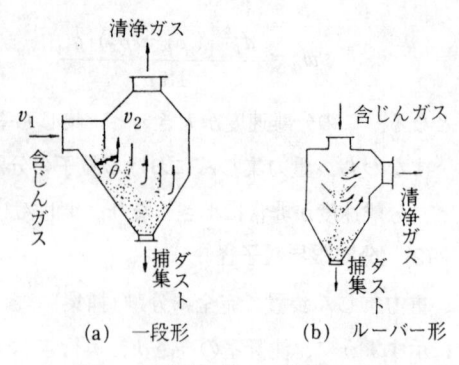

図6.5 慣性力集じん装置の一例
(a) 一段形　(b) ルーバー形

(3) 捕集粒子と圧力損失

通常，高性能集じん装置の前処理装置として慣性力集じん装置が用いられる。

慣性力集じん装置の実用的な分離限界粒子径は20 μm前後である。圧力損失は1kPa(100mmH$_2$O)以下である。

6.4.3 遠心力集じん装置(サイクロン)

含じんガスに旋回運動を与え，粒子に作用する遠心力によって，これをガスから分離する装置で，これは図6.6と図6.7に示すように，ガスの流入及び流出の形式によって接線流入式と軸流式に大別

(a) 接線流入式反転形　　(b) 接線流入式直進形

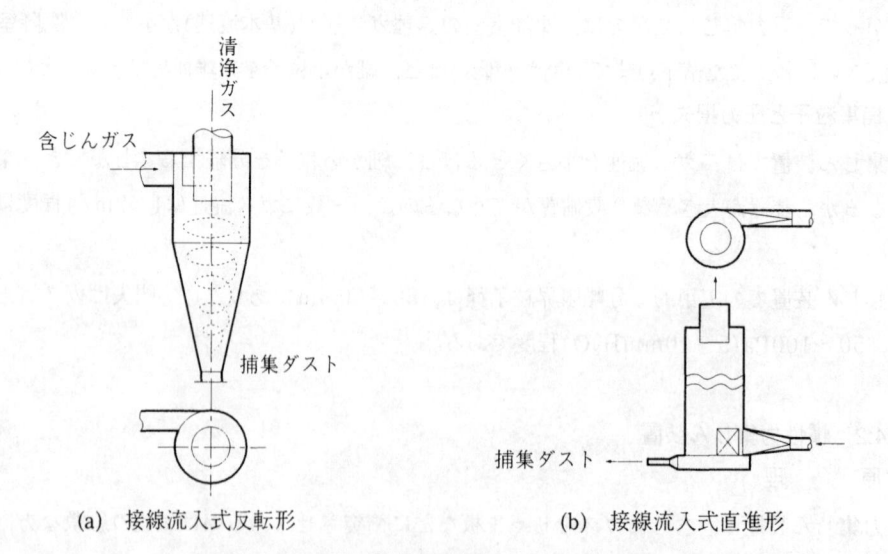

図6.6 接線流入式サイクロン

6.4 集じん装置の原理

(a) 軸流式反転形　　(b) 軸流式直進形

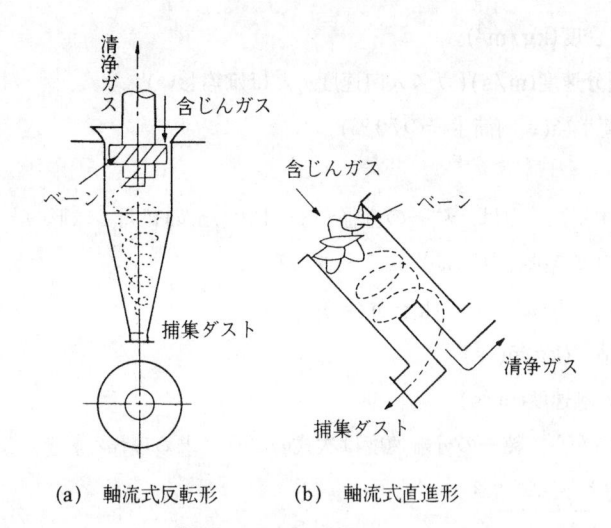

図6.7　軸流式サイクロン

され，それぞれ反転形と直進形がある。図6.6に示す(a)接線流入式直上(反転)形が標準サイクロンであり，図6.7の(a)軸流式反転形はマルチサイクロンに多い。

(1) 原　理

図6.8に接線流入式サイクロンにおける粒子の分離機構を示す。粒子を分離する旋回流のうちで遠心力が最大となる点は，円筒の下部に点線で示す半径Rなる仮想円筒の表面上にある。

この仮想円筒の表面上にある粒子に働く遠心力F_cは，(粒子の質量)×(遠心力の加速度)で表され

$$F_c = \frac{\pi}{6} \cdot d_p^3 \cdot \rho_p \cdot \frac{v_\theta^2}{R} \quad (\mathrm{kg \cdot m/s^2}) \tag{6.10}$$

ここに，d_p：粒子の直径(m)

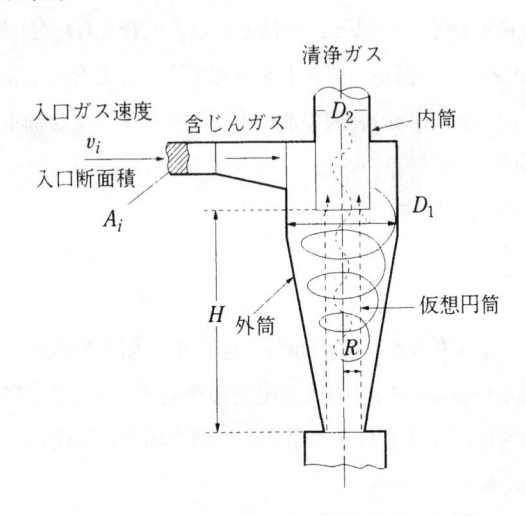

図6.8　サイクロン内のガス流と粒子の分離

ρ_p：粒子の密度(kg/m³)
v_θ：ガス周分速度(m/s)(ガス入口速度v_iとほぼ等しい)
R：仮想円筒半径($\fallingdotseq$内筒半径の70％)

となる。

一方，粒子に作用する抵抗力は，粒子の直径が3～100μmの範囲で球形のときは，ストークスの法則が成り立ち，このガス抵抗力F_sは次式で表される。

$$F_s = 3\pi \cdot \mu \cdot d_p \cdot w_c \quad (\text{kg} \cdot \text{m/s}^2) \tag{6.11}$$

ここに，μ：ガスの粘度(kg/m・s)
　　　　w_c：粒子の分離速度(m/s)

式(6.10)，式(6.11)から，粒子の分離速度は次式のように求められる。

$$w_c = \frac{d_p^2 \cdot \rho_p}{18\mu} \cdot \frac{v_\theta^2}{R} \tag{6.12}$$

すなわち，遠心力集じんによる分離速度は，重力集じんの分離速度の式(6.8)において，g(重力の加速度)の代わりにv_θ^2/R(遠心加速度)を用いたものである。したがって，サイクロンでは内筒の直径が小さいほど，処理ガス入口速度(基本流速)が大きいほど，細かい粒子が分離捕集できることになる。

(2) 分離限界粒子径 d_{pc}

集じん操作において，分離の限界となる粒径を分離限界粒子径d_{pc}と呼ぶ。

d_{pc}と内筒の直径D_2，外筒の直径D_1，入口管路の断面積A_i，仮想円筒の長さH_c，ガス入口速度v_iとの間に次のような関係がある。

$$d_{pc} \propto \left(\frac{A_i \cdot \mu}{\rho_p \cdot v_i \cdot H_c} \cdot \frac{D_2}{D_1} \right)^{\frac{1}{2}} \tag{6.13}$$

つまり，入口管路の断面積A_iが小さいほど，内筒と外筒の直径比(D_2/D_1)が小さいほど，あるいはH_cが大きく長いサイクロンほど，細かいダストを分離できることを示している。ガス速度には限度があり，入口速度v_iでは10～25m/sの範囲で速い方が細かいダストを捕集できることになる。

(3) サイクロンの圧力損失

サイクロンの圧力損失Δp(Pa)は次式で表せる。

$$\Delta p = F \cdot \frac{\rho_g \cdot v_i^2}{2} \tag{6.14}$$

であり，Fは圧力損失係数，ρ_gはガス密度(kg/m³)，v_iはガス入口速度(m/s)である。

式(6.14)はダストを含まない気流の場合の圧力損失の推定式であるが，ダストが存在する場合，圧力損失のダスト濃度の影響は，サイクロンの場合，管路の場合とは逆に，ダスト濃度が増すとその圧力損失は減少する傾向にある。

(4) サイクロンの性能

a) サイクロンの内部での遠心分離力は式(6.10)で表され，一方，重力の場での分離力は式(6.6)で示されるから，両者の比をとって

$$Z = \frac{F_c}{F_g} = \frac{v_\theta^2}{R \cdot g} \tag{6.15}$$

このZを遠心効果と呼ぶ。Zは数百から数千もの値をとり，それだけ重力沈降装置より性能の優れていることを示している。

一方，周分速度v_θは一定の範囲内(10～25m/s)では大きいほど，また半径の小さいものほど分離力が大きいことを意味する。

b) サイクロンにおいては，内筒径は小さく，かつ速度が大きいほど，細かい粒子が分離できる。

c) 限界粒子径は内筒径の平方根に比例する。

d) 圧力損失に関する式(6.14)から明らかなように，接線方向の入口ガス速度v_iが一定ならば，相似のサイクロンでは圧力損失Δpは等しい。したがって，小形のサイクロンでは圧力損失は，そのまま変化しないで効果を高めることができるようになる。

e) サイクロンの円すい部下端において，ダストがたい積し，あるいは架橋現象を起こすと，反転上昇気流による巻き上げによって集じん率が低下する。この対策のため，さらにサイクロン内部の流れの相互干渉を防いで性能を向上させるため，ダストボックスからガスを一部吸引したものがブローダウン方式であり，図6.9に示す。効果のあるブローダウンによる吸引ガス量は入口ガス量の10％程度までである。

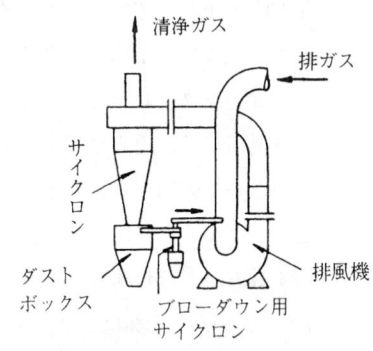

図6.9 ブローダウン方式

f) サイクロンの分離限界粒子径は数μmであるから，現在の大気汚染防止法における排出基準に対しては不十分な場合が多く，高性能集じん装置の前処理用として活用される。

(5) マルチサイクロンとその性能

マルチサイクロンの性能と留意点は次のとおりである。

a) マルチサイクロンにおける単位サイクロンは小形になるほど，またダストが粘着性のあるものほど，ダスト閉そくを起こしやすい。閉そくは円すい下部のダスト排出口付近か，あるいは円筒の内壁に生じやすい。

このため集じん率ηに余り差異がない範囲で，できるだけ大きい寸法のサイクロンを使用

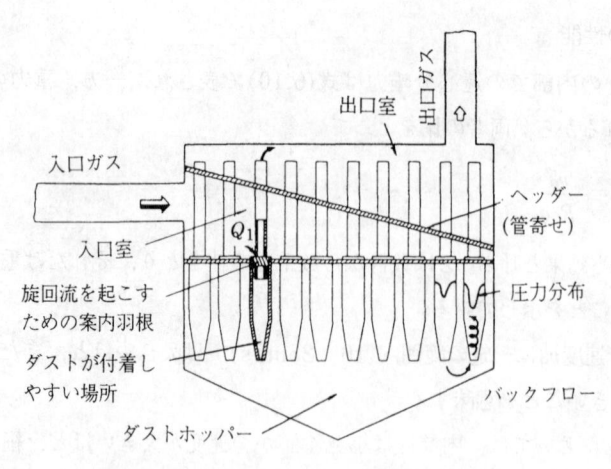

図6.10 軸流式反転形マルチサイクロン

するよう配慮すべきである。

b) 図6.10から分かるように，各サイクロンは入口と出口がいずれも共通の部屋につながっているだけでなく，ダストホッパーもまた共通になっている。このような装置はとかくガスの偏流を生じやすい。そのため各サイクロンを流れるガスの流量やダスト濃度に相違が生じやすい。また，不均一なガス流量のため，図6.10に示すようなバックフローが生ずることになる。バックフローを生じたサイクロンは，いったん分離したダストを吸い上げて円筒出口管へ運ぶので，そのサイクロンの集じん率は低下し，全体の集じん率は下がることになる。このため，入口室と出口室及びホッパー室の大きさを十分とり，各室内の静圧がそれぞれほぼ均一となるようにする。前述のようにホッパー室から入口ガス流量の5%程度をブローダウンする方法も行われる。

c) マルチサイクロンは，ダストホッパー部にたい積したダストを再飛散させる傾向にある。これを防ぐためには，サイクロンの下部にダストをためないように配慮する必要がある。

d) マルチサイクロンの大部分は軸流式反転形である。この形式での性能は，入口速度12m/sで圧力損失800Pa(80mmH$_2$O)程度であり，数μmまでの粒子を捕集でき，集じん率は70～95%である。

e) サイクロンの分離限界粒子径は数μmであるから，現在の大気汚染防止法における排出基準に対しては不十分な場合が多く，前置集じん器として使用される。

6.4.4 洗浄集じん装置
(1) 原　　理

洗浄集じん装置は，洗浄液を分散又は含じんガスを液中に分散することによって生成された液滴，液膜，気泡などによって，含じんガス中の微粒子を分離捕集する装置である。

6.4 集じん装置の原理

(2) 装置の特性を示す項目

湿式集じん装置の性能に関係する特性を示す代表的な因子には，装置内のガス基本流速，液ガス比，圧力損失などがある。

① ガス基本流速とは

スプレー塔，充てん塔，サイクロンスクラバーなどの基本流速として，空塔速度がとられる。空塔速度とは，ガス流量$Q(m^3/s)$を塔の断面積$S(m^3)$で割った値をいう。つまり，充てん塔などのように塔内に充てん物がある場合は実際は空間部のみガスが流れるので，空塔速度よりも速い速度でガスが塔内を通過することになるが，装置の特性値としては，空の塔内にガスを流した場合を考えた空塔速度を基本流速として採用する。

ジェットスクラバー，ベンチュリスクラバーの基本流速はスロート部(液滴を生成分散させるため，ガス流路を細くした部分)のガス流速とする。

② 液ガス比とは

装置に導入されるガス量$1 m^3$当たりの液の供給量(l)のことで，ガス流量$G(m^3/min)$，液供給量$L(l/min)$とすると，液ガス比は$L/G(l/m^3)$となる。一般に液ガス比を大きくとると集じん率は高くなるが，ポンプ動力や圧力損失の増大を伴う。

したがって，性能低下を来さない範囲で液ガス比は小さくする方が運転費を低くすることができる。

(3) 洗浄集じん装置の特性値

表6.1に，よく用いられる洗浄集じん装置の特性値を示す。

表6.1 主な洗浄集じん装置の特性

装置名称	基本流速 (m/s)	液ガス比 (l/m^3)	圧力損失 (kPa)
スプレー塔	1 〜 2	2 〜 3	0.1 〜 0.5
充てん塔	0.5 〜 1	2 〜 3	1 〜 2.5
サイクロンスクラバー	1 〜 2	0.5 〜 2	1.2 〜 1.5
ジェットスクラバー	10 〜 20	10 〜 50	0 〜 -1.5
ベンチュリスクラバー	60 〜 90	0.3 〜 1.5	3 〜 8

① スプレー塔

図6.11にスプレー塔を示す。

空塔内に水を噴霧し，ガスを低速度で接触させる。構造が簡単であり，圧力損失が小さい。反面，スプレー動力を要する。スプレーに目詰まりを起こさせないよう維持管理が必要である。スプレー塔は湿式電気集じん装置の一次集じん装置に使用する場合が多く，ガス冷却を兼ねているため，高温側のスプレー段では水滴を細かく，低温側スプレー段の水滴はやや粗くして，清浄ガスに同伴されるミストを少なくするよう工夫されている。

② 充てん塔

図6.12に充てん塔を示す。

6. 除じん・集じん技術の基礎知識

表面積の大きい充てん物の表面に水を流し,含じんガスを低速で向流接触させる。圧力損失はそれほど大きくないが,ダスト濃度が高い場合,充てん物の目詰まりを生じやすい。

③ ベンチュリスクラバー

ベンチュリスクラバーは図6.13に示すように,流量測定用のベンチュリと同様の形である。含じんガスはスロート部で絞られ,洗浄水はこの周囲に設けられた噴射ノズルから供給され,60〜90m/sの高速ガス流によって微細な水滴となり,全断面に分散されダストと接触する。さらにデフューザー(拡大管)では,ガスは減速され,加速された水滴とダストとの慣性衝突による付着は一層効果的となる。

1) 最適水滴径と液ガス比

ベンチュリスクラバーにおいて,最適水滴径は,ダスト粒径の150倍程度が最もよく,これより大きすぎても,小さすぎても衝突効率は悪くなるといわれている。

ベンチュリスクラバーの処理ガス量当たりの使用水量,すなわち液ガス比$L(l/m^3)$は,一般に0.5〜1.5 l/m^3で,ダストの粒径,濃度,親水性,粘着性,あるいは処理ガス温度などによって異なる。液ガス比を大きくする必要があるのは,ダストの粒径が小さい,濃度が高い,親水性が小さい(疎水性である。),粘着性が大きい,処理ガス温度が高いなどの場合である。

2) 生成される水滴径

ベンチュリスクラバーのスロート部において,生成される水滴径の平均値$d_{wm}(\mu m)$,液ガス比を$L(l/m^3)$,スロート部のガス速度をv(m/s)とすれば,次式で表される。

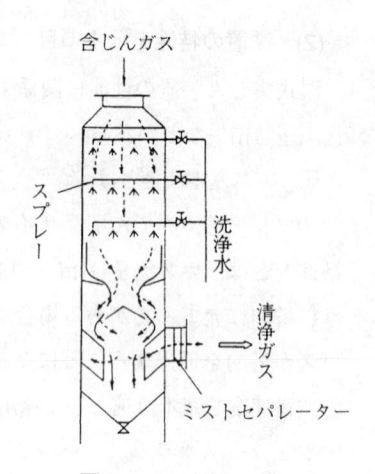

図6.11 スプレー塔

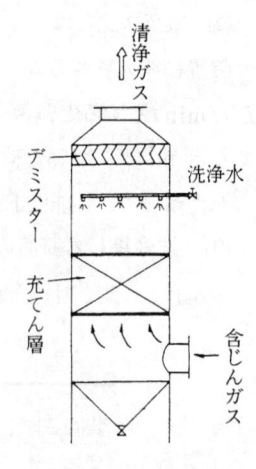

図6.12 充てん塔

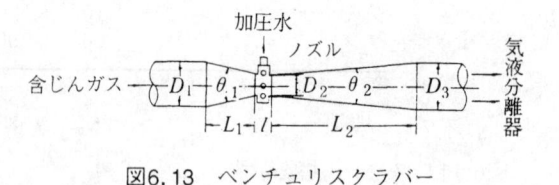

図6.13 ベンチュリスクラバー

$$d_{wm} = \frac{4980}{v} + 29L^{1.5} \tag{6.16}$$

すなわち,処理ガス速度が大きいほど,液ガス比は小さいほど,生成される水滴径は小さくなる。

3) 圧力損失

ベンチュリスクラバーの50%分離限界粒子径は0.1μm程度で,洗浄集じん装置のうちで最も高い性能が得られる。しかし,スロート部の処理ガス速度が大きく,圧力損失は一般に3〜8kPa(300〜800mmH$_2$O)である。スロート部の圧力損失は,実験的に次式で求められる。

6.4 集じん装置の原理

$$\Delta p_t = (0.5 + L) \cdot \frac{\rho_g \cdot v^2}{2} \qquad (6.17)$$

ここに，Δp_t：圧力損失(Pa)
　　　　L：液ガス比(l/m^3)
　　　　v：スロートのガス速度(m/s)
　　　　ρ_g：ガスの密度(kg/m^3)

④　ジェットスクラバー

図6.14にジェットスクラバーを示す。これは一種のガスブースターで，構造は蒸気又は水エジェクターと同じである。

ジェットスクラバーの使用水量は，他の洗浄集じん装置の10〜20倍で10〜50l/m^3と多く，運転費がかさむが，圧力が昇圧となるので送風機を必要としない。このため，一般に送風機を系統に設置できない場合で，比較的処理ガス量の少ない場合に採用されている。

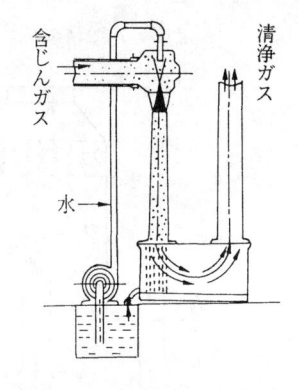

図6.14　ジェットスクラバー

⑤　サイクロンスクラバー

図6.15にサイクロンスクラバーを示す。サイクロンスクラバーでは，塔下部の中心に多数のスプレーノズルをもった噴射管を備え，含じんガスを接線流入させる。ガスは塔内を旋回しながら上昇し，スプレーノズルから噴射された水滴によって含じんガスは洗浄され，水滴に衝突，付着されたダストあるいはミストは，遠心力によって塔壁に捕集される。

液ガス比は一般に1〜2l/m^3程度であり，圧力損失は遠心力を利用するため1.2kPa(120mmH$_2$O)前後である。この形式は，液滴又は水溶性ダストの捕集に極めて有効であるため，ベンチュリスクラバーの気液分離器として広く採用されている。

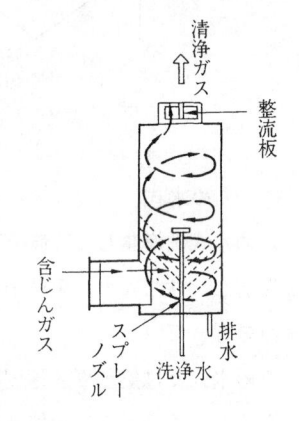

図6.15　サイクロンスクラバー

⑥　漏れ棚塔

図6.16に漏れ棚塔を示す。構造は多孔板又は格子状板の棚を塔内に設置した装置である。従来の多孔板塔と違う点は開孔率を25〜60％と大きくして，ガス空塔速度も3m/s以上の高速で流し，各棚段上で液を流動状態にして気液の接触を行う点である。

液ガス比は1.0〜4.0，圧力損失は1.5〜3.0kPa(150〜300mmH$_2$O)程度であり，構造が簡単で閉そくしにくく大容量のガス処理にも適用できる。

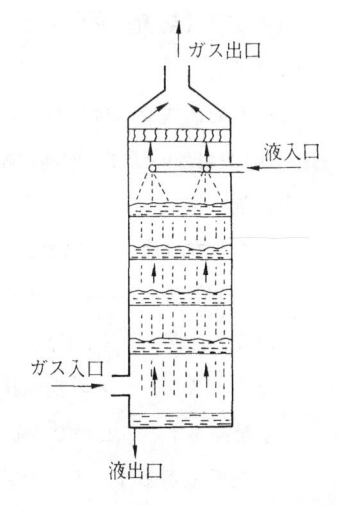

図6.16　漏れ棚塔

6. 除じん・集じん技術の基礎知識

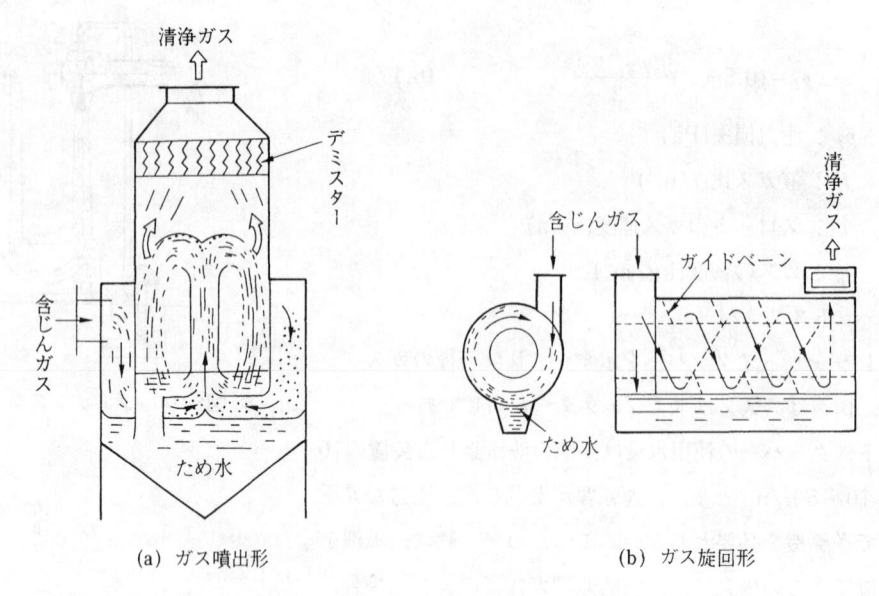

(a) ガス噴出形　　　　　　　　　　(b) ガス旋回形

図6.17　ため水式洗浄集じん装置

⑦　ため水式

ため水式洗浄集じん装置を図6.17に示す。ため水式では集じん室内に一定の水又はその他の液体を保有し，含じんガスを速い速度で通過させることによって，液滴や液膜を形成させ含じんガスの洗浄を行っている。

ため水式では処理ガス速度(基本流速)が大きいほど，細かい液滴が多量に形成され集じん率も高くなるが，清浄ガスに同伴されるミスト量が多くなるので，出口側のガス速度はできるだけ遅くするか，出口側にデミスター，すなわちミスト分離装置を設置してミストの逸出を抑えている。

(4) 集じん率を高める諸条件

洗浄集じん装置においては，次の項目を検討することによって，その機能の良否を判定することができる。

a) ため水式では含じんガスがため水をまき上げ，液滴，液膜などを形成するガスの流速(基本流速)が大きいほど，液滴は細かくなり，微細な粒子を捕集することができる。

b) 加圧水式のベンチュリスクラバー，ジェットスクラバーでは，スロート部のガス速度，すなわち基本流速が大きいほど，細かい液滴が形成され，微細な粒子を捕集することができる。

　　一方，スプレー塔，サイクロンスクラバーでは，塔内の見掛けガス速度(基本流速)が小さく，液ガス比が大きく，含じんガスと液滴との接触している時間が長いほど，集じん率は高くなる。また，スプレーノズルの孔径が等しい場合には，水圧が高いほど水滴は細かくなり，微細な粒子を捕集することができる。

c) 充てん塔では，塔内の見掛けガス速度(基本流速)が小さく，充てん層における含じんガスの滞留時間が長いほど，また充てん物は表面積が大きく，充てん層におけるガスの流れが均一で

あるほど集じん率は高くなる。

d) 細かい液滴を形成し微細粒子を液滴に分離付着しても，この液滴を捕集できなければ高い集じん率は得られない。したがって，すべての洗浄集じん装置において集じん率を高めるためには，気液分離器における液滴捕集率を高くすることが必要である。

6.4.5 ろ過集じん装置
(1) 表面ろ過と内面ろ過方式

ろ過集じん装置は，比較的薄いろ布の表面でダストを分離捕集する表面ろ過方式を採用したバグフィルターと，ガラス繊維などの充てん層の内部でダストを分離捕集する内部ろ過方式を採用した充てん層フィルターとに大別される。

産業用集じん装置としては，表面ろ過方式のバグフィルターが多く用いられている。

(2) バグフィルター

布をバグ(袋)状にし，その内側又は外側から含じんガスを通し，ダストを捕集する装置をバグフィルターと呼ぶ。

① バグフィルターのダスト捕集機構

バグフィルターは表面ろ過方式をとっており，ろ布の表面に最初に付着したダスト層(一次付着層又は初層)をろ過層として，微細粒子の分離捕集を行っている。

織布に，ある粒径分布をもった含じんガスを通すと，図6.18に示すような慣性作用，遮り作用，拡散作用，重力作用などによって，ダストは織糸に付着，あるいは織糸と織糸の間にダストのブリッジを形成して，一次付着層を形成する(図6.19)。

つまり，バグフィルターによる集じんは織布自体による集じん効果よりもむしろ，ろ布表面に最

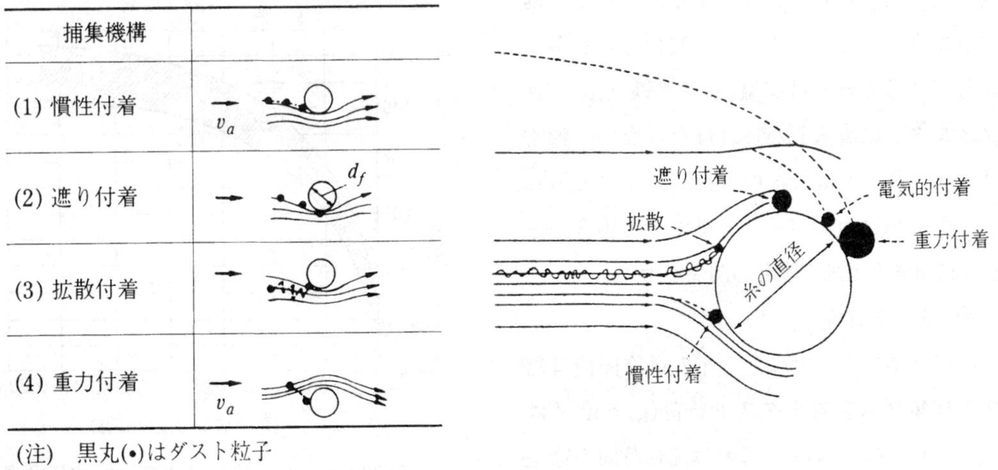

図6.18 ろ過集じん初期におけるダストの捕集機構

(注) 黒丸(•)はダスト粒子

6. 除じん・集じん技術の基礎知識

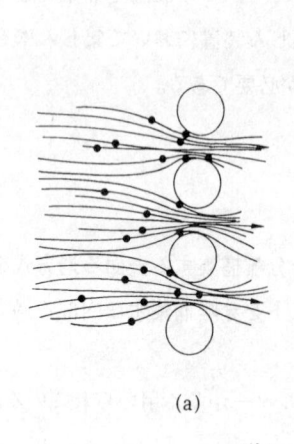

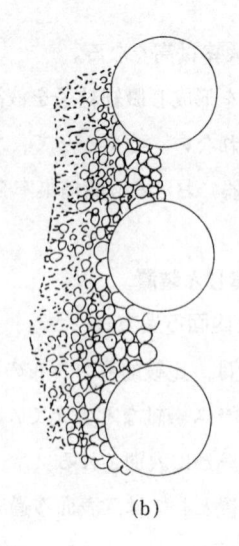

(a)　　　　　　　　　　(b)

(注)　(a)はろ布の初期状態

図6.19　一次付着層

初に付着したこの一次付着層による集じん効果の方が大きい。この一次付着層は，いったん形成されれば連続操作でのダストの払い落とし工程でも払い落とされることはなく，付着したままで$1\mu m$以下のダストの捕集もでき，高い集じん率が維持されることになる。

この一次付着層は曲折した多数の細孔を有しており，この細孔が微細なダストの捕集を可能にするが，もし液体が付着するとこの細孔を目詰まりさせる結果となる。

したがって，バグフィルターの運転においては，このろ布の目詰まりを防止するために，処理ガス温度は凝縮作用によって液滴が生成しないように，露点(液滴の生成する最高温度)以上でなければならない。特に三酸化硫黄(無水硫酸)が含まれる場合の露点を酸露点といい，三酸化硫黄濃度が高いと液状(硫酸)となりやすく，それだけ酸露点は高くなる。つまり，三酸化硫黄を多く含むガスはそれだけ高温(酸露点以上)でバグフィルターに導入しなければならない。通常は入口ガス温度は酸露点+20℃以上にとられる。図6.20に重油ボイラー排ガスの場合の三酸化硫黄濃度と酸露点との関係を示す。

② ダスト負荷

バグフィルターでは，ろ布の単位面積当たりの捕集ダスト量をダスト負荷(g/cm^2又はkg/m^2)と呼んでおり，これは運転時間の経過とともに大きくなる。通常，ダスト負荷は

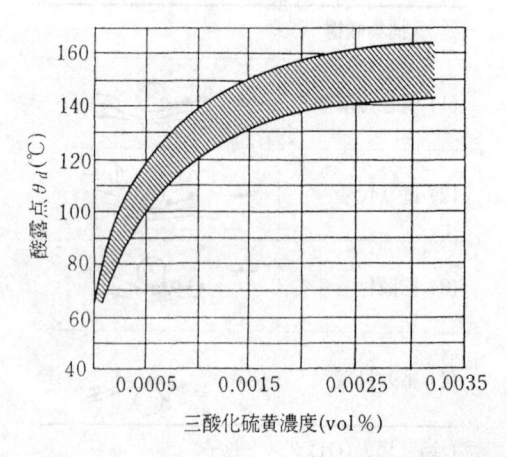

図6.20　ボイラー排ガス中の三酸化硫黄濃度と酸露点

6.4 集じん装置の原理

$0.05g/cm^2$以下で操業する。

③ 圧力損失

通常バグフィルターの圧力損失の最高値は1.5～2.0kPa(150～200mmH₂O)前後に抑えている。したがって、この値に達すると、ダストの払い落としが行われる。織布に直接付着したダストとダスト層に付着したダストでは付着状態が異なり、ダストの払い落としを行っても一次付着層の大部分は残留するため、いったん一次付着層が形成された後は、ダストの払い落としを行ってもダストの捕集性能は図6.21に示すように大幅に低下することはない。

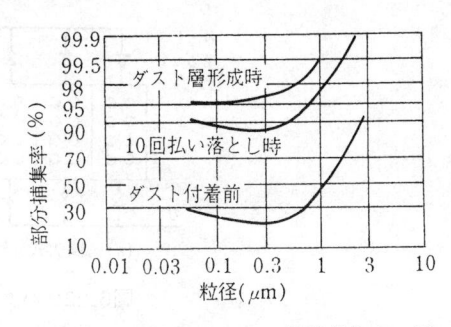

図6.21 バグフィルターの部分捕集率の例

④ 見掛けろ過速度

集じん率に最も大きな影響を与えるのは、ろ布面における処理ガスの見掛けろ過速度である。

$$v = \frac{Q}{A} \times 100$$

ここに、 v：見掛けろ過速度(cm/s)
　　　　Q：処理ガス流量(m^3/s)
　　　　A：ろ布の有効総面積(m^2)

この見掛けろ過速度は、処理対象となるばい煙の性状、特にダストの粒径、所要の集じん率及びろ過方式などによって異なるが、大体0.3～10cm/sの範囲である。

一般に、織布を用いて、粒径1μmの微細なダストを捕集する場合、見掛けろ過速度は1～2cm/s程度にとられる。不織布の場合には、空間率が大きいので4～7cm/sにとられる。

バグフィルターにおける50％分離限界粒子径は、ダストの性状や設計の良否にもよるが、大体0.1μmであって、ろ布に一次付着層が形成された後は、ダスト負荷(kg/m^2)にはほとんど影響されない。

⑤ ダストの払い落とし

バグフィルターにおける付着ダストの払い落とし方式には、図6.22に示すように間欠式のものと、連続式のものとがある。

　1) 間欠式

間欠式のものでは、集じん室を3～4室に仕切ってあり、処理ガスの入口及び出口にそれぞれダンパーを設け、圧力損失が規定値に達した室を、ガスを遮断して払い落としを行う方式である。この方式の特徴は、払い落とし時にダストの逸出がないため、高い集じん率が得られる点である。

　2) 連続式

連続式のものでは、処理ガスを遮断することなく、常時、ろ過と払い落としを行う方式である。したがって、払い落とし時わずかに逸出はあるが、圧力損失がほぼ一定になるので、ダスト濃度の

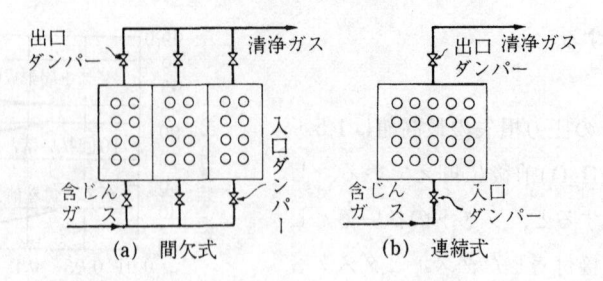

図6.22 バグフィルターの払い落とし方法

高い場合の処理に適している。また，処理ガスを遮断することがないため，かなり付着性の高いダストでも，ろ布の目詰まりなどを避けることができる。

⑥ 間欠式払い落とし装置

ガスの流れをいったん止めて払い落とす。この間欠式装置には振動形と逆洗形とがある。

1) 振動形

図6.23に，中央部に振動を与え，ダストの払い落としを行う振動形払い落とし装置の例を示す。

2) 逆洗形

逆気流形とも呼ばれ，最も広範囲に用いられている払い落とし方式で，図6.24に示すように，ろ布のダスト付着面の反対側から圧縮空気を通し，ダストの払い落としを行う。この逆洗形は，主として間欠式の払い落としに採用されている。

⑦ 連続式払い落とし装置

1) パルスジェット形(連続式用)

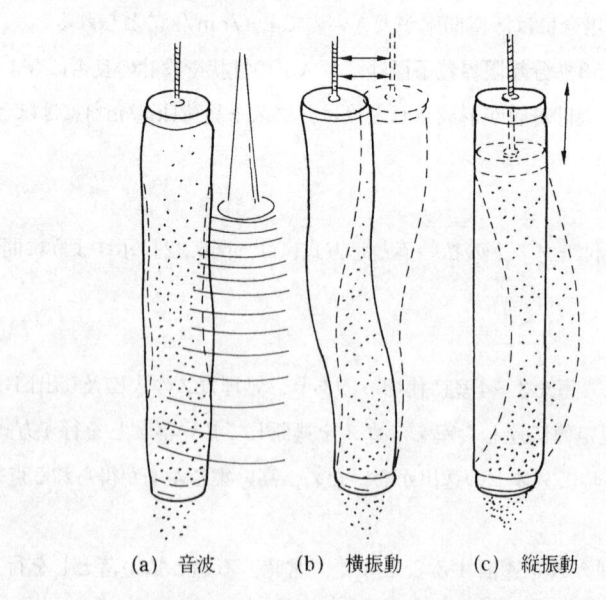

図6.23 振動形払い落とし例(間欠式用)

6.4 集じん装置の原理

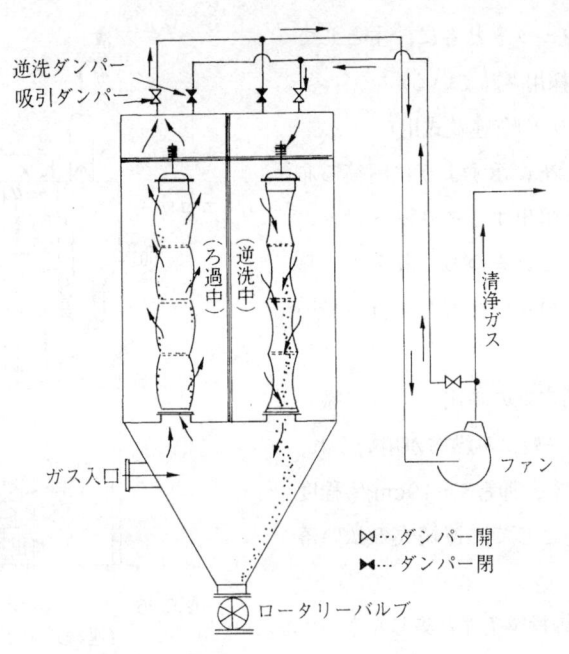

図6.24 逆洗形払い落とし例(間欠式用)

図6.25にパルスジェット形の例を示す。この場合，含じんガスはろ布の外側から流入し，ダストは外側面に捕集される。ろ布の上部にはそれぞれベンチュリ管とノズルが付いており，圧縮空気を噴射ノズルから一定時間ごとに噴射して付着ダストの払い落としを行う。この形式はソニック

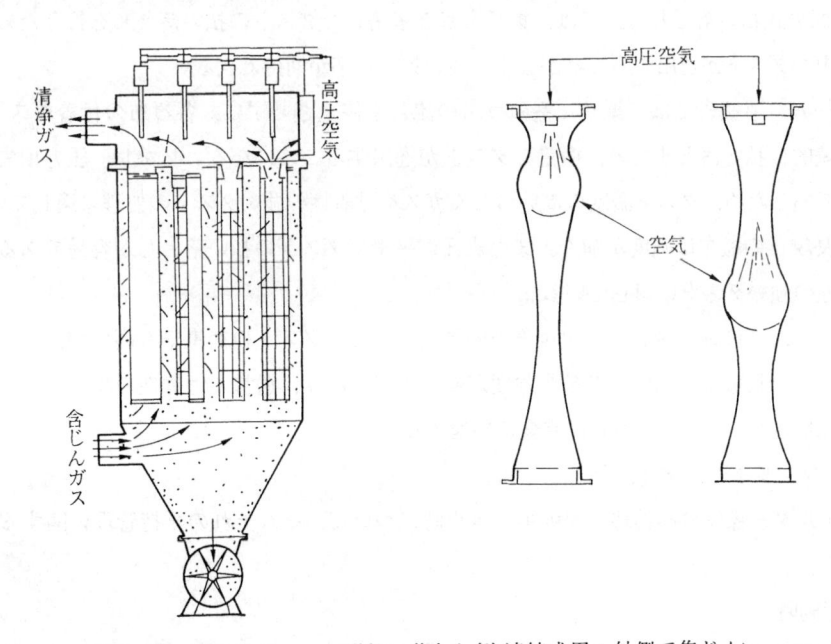

図6.25 パルスジェット形払い落とし例(連続式用：外側で集じん)

ジェット，リバースジェットともに，主として連続式の払い落としに採用されている。

2) リバースジェット形(連続式用)

この形式では，図6.26に示すように円筒ろ布の外側に，圧縮空気を噴出するスリット付きのブローリングをはめ，これをゆっくり上下に移動しながら付着ダストの払い落としを行っている。

この形式では，圧縮空気の噴出によって織布がいたみやすいため，一般に不織布が用いられ，ろ過速度はかなり大きく，通常3～10cm/s程度で使用されている。主として，連続式の払い落としに用いられる。

⑧ バグフィルターの操業条件と集じん率

バグフィルターにおいて集じん率に関係する条件として，次のようなものが挙げられる。

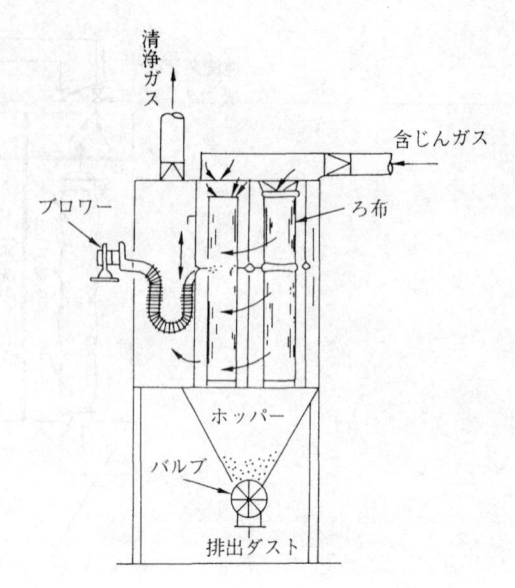

図6.26 リバースジェット形払い落とし例
(連続式用：内側で集じん)

a) 見掛けろ過速度が小さいほど細孔が小さく，空間率の大きな一次付着層が速やかに形成され，微細なダストを捕集することができる。この傾向は長繊維の織布よりも短繊維の方が顕著である。

b) 間欠式払い落とし方式では，集じん室を密閉してダストの払い落としを行うため，清浄ガス中へダストが逸出することがなく，高い集じん率が期待できる。

　一方，連続式では，集じん室のガスの流れを停止させずに，各ろ布の付着ダストを順次，連続的に払い落とすため，微量のダストが逸出することになる。しかし，圧力損失がほぼ一定であるため，ダスト濃度の高い含じんガスや付着性の強いダストの処理に適している。

c) 長繊維の織布は強度が強く，また表面が平滑でダストの払い落としが容易であるため，付着性の強いダストに適している。

　一方，短繊維の織布は一次付着層の形成が早く，ダストの捕集率も高いが，ケバ(起毛)が著しく，長繊維に比較して多少強度が弱い欠点があり，通常，付着性の少ないダストの処理に採用される。また，ろ布は完全に接地する。

⑨ バグフィルターの維持管理

バグフィルター操作の起動時，運転中，停止時について，それぞれの維持管理に関する留意点を次に述べる。

1) 起動時

a) 可燃性ガスを処理するバグフィルターにおいては，まず炉周りダクト，その他の残留ガ

6.4 集じん装置の原理

スを大気中に完全に放出する。
b) 高温ガスを処理する場合は，ガス冷却装置，スプレーノズルなどの作動を確認する。
c) ガス爆発の防止，ろ布保護のため，一酸化炭素，酸素の濃度及び処理ガス温度などの確認をしてから起動する。
d) バグフィルターの運転は，処理ガス温度及び圧力損失によって自動制御するため，差圧指示計，差圧限度表示灯，ガス温度計など起動前に点検し，確認しておくことが必要である。

2) 運転中
a) バグフィルターの運転は，ろ布の目詰まりを防止するため，集じん室内の各部が処理ガスの酸露点＋20℃以上に維持されるように運転することが必要である。
b) バグフィルターの圧力損失は，連続式払い落としではほぼ一定であり，間欠式払い落としでは，最高値を1.5～2.0kPa(150～200mmH₂O)として規定差圧で運転される(図6.27)。

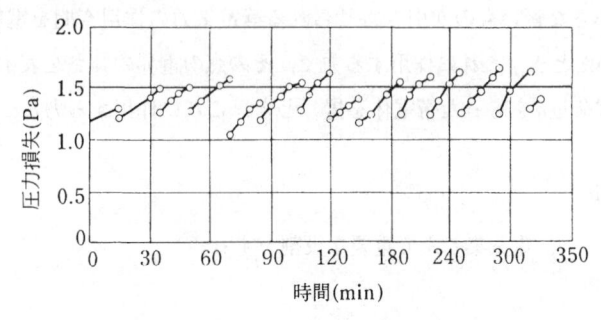

図6.27 バグフィルターにおける間欠式払い落とし例

c) ろ布が損傷するような高温ガスが導入されないように常に温度センサーを働かせ，非常時に対処できるように非常弁の開閉作動を可能にしておく。

3) 停止時

処理ガス温度が常温に低下すると，ばい煙には凝縮する成分がかなり含まれているため，ろ布の目詰まりを起こす。したがって，発生施設が停止した後，10分間程度はダストの払い落とし装置及び排風機は運転を継続し，ダストの払い落とし，ばい煙の空気による置換が十分にできたところでバグフィルターを停止する。

6.4.6 電気集じん装置

電気集じん装置の集じん方式は，直流高電圧によってコロナ放電を発生させ，ガス中のダストを帯電させて(放電極部)，この帯電粒子を電気的エネルギーの場である電界中を通過させ，ガスと分離させる機構(集じん極)をもつ粒子静電捕集方式である。

6. 除じん・集じん技術の基礎知識

電気集じん装置は，ほかの集じん装置に比較して極めて高い集じん率が得られ，極微粒子といわれるようなサブミクロン粒子($1\,\mu m$以下の粒子)も捕集が可能である。

(1) 電気集じんに関する基礎知識

① 電荷と帯電

一般に固体が他の物質と接触したりすると静電気現象として帯電する。ダストの場合，ダストの発生過程においてわずかに帯電していると考えられるが，これを電気力によって分離するには，さらに人為的にイオンを付着させ帯電させる必要がある。固体が帯電したとき，その粒子のもつ電気量を電荷という。帯電した物質はお互いに力を及ぼし，この力には引力と斥力とがある。このことから電気には2種類あることが知られている。これらは正電気と負電気であり，その電荷をそれぞれ正電荷又は(＋)電荷，及び負電荷又は(－)電荷という。

物体の一部に電荷を与えたとき，電荷がしばらくはその部分に付着している場合と，容易に物体全体に広がる場合がある。前者の性質を示す物体を絶縁体，後者の性質を示す物体を良導体という。

② 電　界

帯電した物体に小さな軽いものが引き寄せられる静電気力の作用空間を電界という。電界内の一点に単位電荷を置いたとき，これに作用する力で，その点の電界の強さを表す(電界強度)。

いま，電界内に電荷量qをもった帯電体を置くとき，これに作用する力Fと電界強度Eとは次の式で表される。

$$F = q \cdot E \tag{6.18}$$

Fをクーロン力といい，電気集じんで重要な役割をする。

1) 平等電界

図6.28に示すような2枚の平行電極に高電圧を掛けると，点線の電気力線で表すように，一定の電界の強さをもつ平等電界となる。この状態で電圧を高め電界強度を大きくしていくと，発光を伴わない時点から，直ちに火花放電に移行する。

2) 不平等電界

図6.29に示すように線電極と円筒電極間に高電圧をかけ，その電界の様子を電気力線で表すと，各点において電界の強さが異なったものとなる。このような電界を不平等電界という。

3) コロナ放電

電界が不平等の場合，電位の傾きが大きい部分に気体が局部的な絶縁破壊を起こし輝点を生ずる。これをコロナ放電という。このような状態になると，ガス分子のイオン化が進展し，多数の負イオン，正イオンが生成される。このときの電圧及び電界をコロナ開始電圧，及びコロナ開始電界強度という。コロナ放電はブラシをこすったような音を発することから，ブラッシュコロナともいう。

一般に用いられている平行平板の間に線状の放電極を配置した平板形電気集じん装置を図6.30に示す。

4) 火花放電

6.4 集じん装置の原理

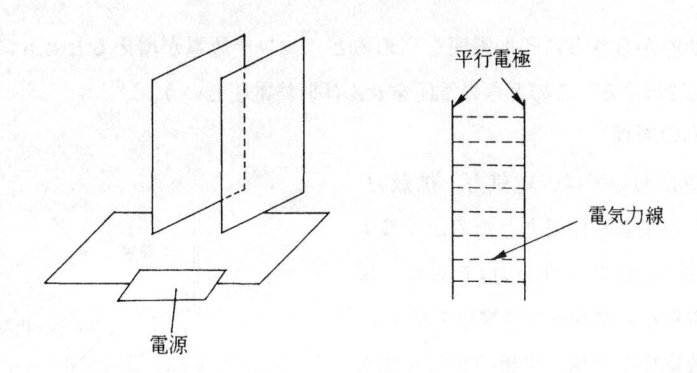

図6.28 平等電界

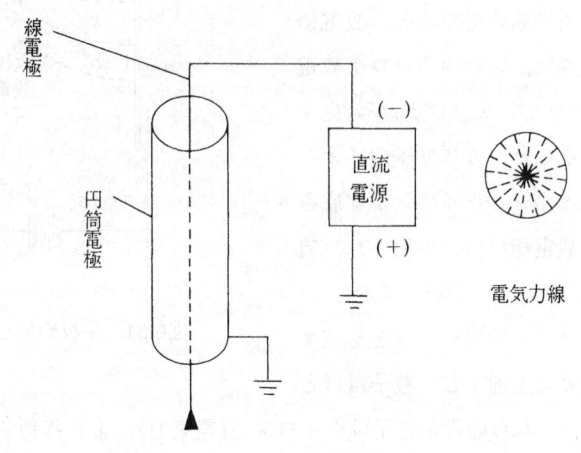

図6.29 不平等電界

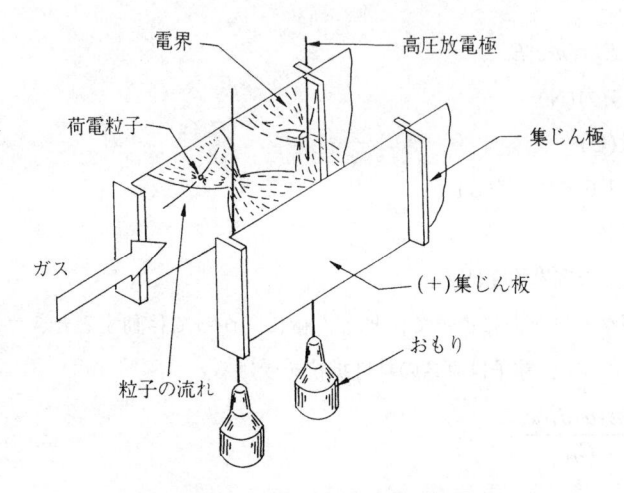

図6.30 平行平板形集じん装置

コロナ放電の状態からさらに印加電圧を高めると，コロナ放電が増えるとともにさらに成長し，火花放電の形態に移行する。このときの電圧をせん(閃)絡電圧という。

(2) 電気集じんの原理

電気集じん装置においては，電気力，拡散力，慣性力，重力などが集じん作用力となるが，最も支配的なものは電気力(クーロン力)である。図6.31に線と平板電極から成る不平等電界を示す。

一般に，線の放電極を負極，平板の集じん極を正極とし，荷電用には通常，60kV特高圧直流電源が用いられる。

この電界の強さを適当に高めてやると，放電極周辺のガスは局部破壊され，いわゆるコロナ放電が起こり，負コロナ(ブラッシュコロナ)が発生する。このような状態になると，ガス分子のイオン化が進展し，多数の負イオン，正イオンが生成され，正イオンは直ちに放電極(−)に中和され，負イオン及び電子は集じん極(+)に向かって走行し，図6.31に示すような負イオンのカーテンを形成する。この電界に含じんガスを通すと，粒子はほとんど瞬間的に荷電され，これらの帯電粒子はクーロン力(電気力)により移動され，集じん極に分離捕集される。

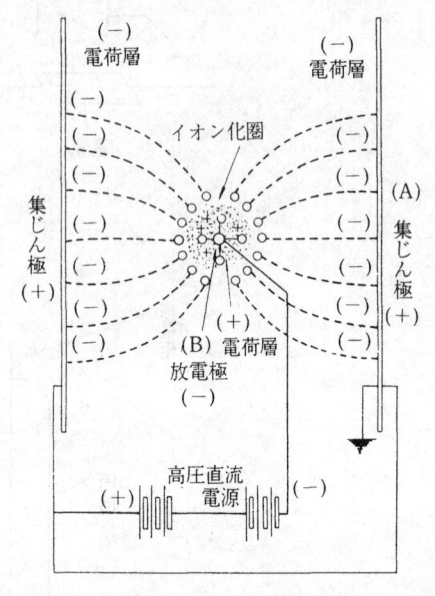

図6.31 平板形集じん極による不平等電界

この場合，帯電粒子に作用するクーロン力は，前述のように，荷電空間の電界強度と電荷量との積で与えられる。

$$F_e = q \cdot E_c = n \cdot e \cdot E_c \tag{6.19}$$

ここに，F_e：クーロン力(N)
 　　　q：電荷量(C)
 　　　e：電荷 $= 1.6 \times 10^{-19}$(C)
 　　　n：電荷の数
 　　　E_c：荷電空間の電界強度(V/m)

一方，帯電粒子がクーロン力によって，集じん極に向かって移動するときガス流体の抵抗力は，ストークスの法則によって，粒子はガスの粘性抵抗を受ける。

$$F_s = \frac{3\pi \cdot \mu \cdot d_p \cdot w_e}{C_m} \tag{6.20}$$

ここに，F_s：ガスの粘性抵抗力(N)

6.4 集じん装置の原理

μ：ガスの粘度(kg/m·s)
d_p：粒子の直径(m)
w_e：粒子の移動速度(分離速度)(m/s)
C_m：カニンガムの補正係数

したがって，式(6.19)，式(6.20)から移動速度は，次式のようになる。

$$w_e = \frac{q \cdot E_p}{3\pi \cdot \mu \cdot d_p} \cdot C_m \tag{6.21}$$

ここに，E_p：集じん空間の電界強度

このC_mの値は，$C_m \geq 1$であり，粒子の直径は小さいほど，C_mの値は大きくなる。

式(6.21)の移動速度w_eが大きいと集じん性能がよくなる。これより明らかなように，放電極部における粒子の電荷量qと集じん極部における電界強度Eを大きくとることが集じん性能を高めることになる。

(3) 負コロナと正コロナ

図6.31に示すような線電極と平板電極との間に直流電圧を印加し，線電極を(−)に，平板電極を(+)にした場合，負極である線電極に現れるコロナを負コロナという。

次に線電極を(+)，平板電極を(−)にした場合，正極となる線電極に現れるコロナを正コロナという。正コロナと負コロナの放電特性を図6.32に示す。この図から分かるように，負コロナの火花電圧(せん絡電圧)は正コロナのせん絡電圧よりかなり高く，かつ負コロナでのコロナ電圧とせん絡電圧との差が大きい。すなわち，負コロナではコロナ放電状態を保つ電圧範囲が広いということになり火花放電に移行しにくく，正コロナは火花放電に移行しやすいことを示す。

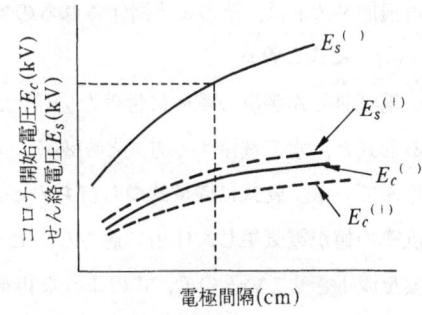

図6.32 不平等電界における放電極性効果

帯電粒子をクーロン力で集じんするためには式(6.19)における電界強度E_cを大きくとるほどよい。

電界の強さを大きくするには，電圧が高くなくてはならない。このためには，コロナ放電を負コロナとする方が高いコロナ電圧がとれる。一般に工業用電気集じん装置が負コロナを採用するのはこのためである。

(4) 一段式と二段式

電気集じん装置を荷電形式によって分類すると，図6.33に示すように一段式と二段式とに大別される。

一段式は産業用として最も広範囲に採用されている形式で，ダスト粒子に電荷を与える荷電部と，帯電粒子を集じん極に捕集する集じん部とが，同一の電界において行われる。一段式では，飛散ダ

6. 除じん・集じん技術の基礎知識

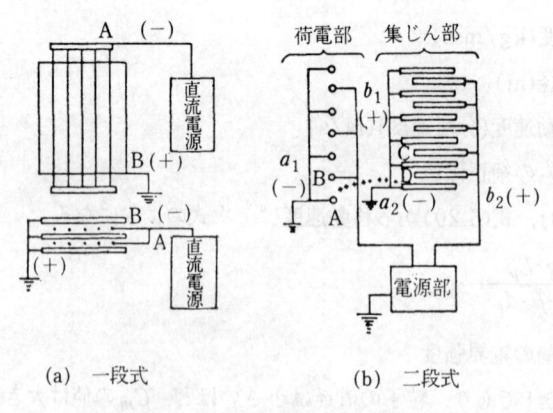

(a) 一段式　　　　　(b) 二段式

図6.33　電気集じん装置の荷電形式

ストに対する荷電と集じんが繰り返し行われるためダストの再飛散に対して極めて有効であるが，ダストの見掛け電気抵抗が異常に高い場合に起こる逆電離現象を避けることはできない。

一方，二段式は荷電部と集じん部との電界が分かれている形式で，微細なダストで含じん濃度の極めて低い空気清浄器，あるいは微細なダストでダスト濃度も比較的低いばい煙の前処理に用いられる静電凝集器などに採用されている。この場合，逆電離は起こらないが，集じん極つち打ち時の再飛散ダストは，そのまま同伴されるので，通常，後段に二次集じん装置が必要となる。

(5) 湿式と乾式

電気集じん装置の電極に付着たい積したダストを洗浄する方法として，機械的衝撃を電極に与える形式と，水で洗浄する方式とがある。前者を乾式電気集じん装置，後者を湿式電気集じん装置と呼んでいる。乾式は機械的つち打ちのときダストの再飛散が生じること，及び粒子の見掛け電気抵抗率の値が電気集じん作用に適さないときに起こる再飛散現象を伴うおそれがある。湿式は常に水膜を流下させているので，このような再飛散は生じない。

湿式は管形集じん極を使用することが多い。湿式管形の特徴は，次のような点である。

a) 管形のため水膜の形成が容易で，平板形に比較して使用水量が少ない。
b) 集じん極の内面が水膜によって清掃され，ダスト付着がなく実際の極間距離が一様になっているため，高い電界強度が得られる。
c) 高抵抗ダストによる逆電離現象，あるいは集じん極に捕集したダストの跳躍現象(異常再飛散)などが起きない。
d) 乾式に比較して，処理ガス速度を約2倍程度まで速くできるため，集じん室は小さくなるが，設備費はやや高くなる。
e) 水膜水の再循環及び一部の排水処理が必要となる。

(6) 電気集じん装置の集じん率

電気集じん装置の集じん率については，一般式として，次式で与えられるドイッチュの式がある。

$$\eta = 1 - \exp\left(-w_e \cdot \frac{A}{Q}\right) \tag{6.22}$$

6.4 集じん装置の原理

ここに，η ：集じん率(%)
　　　　w_e ：ダストの移動速度(m/s)
　　　　A ：有効集じん面積(m^2)
　　　　Q ：処理ガス量(m^3/s)

集じん率を高めるには，ダスト粒子の移動速度w_eを大きくし，処理ガス量当たりの有効集じん面積A/Qを大きくとることが必要となる。移動速度w_eに最も大きな影響を与えるのは，荷電及び集じん空間の電界強度であり，処理ガス量当たりの有効集じん面積A/Qは，つまり荷電時間を大きくとること，いい換えれば装置の大きさが大きいほど集じん率は高くなる。

(7) ダストの見掛け電気抵抗率と集じん率

① ダストの見掛け電気抵抗率とは

電気集じん装置の放電特性に最も大きく影響を与え，集じん率に影響するものはダストの見掛け電気抵抗率である。一般に電気抵抗率とは物質の種類によって定まる定数である。ある物質の電気抵抗率は，一定な形(立体的)としたその物質の電気抵抗を測定する。この抵抗を物質の固有電気抵抗率という。すなわち，ある物質の電気抵抗率とはこのような立方体の抵抗に換算したときの値をいう。

したがって，電気集じん装置で捕集される粒子の場合，粒子が電極に捕集され，たい積層を形成し，ある温度，ある湿度のガスの下にあって，先に述べたような立方体の電気抵抗に換算した場合の値をいう。これを見掛け電気抵抗率という。

② ダストの見掛け電気抵抗率と集じん率との関係

図6.34に処理時のガス温度，ガス湿度におけるダストの見掛け電気抵抗率と集じん率，及び放電

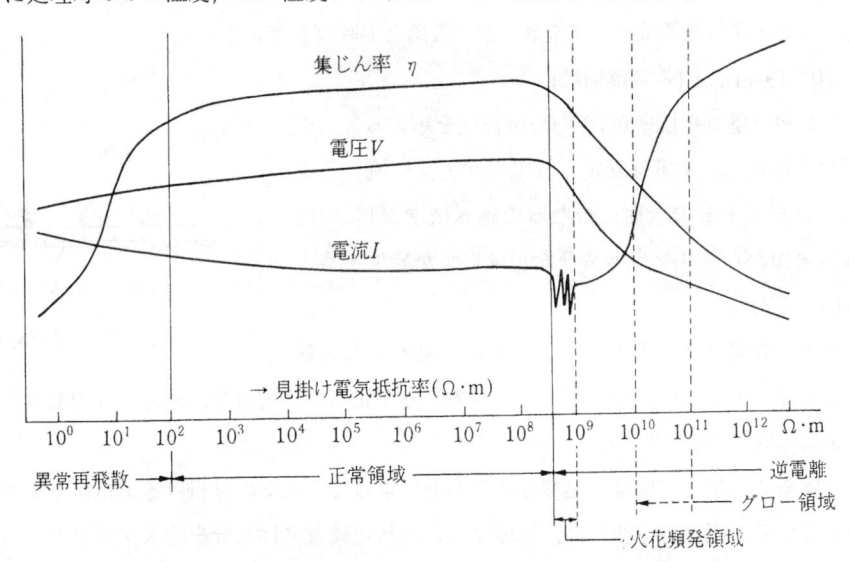

図6.34　ダスト層の見掛け電気抵抗率の集じん率への影響
　　　　(負コロナ放電使用時)

電流の特性を示す。

1) $10^2 \Omega \cdot m$以下の場合(再飛散領域)

ダストの見掛け電気抵抗率$10^2 \Omega \cdot m$以下の場合は，図6.35に示すように帯電ダストが集じん極に吸着すると，直ちに電荷を放電中和し空間へ飛び出していく。また，直ちに帯電ダストとなり，集じん極に吸着され再び電荷を放ち空間に戻る。この動作を繰り返す。一般に，これを跳躍現象又は異常再飛散と呼んでいる。

2) $10^2 \sim 5 \times 10^8 \Omega \cdot m$(正常領域)

ダストの見掛け電気抵抗率が$10^2 \sim 5 \times 10^8 \Omega \cdot m$程度の範囲では，帯電ダストの電気的な中和が適当な速さで行われるため理想的な電気集じんが行われる。

3) $5 \times 10^8 \sim 10^9 \Omega \cdot m$前後(火花頻発領域)

ダストの見掛け電気抵抗率が$5 \times 10^8 \Omega \cdot m$程度を超えると，集じん極に吸着した帯電ダストの電気的な中和が遅くなるため，集じん極の表面に付着したダスト層内には，図6.36に示すように，電界が形成され，この分だけ放電極のコロナ発生電圧は低くなる。ダスト層の絶縁破壊電界強度を超えると，沿面放電が発生し集じん極側から正コロナが発生するようになる。この現象を逆電離と呼んでいる。この状態になると集じん率は低下する。この火花頻発領域は，逆電離の第一段階とも呼ばれている。

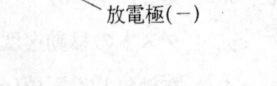

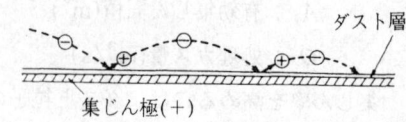

図6.35 異常再飛散現象

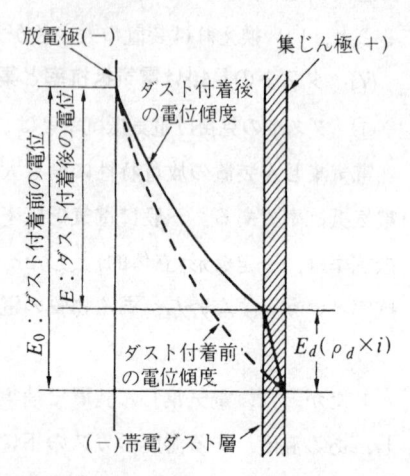

図6.36 負帯電ダストによる電界の形式

4) $10^{10} \Omega \cdot m$以上(逆電離領域)

ダストの見掛け電気抵抗率が$10^{10} \Omega \cdot m$程度を超えると，火花放電は全く停止し，荷電は安定し放電流が大量に流れるようになるが，ダスト層の全面にわたって絶縁破壊が起こり，集じん極の全面から，リン光を帯びた正コロナが発生するようになる(図6.37)。

このような逆電離現象が起きると，荷電は一見安定し大量の放電電流が流れることになるが，これらは大部分が正コロナ電流で，逆集じんの働きをなし，集じん率は著しく低下することになる。

通常，逆電離の対策としては，処理ガスの調湿によってダストの見掛け電気抵抗率を下げる方法が採用されている。調湿の方法には，処理ガスに三酸化硫黄又は水分を注入するなどの方法がとられる。

図6.37 逆電離現象

6.5 ばい煙の性状とその対策

6.5.1 微粉炭燃焼ボイラー
(1) ばい煙の性状
① 微粉炭燃焼ダストの濃度

ダスト濃度は，ボイラーの構造，石炭の種類，微粉度，燃焼その他の操業条件などで異なるが，最も大きな影響を与えるのは石炭中の灰分で，灰分が多いほどダスト濃度は高くなる。

通常，空気予熱器の出口ダスト濃度は高品位炭の場合で$20g/m^3_N$前後であり，低品位炭の場合は灰分によっても異なるが，大体35～$45g/m^3_N$程度である。

② 微粉炭燃焼ダストの粒度

ダストの粒度は，ボイラー及び粉砕機の構造，石炭の種類，燃焼や操業の条件などに支配されるが，最も大きな影響を与えるのは石炭の微粉度で，微粉度が細かいほどダストの粒径分布は細かくなる。ボイラーダストの実測値は中位径でおおむね15～35μmの範囲にある。

微粉炭ボイラーダストの真密度は$2.1g/cm^3$程度で，見掛け密度は$0.7g/cm^3$前後である。

③ 微粉炭燃焼ダストの成分と電気抵抗率

ダストの主成分は二酸化ケイ素，酸化アルミニウムであり，ダストの電気抵抗率は，ボイラーの燃焼効率に基づくダスト中の炭素量，ダスト中の水分は，三酸化硫黄(無水硫酸)量，酸化ナトリウム量などに大きく左右され，炭素分，水分，三酸化硫黄，酸化ナトリウム量が多いほど電気抵抗率は低くなる。

燃焼効率の高くなった最近の微粉炭燃焼ボイラーダストは，炭質や燃焼条件によっても異なるが，おおよそ10^8～$10^{11}\Omega\cdot m$の範囲にあり，一般に正常な電気集じんを行うには電気抵抗率を下げる必要がある。

(2) 微粉炭燃焼ダストの処理対策

ダストの見掛け電気抵抗率が，$5\times10^8\Omega\cdot m$前後以上で，逆電離を起こすような場合は，高硫黄炭の混炭，重油の種類，三酸化硫黄の注入などでダストの見掛け電気抵抗率を低くして処理するか，あるいはダストの見掛け電気抵抗率が低くなる高温において，電気集じんを行う方法が一般に採用されている。

6.5.2 重油燃焼ボイラー
(1) ばい煙の性状

ばい煙の性状は，ボイラー及びバーナーの構造，重油の種類，あるいは燃焼条件などによって異なるが，最も大きな影響を与えるものは燃焼条件である。

① 重油燃焼ダスト濃度

重油燃焼ボイラーでは酸素量を絞った運転(低酸素運転)を行うと，三酸化硫黄及び一酸化窒素の

生成量は少なくなるが未燃のカーボンブラックが増え，ダスト濃度は高くなる。従来，ダスト濃度は$0.1 \sim 0.2 g/m^3_N$程度であったが，最近の低硫黄重油では一般に$0.1 g/m^3_N$以下に減少している。

② 重油燃焼ダストの粒度

ダストの粒径分布は，微粉炭ボイラーに比較し，ボイラーの構造や燃料の相違による粒径分布のばらつきは極めて少ない。

ダストの形状は，粒径$20 \mu m$前後の比較的粗いアッシュコークス状の多孔質粒子と，粒径$0.02 \mu m$程度の極めて微細なカーボンブラックが主体をなしている。一般にこのカーボンブラックは30％前後含まれる。

ダストの真密度は$1.9 g/cm^3$程度であるが，粒子が細かいので見掛け密度は$0.1 \sim 0.2 g/cm^3$程度である。

③ 重油燃焼ダストの成分

重油燃焼排ガス中には通常，11％程度の水分と20ppm前後の三酸化硫黄が含まれるため，ダストにはかなり多くの水分と硫酸分が含まれる。ダストの粒径が細かくなるほど比表面積が大きく，水分や三酸化硫黄を多量に吸着するので，放出されると酸性ダスト(アシッドスマット)公害の問題を起こしやすい。このため，火力発電所などではボイラーの出口煙道においてアンモニアを注入して，排ガス中の三酸化硫黄及びダストに吸着した硫黄分を中和し，硫酸アンモニウム(硫安)の形にして排出している。

(2) 重油燃焼ダストの処理対策

通常，煙道内の排ガス温度が147℃以下の所で，アンモニアを注入し，ばい煙中の硫酸及び三酸化硫黄を硫酸アンモニウムの形にした後，電気集じん装置を採用している。アンモニア注入の目的は，低温部における金属の腐食防止と，アシッドスマットによる二次公害の防止である。重油ダストの電気抵抗率は$10 \sim 10^2 \Omega \cdot m$程度であるが，アンモニア注入を行うと硫酸アンモニウムの生成によって電気抵抗率を$10^4 \Omega \cdot m$程度に高め，電気集じんを容易にする二次的な効果がある。

6.6 ダクトの圧力損失

排ガスのもつエネルギーはダクト内を通るとき，ダクト内壁による摩擦，流れの屈折，合流あるいは拡大などによって減少する。これらの消費エネルギーの総和をダクトの圧力損失と呼んでいる。

円形直線ダクトにおける圧力損失Δpは，次式で表される。

$$\Delta p = 4f \cdot \frac{L}{D} \cdot \frac{\rho_g \cdot u^2}{2} \tag{6.23}$$

ここに，f：摩擦係数
　　　　L：ダクトの長さ(m)
　　　　D：ダクトの直径(m)

6.7 送風機の所要動力

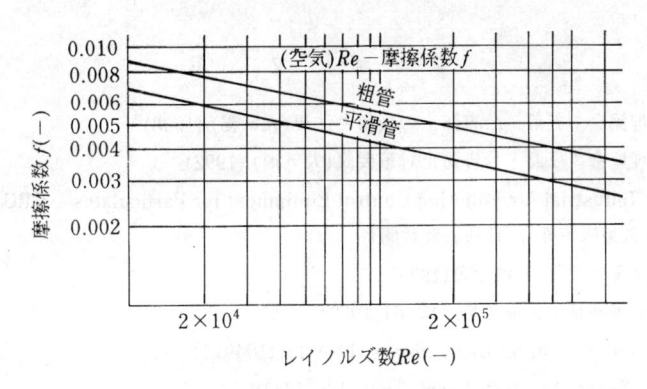

図6.38 レイノルズ数と摩擦係数との関係

ρ_g：ガスの密度(kg/m³)

u：ガス流速(m/s)

摩擦係数fは，レイノルズ数Reの関数として扱われる。この関係を図6.38に示す。

また，レイノルズ数Reは次式で表される。

$$Re = \frac{慣性力}{粘性力} = \frac{v \cdot D}{\nu} = \frac{v \cdot D \cdot \rho_g}{\mu} \quad （無次元） \tag{6.24}$$

ここに，v：ガス流速(m/s)

D：ダクトの直径(m)

ν：ガスの動粘度(m²/s)(空気の場合1.5×10^{-5} m²/s)

μ：ガスの粘性係数(Pa·s)

ρ_g：ガスの密度(kg/m³)

一般に，Re数が1100以下では流体は層流となり，3000以上の場合は乱流となる。

6.7 送風機の所要動力

送風機の電動機出力L(kW)は，次式によって求める。

$$L = \Delta p \cdot Q \cdot \frac{\alpha}{\eta} \times 10^{-3} \tag{6.25}$$

ここに，L：出力(kW)

Δp：圧力損失(Pa)

Q：ガス流量(m³/s)

α：余裕率(－)

η：効率(－)

6. 除じん・集じん技術の基礎知識

参 考 文 献

1) ㈳産業環境管理協会：五訂・公害防止の技術と法規(大気編) (1998)
2) ㈳産業環境管理協会：三訂・公害防止対策要説(大気編) (1992)
3) L.Theodore："Industrial Air Pollution Control Equipment for Particulates", CRC Press(1976)
4) 松本俊次："電気集塵装置", 日刊工業新聞社
5) 大山義年：化学工学Ⅱ", 岩波全書(1974)
6) 井伊谷鋼一：日本機械学会論文集, 19, 81(1953)
7) M. W. First：*Am. Soc. Mech. Engr. Proper*, 49-A-127(1949)
8) L. W. Briggs：*Trans. Am. Inst. Chem. Engr.*, 42, 511(1946)
9) 上岡：続新化学講座, 13, 日刊工業(1958)
10) C. J. Stairmand：*The Chem. Eng.*, No.194, 310(1965)
11) 大野：除じん集じんの理論と実際, オーム社(1978)
12) John H. Perry：*Chem. Eng. Handbook*(1950)

7. 大気測定技術の基礎知識

7.1 排ガス中の有害ガスの測定法

煙道内排ガス中には，硫黄酸化物，窒素酸化物，フッ素化合物，塩素，塩化水素など多くの有害ガスが含まれている。これらの有害ガスの採取法は，それぞれの有害ガスの分析法を規定したJIS法に簡単に述べられているほか，JIS K 0095 "排ガス試料採取方法"に詳細に規定されている。ここでは，これらJIS法に基づき解説を行う。

7.1.1 試料ガスの採取

試料ガス採取装置は，ガス分析方法によって異なる。一つには，適当な吸収液を入れた吸収瓶に試料ガスを通気し，有害ガスを捕集して，その吸収液中の有害ガス成分を化学分析する方法である。この場合，試料採取管，導管，捕集部，ガス吸引装置，吸引ガス体積測定装置の各要素で構成される。一方，連続分析計を用いる場合には，試料採取管，導管の後に連続分析計を接続する構成となる。これら二つの試料ガス採取法の装置の構成を図7.1と図7.2にそれぞれ示す。以下，各項目について説明する。

(1) 試料採取管，導管

試料採取管には，図7.1にも示したように排ガス中のばいじんを除去するろ過材を取り付ける。採取管，ろ過材，パッキン，さらに導管の材質には，a)化学反応や吸着作用などで，排ガスの分析結果に影響を与えないもの，b)排ガス中の腐食成分により腐食されにくいもの，c)排ガスの高温に対して，十分な機械的強度を保つものを選択する。表7.1に，測定対象ガスごとの採取管や導管に適した材質を示す。

排ガス中の水分が採取管や導管内で凝縮すると分析対象ガスがこれに溶解し，ガス採取上の障害となる。このため，採取管や導管は，保温又はヒーターにより加熱する必要がある。

(2) 吸収瓶を用いる採取法

排ガス採取量が比較的大きい場合には，図7.1に示されるように捕集部に吸収瓶，バイパス洗浄瓶を用い，ガス吸引装置に接続する。吸収瓶，洗浄瓶には，分析対象ガスに応じた吸収液を入れ，排ガスを通気させて，有害ガスを吸収させる。吸収瓶の形状・体積は，分析対象ガスごとにほぼ定められており，規定のものを使用する。

7. 大気測定技術の基礎知識

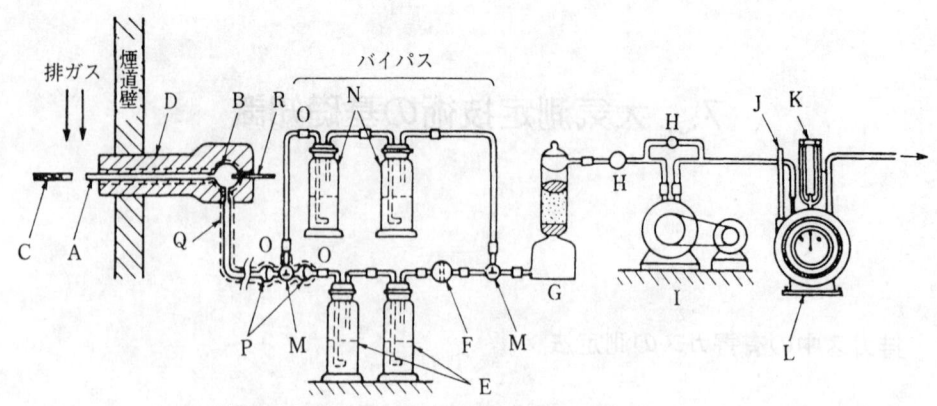

A：試料ガス採取管（長さ1000～2000mm，直径約20mm）
B：アダプター
C：ろ過材
D：保温材
E：吸収瓶(上向きろ過板G2付き，容量150～250ml)
F：ガラスフィルター（G4）
G：ガス乾燥塔(粒状シリカゲル)
H：流量調節コック
I：密閉式吸引ポンプ（0.5～5l/min）
J：温度計
K：圧力計
L：湿式ガスメーター（1回転1～5l)
M：三方コック
N：バイパス用洗浄瓶（Eと同様のもの）
O：ケイ素ゴム管
P：球面すり合わせ
Q：ヒーター
R：温度計

図7.1 吸収瓶を用いる排ガス採取方法

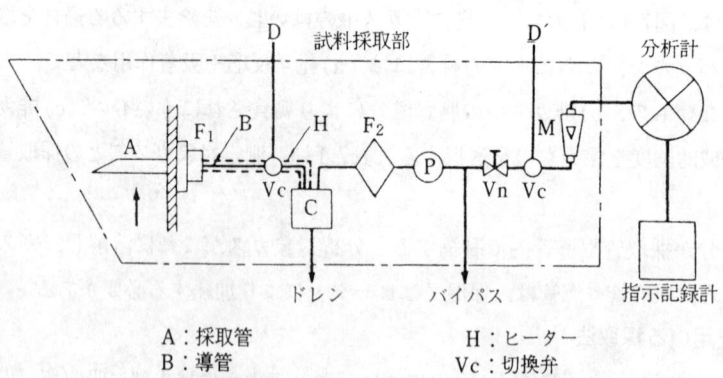

A：採取管
B：導管
C：除湿器
D,D'：校正用ガス導入口
F_1：粗フィルター
F_2：微フィルター
H：ヒーター
Vc：切換弁
M：流量計
P：吸引ポンプ
Vn：絞り弁

図7.2 連続分析計を用いる排ガス採取方法

7.1 排ガス中の有害ガスの測定法

表7.1 分析対象ガス別の採取管，導管の材質

分析対象ガス，共存ガス	採取管材質	パッキン材質	ろ過材
一 酸 化 炭 素	① ② ③ ④ ⑤	⑥ ⑦ ⑧	ⓐ ⓑ ⓒ
ア ン モ ニ ア	① ② ③ ④ ⑤	⑥	ⓐ ⓑ ⓒ
全硫黄酸化物及び二酸化硫黄	① ② ③ ④ ⑤	⑥	ⓐ ⓑ ⓒ
窒 素 酸 化 物	① ② ③ ④ ⑤	⑥ ⑦ ⑧	ⓐ ⓑ ⓒ
フ ッ 素 化 合 物	③ ⑤	⑥	ⓒ
塩 素	① ② ③ ④ ⑤	⑥	ⓐ ⓑ ⓒ
塩 化 水 素	① ② ④ ⑤	⑥	ⓐ ⓑ ⓒ
硫 化 水 素	① ② ③ ④ ⑤	⑥	ⓐ ⓑ ⓒ
シ ア ン 化 水 素	① ② ③ ④ ⑤	⑥	ⓐ ⓑ ⓒ

(注) 採取管材質
  ① 硬質ガラス
  ② 石英
  ③ ステンレス鋼
  ④ セラミック
  ⑤ フッ素樹脂
  ⑥ フッ素ゴム
  ⑦ ケイ素ゴム
  ⑧ ネオプレン

ろ過材
  ⓐ 無アルカリグラスウール
  ⓑ シリカウール
  ⓒ カーボランダム

排ガスの採取は，まずバイパスを通じて配管中を排ガスに置換する。その後，吸収瓶に排ガスを所定の吸引量に達するまで吸引する。また，吸引流量は最高で$2l/\text{min}$程度である。

排ガス採取量は，通常0℃，1気圧における乾きガス量[1]として求められ，ガス採取量は，式(7.1)により算出する。

$$V_s = V \cdot \frac{273}{273+t} \cdot \frac{P_a + P_m - P_v}{101.32} \tag{7.1}$$

ここに，V_s：排ガス採取量(l)

V：湿式ガスメーターで測定した吸引ガス量(l)

t：湿式ガスメーターにおける温度(℃)

P_a：大気圧(kPa)

P_m：湿式ガスメーターにおけるゲージ圧(kPa)

P_v：t(℃)における飽和水蒸気圧(kPa)

図7.1の採取装置の場合，排ガス中の水分は，湿式ガスメーターに達するまでに除かれるので，排ガス採取量は直ちに乾きガス量を示す。湿式ガスメーターを用いた場合，ガスメーター内部が水分

---

[1] 排ガス中に含まれる水蒸気を除いた状態に換算した場合の試料ガス体積。

7. 大気測定技術の基礎知識

で飽和されており,式(7.1)に示されるように,その水分の占める体積分を差し引き補正する必要がある。

(注) 圧力mmHgを用いる場合,式中の101.32は760とする。

(3) 減圧フラスコ又は注射筒を用いる採取法

主として窒素酸化物の場合のように,排ガス採取量が少なくてすむ場合,捕集部にフラスコ又は注射筒を用いる。図7.3と図7.4に採取装置の一例をそれぞれ示す。

① 減圧フラスコを用いる場合

フラスコ(内容積1l程度)中に吸収液を入れ,真空ポンプで吸収液が沸騰するまで減圧する。ガス採取直前にマノメーターでフラスコの内圧を測定する。その後,フラスコの三方コックを開き,排ガスを採取する。採取後,三方コックを閉じ,採取装置から取り外す。

窒素酸化物の採取の場合,1分間振とうし,室温まで放冷し,再び1分間振とう後,マノメーターでフラスコの内圧を測定する。その後,吸収液を取り出し,分析を行う(採取手順は図7.5を参照)。排ガス採取量(乾きガス)は,式(7.2)によって計算できる。

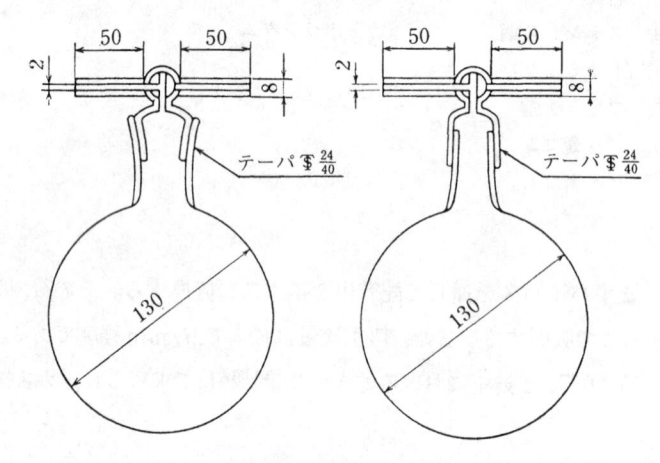

試料ガス採取用フラスコ

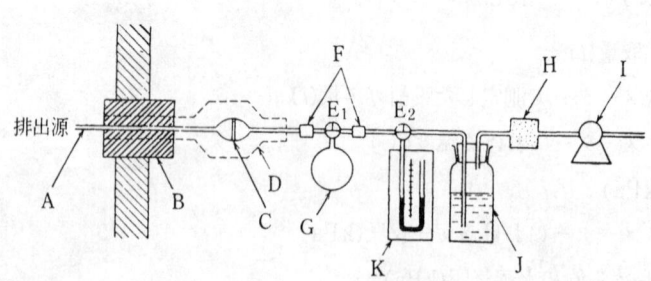

A:試料ガス採取管　　D:ヒーター　　　　　　G:試料ガス採取用フラスコ　　J:洗浄瓶
B:保温材　　　　　　E:三方コック(E_1, E_2)　H:乾燥剤　　　　　　　　　K:真空マノメーター
C:ろ過材　　　　　　F:ケイ素ゴム管　　　　 I:吸引ポンプ

図7.3 減圧フラスコを用いる排ガス採取装置

7.1 排ガス中の有害ガスの測定法

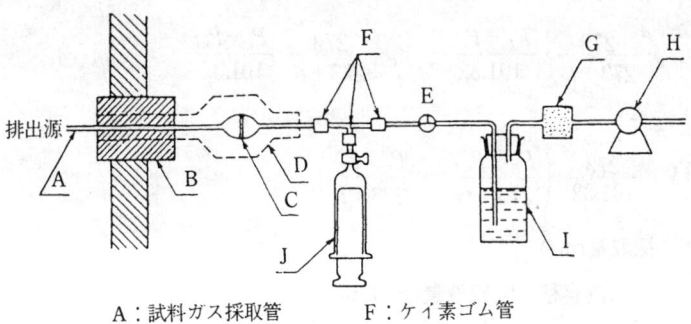

A：試料ガス採取管　　F：ケイ素ゴム管
B：保温材　　　　　　G：乾燥剤
C：ろ過材　　　　　　H：吸引ポンプ
D：ヒーター　　　　　I：洗浄瓶
E：三方コック　　　　J：試料ガス採取用注射筒

図7.4　注射筒を用いる排ガス採取装置

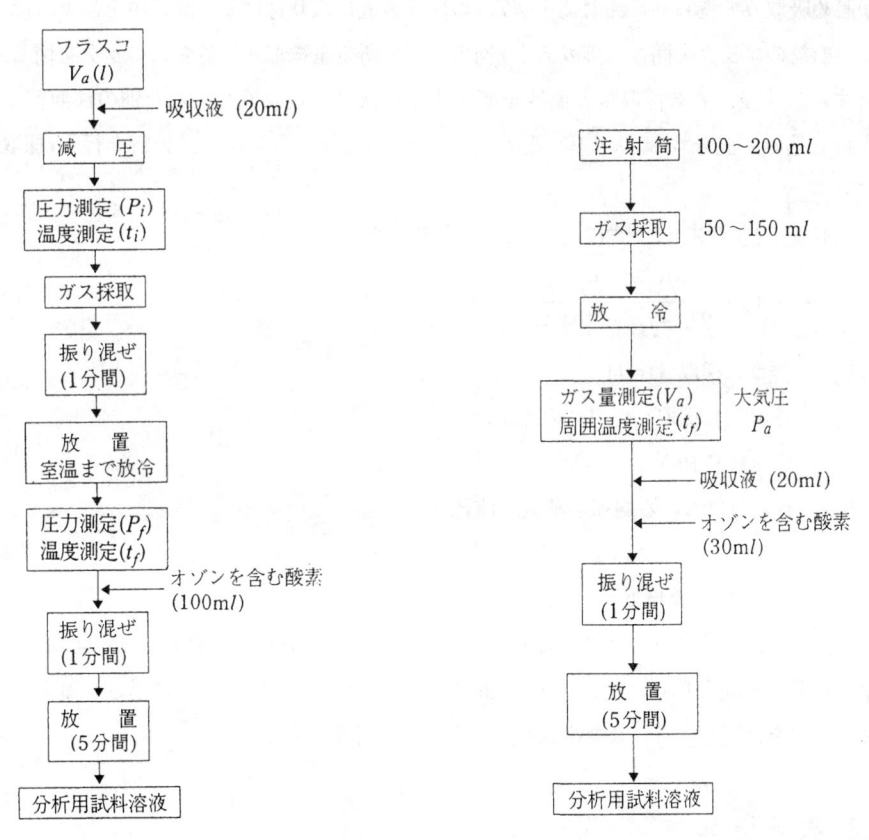

図7.5　フラスコによる試料ガス採取手順　　　図7.6　注射筒による試料ガス採取手順

$$V_s = V_a \cdot \frac{273}{273+t_f} \cdot \frac{P_f - P_{nf}}{101.32} - V_a \cdot \frac{273}{273+t_i} \cdot \frac{P_i - P_{ni}}{101.32} \tag{7.2}$$

式(7.2)をまとめると

$$V_s = V_a \cdot \frac{273}{101.32} \cdot \left(\frac{P_f - P_{nf}}{273+t_f} - \frac{P_i - P_{ni}}{273+t_i} \right) \tag{7.3}$$

ここに，V_s：排ガス採取量(ml)

V_a：フラスコの内容積－吸収液量(ml)

P_i：排ガスを採取する前のフラスコ内の圧力(kPa)

P_f：排ガスを採取し，放置後のフラスコ内の圧力(kPa)

P_{ni}：t_i(℃)における飽和水蒸気圧(kPa)

P_{nf}：t_f(℃)における飽和水蒸気圧(kPa)

t_i：P_iを測定したときの温度(℃)

t_f：P_fを測定したときの温度(℃)

② 注射筒を用いる場合

あらかじめ吸収液で湿らせた注射筒を図7.4の採取装置に取り付ける。配管中を排ガスで十分置換した後，注射筒のコックを開き，排ガスを1回の吸引で所定量採取し，直ちにコックを閉じ，注射筒を取り外す。放冷後，ガス採取量と温度を測定する。次に，吸収液を入れた別の注射筒と接続し，吸収液を押し込み，混合する。一定時間放置した後，吸収液を取り出し，分析を行う(採取手順は，図7.6を参照)。

排ガス採取量(乾きガス)は，式(7.4)によって計算できる。

$$V_s = V_a \cdot \frac{273}{273+t_f} \cdot \frac{P_a - P_{nf}}{101.32} \tag{7.4}$$

ここに，V_s ：排ガス採取量(ml)

V_a ：注射筒に採取したガスの体積(ml)

P_a ：大気圧(kPa)

P_{nf} ：t_f(℃)における飽和水蒸気圧(kPa)

t_f ：注射筒によりガスを採取し放置後の温度(℃)

(4) 連続分析計を用いる採取法

一般に，排ガス用の連続分析計は，常温・常圧付近のガスを分析計に導入し測定記録する。また，排ガス中に水蒸気が混入していると，分析上問題となることもあり，図7.2に示されるように，導管部に冷却除湿器を接続し，排ガスを冷却し，除湿を行う必要がある。

7.1.2 硫 黄 酸 化 物

燃焼などに伴って排出される排ガス中の硫黄酸化物(SO_x)を測定する方法は，昭和38年にJIS K

7.1 排ガス中の有害ガスの測定法

表7.2 排ガス中の硫黄酸化物分析方法

(a) 化学分析法

分析方法の種類	分析方法の概要 要旨	試料採取	定量範囲 vol ppm (mg/m^3_N)	適用条件
中和滴定法	試料ガス中の硫黄酸化物を過酸化水素水に吸収させて硫酸にした後,水酸化ナトリウム溶液で滴定する。	吸収瓶法 吸収液：過酸化水素 (1+9) 液量：50ml×2 標準採取量：20l	70～2800*1 (200～8000)	試料ガス中に他の酸性ガス又はアンモニアが共存すると影響を受けるので,その影響を無視又は除去できる場合に適用する。
沈殿滴定法	試料ガス中の硫黄酸化物を過酸化水素水に吸収させて硫酸にした後,2-プロパノールと酢酸とを加え,アルセナゾⅢを指示薬として酢酸バリウム溶液で滴定する。	吸収瓶法 吸収液：過酸化水素 (1+9) 液量：50ml×2 標準採取量：20l	140～700*1 (400～2000) 光度滴定の場合の定量下限 50 (約140)	
イオンクロマトグラフ法	試料ガス中の硫黄酸化物を過酸化水素水に吸収させて硫酸にした後,イオンクロマトグラフに導入し,クロマトグラムに記録する。	吸収瓶法 吸収液：過酸化水素 (1+99) (1+9) 液量：25ml×2 吸収液：過酸化水素 (1+9) 液量：50ml×2 標準採取量：20l	1～110*2 (3～310)	試料ガス中に硫化物などの還元性ガスが高濃度に共存すると影響を受けるので,その影響を無視又は除去できる場合に適用する。
比濁法 (光散乱法)	試料ガス中の硫黄酸化物を過酸化水素水に吸収させて硫酸にした後,グリセリン溶液と塩化ナトリウム溶液とを加え,さらに塩化バリウムを加え硫酸バリウムの白濁を生じさせ,吸光度(420nm)を測定する。	吸収瓶法 吸収液：過酸化水素 (1+9) 液量：50ml×2 標準採取量：20l	5～300*1 (14～860)	

(注) *1 試料ガスを通した吸収液(100ml)を250mlに薄めて分析用試料溶液とした場合。
　　 *2 試料ガスを通した吸収液(50ml)を100mlに薄めて分析用試料溶液とした場合。濃縮カラムを用いれば,この表に示した定量下限を下げることができる。
　　 JISの附属書には,イオンクロマトグラフ法による硫黄酸化物と塩化水素の同時分析法を規定している。

(b) 連続分析法(自動計測器)

計測器の種類	レンジ* (vol ppm)	備考
溶液導電率方式	(0～25)～(0～2000)	共存する二酸化炭素,アンモニア,塩化水素,二酸化窒素の影響を無視できる場合又は影響を除去できる場合に適用する。
赤外線吸収方式	(0～25)～(0～2000)	共存する水分,二酸化炭素,炭化水素の影響を無視できる場合又は影響を除去できる場合に適用する。
紫外線吸収方式	(0～25)～(0～2000)	共存する二酸化窒素の影響を無視できる場合又は影響を除去できる場合に適用する。
紫外線蛍光方式	(0～10)～(0～1000)	共存する炭化水素の影響を無視できる場合又は影響を除去できる場合に適用する。

(注) * このレンジ内で,測定目的によって適当に分割したレンジをもつ。

7. 大気測定技術の基礎知識

0103 "排ガス中の硫黄酸化物分析方法"として制定され，昭和46年に全硫黄酸化物の測定のほか，二酸化硫黄の測定方法が加えられた。平成11年に改正されたものが現行JIS法である。これらの分析方法と，その概略を表7.2に示す。ここでは，主として各分析方法について解説する。測定方法の詳細については，JIS K 0103 "排ガス中の硫黄酸化物分析方法"，JIS B 7981 "排ガス中の二酸化硫黄自動計測器"を参照。

(1) 全硫黄酸化物(化学分析法)

全硫黄酸化物の測定方法は，7.1.1(2)の吸収瓶を用いる採取法(図7.1)を使用し，いずれも過酸化水素水を吸収液とし，硫黄酸化物を吸収させる。この試料溶液中で，酸化した硫酸を化学分析により定量する。

① 中和滴定法

試料溶液中の硫酸を0.05mol/l水酸化ナトリウム溶液で滴定して，全硫黄酸化物量を求める。二酸化炭素が妨害しないように，指示薬にメチルレッドとメチレンブルー混合溶液を使用するが，それ以外の酸性ガスは，硫黄酸化物として定量されるので妨害となる。図7.7に分析方法の操作の概略を示す。

試料ガス採取　吸収液3%過酸化水素100ml
↓
全量250mlにメスアップ，そのv(ml)をとり
↓
0.05mol水酸化ナトリウム溶液で滴定(指示薬：0.1%メチルレッドエタノール溶液と0.1%メチレンブルーエタノール溶液の等量混合液)

図7.7　中和滴定法

滴定は，5ml又は10mlのビュレットを用いて紫から緑に変色した点を終点とする。また，同量の吸収液について同様に滴定して，空試験値[2]を求める。

排ガス中の全硫黄酸化物濃度は，式(7.5)により計算する。

$$C = \frac{0.56(a-b) \cdot f \cdot \frac{250}{v}}{V_s} \times 1000 \tag{7.5}$$

ここに，C：全硫黄酸化物濃度(vol ppm)
　　　　a：滴定に要した0.05mol/l水酸化ナトリウム溶液の液量(ml)
　　　　b：空試験に要した0.05mol/l水酸化ナトリウム溶液の液量(ml)
　　　　f：0.05mol/l水酸化ナトリウムのファクター
　　　　v：分析用試料溶液の分取量(ml)(通常50〜100ml程度)

---
[2] 試料を用いないで，試料の分析操作と同じ操作をして求めた値。通常，空試験には吸収液又は水などを使用する。ブランク値ともいう。

V_s：試料ガスの採取量(l)(0℃，101.32kPa)

0.560：0.05mol/l水酸化ナトリウム溶液1mlに相当する全硫黄酸化物(SO_2+SO_3)の体積(ml)(0℃，101.32kPa)

本法の適用濃度範囲は，試料ガス採取量の基準を20lにすれば，70～2800ppmである。

② 沈殿滴定法(アルセナゾⅢ法)

試料溶液中の硫酸を5mmol/l酢酸バリウム溶液で滴定して，全硫黄酸化物量を求める。試料溶液中の硫酸イオンは，滴加するバリウムイオンと反応し，硫酸バリウムの沈殿を生成する。さらにバリウムイオンが過剰になると，指示薬として加えたアルセナゾⅢと反応し，溶液の色が赤紫色から青に変わるので，それを滴定の終点とする。図7.8に分析方法の操作の概略を示す。空試験値は，吸収液10mlを用いて同様に滴定を行い求める。滴定には5mlのビュレットを用いること。

試料採取　吸収液は図7.7に同じ。
↓
250mlにメスアップ
↓
10mlをとり，2-プロパノール40ml，酢酸1mlを加える。
↓
5mmol/l酢酸バリウム溶液で滴定(指示薬：0.2%アルセナゾⅢ溶液)

図7.8　沈殿滴定法

排ガス中の全硫黄酸化物濃度は，式(7.6)により算出する。

$$C = \frac{0.112(a-b)\cdot f \times \frac{250}{10}}{V_s} \times 1000 \tag{7.6}$$

ここに，C：全硫黄酸化物濃度(vol ppm)

a：滴定に要した5mmol/l酢酸バリウム溶液の液量(ml)

b：空試験に要した5mmol/l酢酸バリウム溶液の液量(ml)

f：5mmol/l酢酸バリウム溶液のファクター

V_s：試料ガスの採取量(l)(0℃，101.32kPa)

0.112：5mmol/l酢酸バリウム溶液1mlに相当する全硫黄酸化物(SO_2+SO_3)の体積(ml)(0℃，101.32kPa)

本法の適用濃度範囲は，140～700ppmである。共存ガスの妨害の影響は，試料溶液中にCl$^-$ 10mg，CO_3^{2-} 5mg，NO_3^- 5mg，NO_2^- 2mgが共存しても妨害にはならない。

③ イオンクロマトグラフ法

イオンクロマトグラフの分離カラムに溶離液を一定流量で流し，次に分析用試料溶液を導入して，クロマトグラム上の硫酸イオンに相当するピーク面積又はピーク高さを求める。別に作成した検量

線から，硫酸イオンの濃度を求める。

イオンクロマトグラフ分析装置を測定可能な状態にし，分離カラムとサプレッサー(ある場合)に溶離液を一定流量で流し，さらにサプレッサーには再生液を流しておく。試料導入器を用いて一定量の分析用試料溶液を導入し，クロマトグラム上の硫酸イオンに相当するピークの面積又は高さを求める。別に作成した検量線から硫酸イオン濃度($mgSO_4^{2-}/ml$)を求める。吸収液を分析用試料溶液と同量とり，同様の操作を行い，空試験値を求める。

検量線の作成については，数個の全量フラスコ100mlに，硫酸イオン標準液($0.2mgSO_4^{2-}/ml$)0.2～50mlを段階的にはかり取り，水を標線まで加えて，その濃度を求めておく($mgSO_4^{2-}/ml$)。上述の分析手順により，それぞれの硫酸イオン濃度に相当するピーク面積又は高さを求める。別に空試験として，水について同様の操作を行い，硫酸イオン濃度と空試験値を補正したピーク面積又はピーク高さとの関係を示す検量線を作成する。

試料ガスの中の全硫黄酸化物濃度は，式(7.7)より算出する。

$$C = \frac{0.233(a-b) \cdot v}{V_s} \times 1000 \tag{7.7}$$

ここに，C：全硫黄酸化物濃度(vol ppm)
　　　　a：硫酸イオンの濃度($mgSO_4^{2-}/ml$)
　　　　b：空試験で求めた硫酸イオンの濃度($mgSO_4^{2-}/ml$)
　　　　v：全量フラスコの容量(100mlの場合は100，250mlの場合は250)
　　　　V_s：試料ガスの採取量(l)(0℃，101.32kPa)
　　　　0.233：硫酸イオン1mgに相当する全硫黄酸化物(SO_2+SO_3)の体積(ml)
　　　　　　　(0℃，101.32kPa)

なお，この方法は試料ガス中に硫化物などの還元性ガスが高濃度に共存すると影響を受けるので，その影響を無視又は除去できる場合に適用する。

④ 比濁法

試料溶液中の硫酸を塩化バリウムを加えて硫酸バリウムの沈殿を生成させ，光電分光光度計[3]により，波長420nm付近における吸光度[4]を測定し，全硫黄酸化物量を求める。

比濁法であるから，再現性よく硫酸バリウムの沈殿を生成させることが重要である。そのために，懸濁液の安定剤としてのグリセリン-塩化ナトリウムの量，沈殿剤の塩化バリウムの粒径(500～700μm)，さらに沈殿剤添加後のかくはんの仕方などを指示どおりに行う。図7.9に分析方法の操作の概略を示す。

本法の場合，硫酸イオン標準溶液5～25ml(SO_4^{2-}として約1～5mg)を段階的に2個ずつビー

---
3) 光源からの光を分光器により単色光とし，この光を試料に透過させたときの透過光の強度を電気信号に変換し，試料液の吸光度を測定する装置。
4) 溶液の光吸収の強さを表す量で，対照液を透過した光の強さをI_0とし，試料液を透過した光の強さをIとすると，吸光度$=\log(I_0/I)$で表される。

7.1 排ガス中の有害ガスの測定法

```
試料採取　吸収液は図7.7に同じ。
    ↓
250mlにメスアップ
    ↓
50mlをとり，グリセリン10mlと塩化ナトリウム溶液(塩化ナトリウム
240gを塩酸20mlに溶かし，水で1lとする。)5mlを加え，よくかき混ぜる。
    ↓
塩化バリウム・二水和物0.3gを加え，1分間かき混ぜ，4分間静置し，再
び15秒間かき混ぜる。
    ↓
波長420nmの吸光度を測定する。
```

図7.9　比濁法

カーに分取し，水を加えて50mlにした後，図7.9の分析操作に従い各標準試料溶液の吸光度を測定し，硫酸イオン量と吸光度との関係を示す検量線を，あらかじめ作成しておかなければならない。また，各試料溶液ごとに二つずつ試料をとるのは，そのうちの一つには，塩化バリウムを加えず，対照液として対照セルに入れ，光電分光光度計のゼロ点を調整するためである。

また，空試験値は，吸収液50mlを同様な分析操作によって求める。

排ガス中の全硫黄酸化物濃度は，式(7.8)により算出する。

$$C = \frac{0.233(a-b) \times \frac{250}{50}}{V_s} \times 1000 \tag{7.8}$$

ここに，C：全硫黄酸化物濃度(vol ppm)
　　　　a：検量線から求めた試料溶液中の硫酸イオンの量(mg)
　　　　b：検量線から求めた空試験溶液中の硫酸イオンの量(mg)
　　　　0.233：硫酸イオン1mgに相当する全硫黄酸化物(SO_2+SO_3)の体積(ml)(0℃，101.32kPa)
　　　　V_s：試料ガスの採取量(l)(0℃，101.32kPa)

本法の適用濃度範囲は5〜300ppmである。共存ガスの妨害の影響は，ほとんど認められない。

(2)　二酸化硫黄(連続分析法)

二酸化硫黄の分析は，JIS法において，すべて自動計測器を用いる連続分析法となっている。試料ガスの採取は，7.1.1(4)の連続分析計を用いる採取法(図7.2)を使用する。

① 溶液導電率方式

試料ガス中の二酸化硫黄を，希薄な硫酸酸性過酸化水素溶液(硫酸：1.25×10^{-4}〜1.25×10^{-3}mol/l，過酸化水素：1.5×10^{-3}〜15×10^{-2}%)に吸収させ，二酸化硫黄を硫酸に酸化させ，生成した硫酸による溶液の導電率の増加から二酸化硫黄濃度を求める。分析装置の一例を図7.10に示す。

原理上，水に溶けて溶液の導電率に影響を与える共存ガスは妨害となる。例えば，アンモニアは

7. 大気測定技術の基礎知識

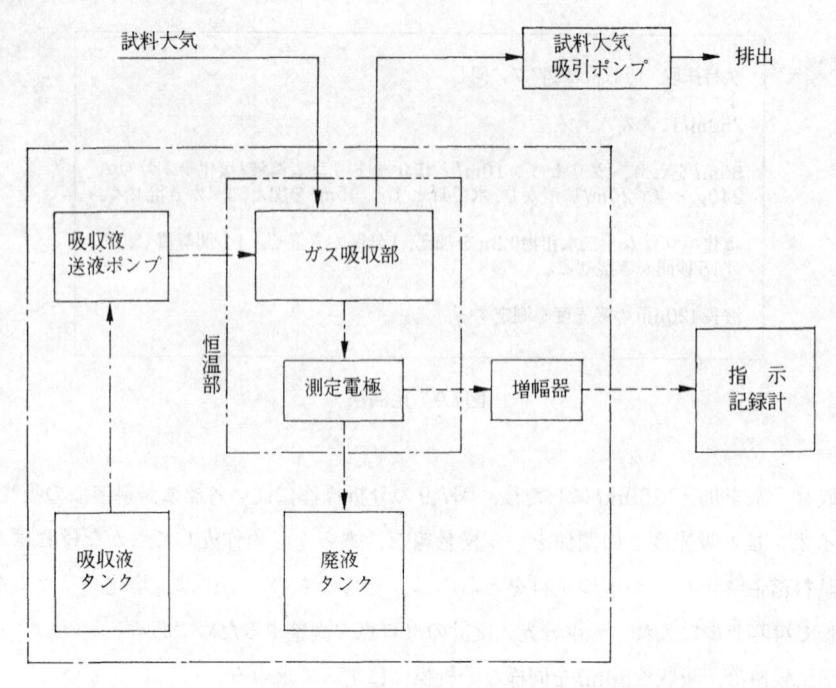

図7.10 溶液導電率分析計の構成例

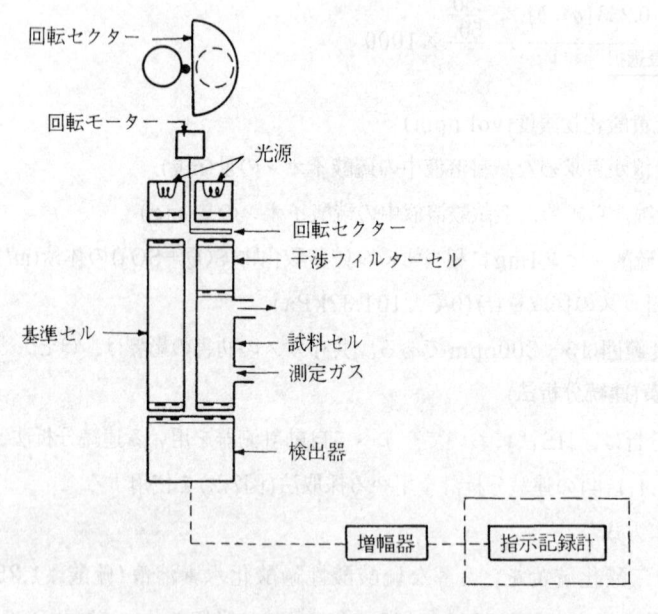

図7.11 赤外線ガス分析計の構成例

負の妨害成分であり，塩化水素，二酸化炭素，二酸化窒素などは，正の妨害成分である。特に，ごみ焼却炉排ガスにおいては，塩化水素濃度が高く，本法による測定は適さない。

7.1 排ガス中の有害ガスの測定法

② 赤外線吸収方式

二酸化硫黄の赤外領域7.3 μm付近における吸収を利用し，試料ガス中の二酸化硫黄濃度を非分散形赤外線分析計[5]を用いて測定する。図7.11に分析装置の一例を示す。

妨害ガスとしては，二酸化硫黄と吸収スペクトルが重なる二酸化炭素と水分がある。したがって，これらガス成分を除去し，その影響を極力少なくする必要がある(赤外線吸収方式については，7.3.4において詳しく説明する。)。

③ 紫外線吸収方式

二酸化硫黄の紫外領域280～320nm付近における吸収を利用し，紫外線吸収分析計を用いて試料ガス中の二酸化硫黄濃度を測定する。紫外領域においては，排ガス中の主成分である水蒸気，二酸化炭素，一酸化窒素などの吸収がなく，また二酸化窒素の吸収もわずかであり，本法は共存ガス成分の影響を受けにくい(紫外線吸収方式については，7.1.3(2)③において詳しく説明する。)。

④ 紫外線蛍光方式

試料ガス中の二酸化硫黄が紫外線(190～230nmの領域)を吸収して生じる励起状態の二酸化硫黄から発生する蛍光を測定し，その強度から二酸化硫黄の濃度を求める方式である。図7.12に検出器の一例を示す。この計測器は試料ガス流量の影響を受けず，また出力が二酸化硫黄の0～数千ppmの濃度範囲で直線関係があるなどの特徴をもつ。なお，二酸化硫黄以外で蛍光を発するもの(芳香族炭化水素など)はスクラバーなどで除去される。

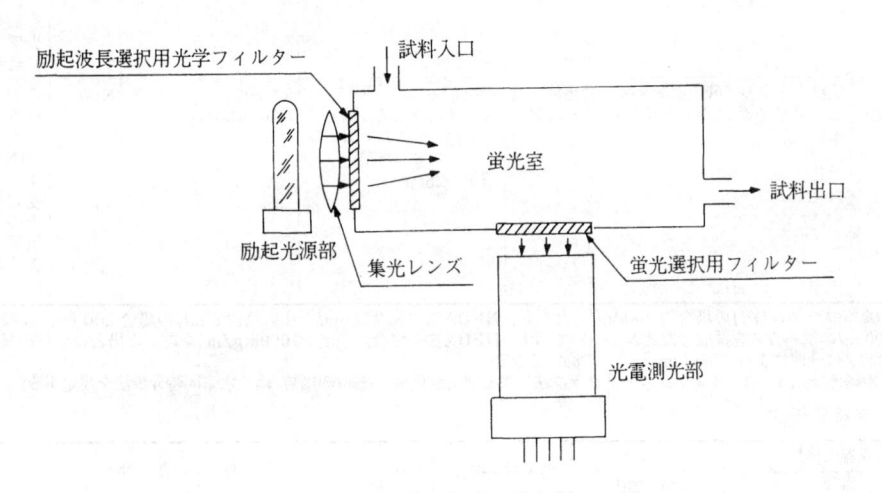

図7.12 紫外線蛍光方式の検出器の一例

7.1.3 窒素酸化物

燃焼等に伴って排出される排ガス中の窒素酸化物(NO_x)を測定する方法は，昭和43年にJIS K 0104 "排ガス中の窒素酸化物分析方法"として制定された。その後，平成12年に改正されたものが

---

[5] 赤外領域に吸収帯をもつ気体濃度を，その吸収波長での赤外線吸収強度から測定する装置のうち，光電分光光度計のように，吸収帯の選択をプリズムや回折格子などの分光器によらず，光学フィルターや選択性検出器によって行う装置。

7. 大気測定技術の基礎知識

表7.3 窒素酸化物の分析方法

(a) 化学分析法

分析方法の種類	分析方法の概要 要旨	試料採取法	定量範囲* vol ppm (mg/m^3)	対象成分ガス	適用条件
亜鉛還元ナフチルエチレンジアミン吸光光度法（Zn-NEDA法）	試料ガス中の窒素酸化物をオゾンで酸化し，吸収液に吸収させて硝酸イオンとする。亜鉛粉末で亜硝酸イオンに還元した後，スルファニルアミド及びナフチルエチレンジアミン溶液を加えて発色させ，吸光度(545nm)を測定する。	真空フラスコ法又は注射筒法 吸収液：0.005mol/l硫酸 液量：20ml	真空フラスコ法：1～50 (2～100) 注射筒法：5～250 (10～510)	NO +NO_2	
ナフチルエチレンジアミン法 (NEDA法)	試料ガス中の窒素酸化物をアルカリ性吸収液に吸収させて亜硝酸イオンとし，スルファニルアミド及びナフチルエチレンジアミン溶液を加えて発色させ，吸光度(545nm)を測定する。	真空フラスコ法又は注射筒法 吸収液：アルカリ性過酸化水素水-ギ酸ナトリウム溶液50ml 液量：50ml	真空フラスコ法：3～500 (5～1000) 注射筒法：7～1200 (13～2500)	NO +NO_2	
イオンクロマトグラフ法	試料ガス中の窒素酸化物をオゾン又は酸素で酸化し，吸収液に吸収させて硝酸イオンとする。イオンクロマトグラフに注入してクロマトグラムを得る。	真空フラスコ法又は注射筒法 吸収液：0.005mol/l硫酸-過酸化水素水(1+99) 液量：20ml	真空フラスコ法：4～1400 (8～2800) 注射筒法：20～7000 (40～14500)	NO +NO_2	
フェノールジスルホン酸吸光光度法 (PDS法)	試料ガス中の窒素酸化物をオゾン又は酸素で酸化し，吸収液に吸収させて硝酸イオンとする。フェノールジスルホン酸を加えて発色させ，吸光度(400nm)を測定する。	真空フラスコ法又は注射筒法 吸収液：0.05mol/l硫酸-過酸化水素水(1+99) 液量：20ml	真空フラスコ法：10～300 (20～620) 注射筒法：12～4200 (24～8400)	NO +NO_2	この方法は試料ガス中に多量のハロゲン化合物などが共存すると影響を受けるので，その影響を無視又は除去できる場合に適用する。
ザルツマン吸光光度法	試料ガス中の二酸化窒素を吸収発色液に通して発色させ，吸光度(545nm)を測定する。	吸収瓶法 吸収発色液：スルファニル酸-ナフチルエチレンジアミン酢酸溶液 液量：25ml	5～200 (10～400)	NO_2	この方法は試料ガス中に多量の一酸化窒素(NO)が共存すると影響を受けるので，その影響を無視又は除去できる場合に適用する。

(注) * 真空フラスコ(1 l)の場合約1000ml，ただし，NEDA法の場合500ml，注射筒(200ml)の場合200 ml，吸収瓶の場合100 mlの試料ガスを採取したときについて示す。NEDA法の場合，濃度が1000mg/m^3を超える場合は分析用試料溶液を希釈又は分取によって5000mg/m^3まで測定できる。
附属書(規定)には，イオンクロマトグラフ法による窒素酸化物，硫黄酸化物，塩化水素同時分析法を規定する。

(b) 連続分析法

計測器の種類 原理	レンジ*1 (vol ppm)	測定対象物質	適用条件
化学発光方式	(0～10)～(0～2000)	NO NO_x*2	共存する二酸化炭素の影響を無視できる場合又は影響を除去できる場合に適用する。
赤外線吸収方式	(0～10)～(0～2000)	NO NO_x*2	共存する二酸化炭素，二酸化硫黄，水分，炭化水素の影響を無視できる場合又は影響を除去できる場合に適用する。
紫外線吸収方式	(0～50)～(0～2000)	NO NO_2 NO_x*3	共存する二酸化硫黄，炭化水素の影響を無視できる場合又は影響を除去できる場合に適用する。

(注) *1 このレンジ内で，測定目的によって適当に分割したレンジをもつ。
*2 窒素酸化物は，あらかじめNO_2をNOに変換して測定する。
*3 NOとNO_2のそれぞれの測定値の合量である。

7.1 排ガス中の有害ガスの測定法

現行JIS法となっている。JIS法で規定された分析方法と，その概略を表7.3に示す。分析方法は，化学分析法と連続分析法の二つに大別される。ここでは，主として化学分析法について解説する。

(1) 化学分析法

化学分析法により試料ガス中の窒素酸化物を測定する場合，試料ガスの採取は，7.1.1(3)の減圧フラスコ又は注射筒を用いる方法(図7.3，図7.4)で行う。吸収液に吸収させた窒素酸化物は，図7.5，図7.6の操作手順により，過酸化水素及びオゾン又は酸素で硝酸にまで酸化される。この試料溶液中の硝酸を化学分析により定量する。

① 亜鉛還元ナフチルエチレンジアミン吸光光度法(Zn-NEDA法)

減圧フラスコ又は注射筒により採取した試料溶液に，粉末の金属亜鉛を加えて亜硝酸イオンに還元する。この溶液にスルファニルアミド及びナフチルエチレンジアミンを加え，ジアゾ化カップリング反応によって得られる呈色(赤紫)の吸光度を，光電分光光度計で測定し，窒素酸化物濃度を求める。図7.13に分析方法の操作手順を示す。

検量線の作成については，硝酸イオン標準液(硝酸カリウム0.451gを水に溶かし1lにする。この溶液10mlを分取し，水で希釈し1lにする。この溶液1mlは，二酸化窒素1μlに相当する。)。この硝酸イオン標準液0〜50mlを段階的に分取し，図7.13の分析操作に従い，各標準試料溶液の吸光度を測定し，二酸化窒素量(μl)と，吸光度との関係式である検量線を作成する。また，空試験液には吸収液を使用し，並行して図7.13の分析操作を行い，これを対照液として対照セルに入れ，光電分光光度計のゼロ点の調整を行う。

排ガス中の窒素酸化物濃度($NO + NO_2$)は，式(7.9)から算出する。

$$C = \frac{n \cdot v}{V_s} \times 1000 \quad (7.9)$$

ここに，C：窒素酸化物濃度(vol ppm)
　　　　n：試料溶液の希釈倍数
　　　　v：検量線から求めた試料溶液中の二酸化窒素量(μl)(0℃, 101.32kPa)
　　　　V_s：試料ガスの採取量(ml)(0℃, 101.32kPa)

還元に用いる亜鉛は，純度，粒径，添加量及び振り

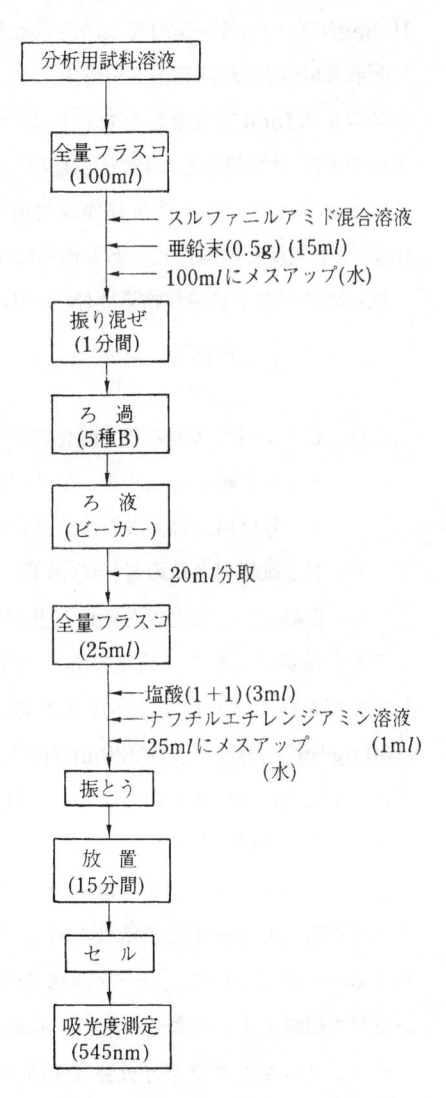

図7.13 Zn-NEDA法の分析操作手順

混ぜ条件などにより還元率が異なるので，亜鉛の選択，分析操作は注意する必要がある。

② ナフチルエチレンジアミン法(NEDA法)

試料ガス中の窒素酸化物をアルカリ性吸収液に吸収して亜硝酸イオンとし，スルファニルアミド及びナフチルエチレンジアミン溶液を加えて発色させ，その吸光度(545nm)を測定する。

減圧フラスコ又は注射筒から採取した分析用試料溶液20ml を100ml 全量フラスコにとり，スルファニルアミド塩酸溶液10ml とN-1-ナフチルエチレンジアミン溶液5ml を加え，水で標線に合わせたものをよく振る。この溶液を15〜30℃で約15分間放置した後，空試験液として吸収液を同様に操作したものを対照液として，波長545nm付近の吸光度を測定する。

検量線の作成については予想される試料濃度に応じ，亜硝酸イオン標準液($20mgNO_2^-/l$ 及び $100mgNO_2^-/l$) 1〜5ml を段階的にとり，それぞれを100ml 全量フラスコに入れる。真空フラスコに吸収液50ml と硫酸銅溶液5ml を入れ，振とうした溶液をそれぞれの全量フラスコに移す。真空フラスコを水15ml で洗浄したものもこの全量フラスコに加える。全量フラスコの栓を開いて80℃の水浴中で30分間静置した後，全量フラスコを流水で室温まで冷やし，栓をして振る。その後，標線まで水を加えたものを検量線作成用溶液とする。この溶液の吸光度を測定し，二酸化窒素の質量(mg)と吸光度との関係式である検量線を作成する。

試料ガス中の窒素酸化物濃度($NO+NO_2$)は，式(7.10)から算出する。

$$C = \frac{0.487V}{V_s} \cdot \frac{100}{V'} \times 10^6 \tag{7.10}$$

ここに，C：試料ガス中の窒素酸化物濃度(vol ppm)

V：検量線から求めた二酸化窒素の質量(mg)

V'：分析用試料溶液の採取量(20ml)

V_s：試料ガス採取量(ml)(0℃，101.32kPa)

0.487：二酸化窒素1mgに相当する二酸化窒素の体積(ml)

二酸化硫黄は気相で一酸化窒素，二酸化窒素と反応し妨害となるので，液相に移し硫酸イオンとして妨害を防ぐようにする。塩化水素は$365mg/m^3$以下ならば分析に影響しない。一酸化二窒素($100mg/m^3$)，アンモニア($20mg/m^3$)，三酸化硫黄($100mg/m^3$)，フッ化水素($10mg/m^3$)については，括弧内の濃度まで妨害はしない調査結果がある。

③ イオンクロマトグラフ法

イオンクロマトグラフの分離カラムに溶離液を一定流量で流し，次に減圧フラスコ又は注射筒によって採取した分析用試料溶液を導入して，クロマトグラム上の硝酸イオン又は亜硝酸イオンに相当するピークについて，ピーク面積又はピーク高さを求める。別に作成した検量線から，硝酸イオン及び亜硝酸イオンの濃度を求め，窒素酸化物濃度を計算する。

イオンクロマトグラフ分析装置を測定可能な状態にし，分離カラムとサプレッサー(ある場合)に溶離液を一定流量で流し，さらにサプレッサーには再生液を流しておく。試料導入器を用いて一定

7.1 排ガス中の有害ガスの測定法

量の分析用試料溶液を導入し，クロマトグラム上の硝酸イオン又は亜硝酸イオンに相当するピークの面積又は高さを求める。別に作成した検量線から硝酸イオン及び亜硝酸イオンの濃度を求める。試料ガスの代わりに，空気を用いて真空フラスコ又は注射筒で処理した吸収液を全量100mlとした溶液を分析用試料溶液と同量とり，同様の操作を行い，空試験値を求める。

検量線の作成については，数個の全量フラスコ100mlに，硝酸イオン標準液(0.1mgNO$_3^-$/ml)0.1～40mlを段階的にとり，水を標線まで加えて，その濃度を求めておく。上述の分析手順により，それぞれの硝酸イオン濃度に相当するピーク面積又は高さを求める。別に空試験として，水について同様の操作を行い，硝酸イオン濃度と空試験値を補正したピーク面積又はピーク高さとの関係線を作成する。分析用試料溶液の分析で亜硝酸イオンのピークが生じた場合には，硝酸イオンと同様の手順で，亜硝酸イオンについて関係線を作成する。

試料ガス中の窒素酸化物(NO＋NO$_2$)濃度は，式(7.11)から算出する。

$$C = \frac{\{0.361(a_1-b_1) + 0.487(a_2-b_2)\} \times 100}{V_s} \times 10^6 \tag{7.11}$$

ここに，C：試料ガス中の窒素酸化物濃度(vol ppm)

a_1：分析用試料溶液中の硝酸イオンの濃度(mgNO$_3^-$/ml)

b_1：空試験液中の硝酸イオンの濃度(mgNO$_3^-$/ml)

a_2：分析用試料溶液中の亜硝酸イオンの濃度(mgNO$_2^-$/ml)

b_2：空試験液中の亜硝酸イオンの濃度(mgNO$_2^-$/ml)

V_s：試料ガス採取量(ml)(0℃，101.32kPa)

0.361：硝酸イオン1mgに相当する窒素酸化物の体積(ml)(0℃，101.32kPa)

0.487：亜硝酸イオン1mgに相当する窒素酸化物の体積(ml)(0℃，101.32kPa)

④ イオンクロマトグラフ法による窒素酸化物，硫黄酸化物及び塩化水素の同時分析法

JIS K 0104の改正に伴い，イオンクロマトグラフ法によって窒素酸化物，硫黄酸化物及び塩化水素を同時に分析する方法が規定されている。

表7.4に概要と定量範囲をまとめて示す。

前述の③「イオンクロマトグラフ法」と同じ操作により，硝酸イオン，硫酸イオン及び塩化物イオンに相当するピークについて，ピーク面積あるいはピーク高さを求める。空試験値も同様に求める。

表7.4 窒素酸化物，硫黄酸化物，塩化水素の同時分析方法の概要

要 旨	試料採取法	定量範囲 [vol ppm(mg/m³)]		
		窒素酸化物	硫黄酸化物	塩化水素
試料ガス中の窒素酸化物，硫黄酸化物，塩化水素を吸収液に吸収させて，イオンクロマトグラフに注入してクロマトグラムを得る。	真空フラスコ法	4～1400 (8～2900)	5～1100 (14～3100)	4～600 (7～970)
	注射筒法	20～7000 (40～14500)	25～5500 (70～15500)	20～3000 (35～4850)

7. 大気測定技術の基礎知識

検量線の作成については，硝酸イオン-硫酸イオン-塩化物イオン混合標準液($0.04\text{mgNO}_3^-/\text{m}l$, $0.05\text{SO}_4^{2-}/\text{m}l$, $0.01\text{mgCl}^-/\text{m}l$)を用い，③「イオンクロマトグラフ法」と同様に行う。

試料ガス中の窒素酸化物濃度は，式(7.11)を用いて算出する。硫黄酸化物濃度及び塩化水素濃度は，次の式(7.12)と式(7.13)で，それぞれ算出する。

$$C=\frac{0.233(a-b)\times 100}{V_s}\times 10^6 \qquad (7.12)$$

ここに，C：試料ガス中の硫黄酸化物の体積濃度(vol ppm)
- a：③「イオンクロマトグラフ法」と同様の定量操作で求めた硫酸イオンの濃度($\text{mgSO}_4^{2-}/\text{m}l$)
- b：③「イオンクロマトグラフ法」と同様の空試験で求めた硫酸イオンの濃度($\text{mgSO}_4^{2-}/\text{m}l$)
- V_s：試料ガス採取量($\text{m}l$)($0℃$, 101.32kPa)
- 0.233：硫酸イオン1mgに相当する硫黄酸化物(SO_2+SO_3)の体積($\text{m}l$)($0℃$, 101.32kPa)

$$C=\frac{0.632(a-b)\times 100}{V_s}\times 10^6 \qquad (7.13)$$

ここに，C：試料ガス中の塩化水素の体積濃度(vol ppm)
- a：③「イオンクロマトグラフ法」と同様の定量操作で求めた塩化物イオンの濃度($\text{mgCl}^-/\text{m}l$)
- b：③「イオンクロマトグラフ法」と同様の空試験で求めた塩化物イオンの濃度($\text{mgCl}^-/\text{m}l$)
- V_s：試料ガス採取量($\text{m}l$)($0℃$, 101.32kPa)
- 0.632：塩化物イオン1mgに相当する塩化水素の体積($\text{m}l$)($0℃$, 101.32kPa)

⑤ フェノールジスルホン酸吸光光度法(PDS法)

減圧フラスコ又は注射筒によって採取した試料溶液を蒸発皿に移し，アルカリ溶液で中和した後，蒸発乾固し，固体の硝酸塩にする。これにフェノールジスルホン酸(PDS)試薬を加えて，ニトロフェノールジスルホン酸を生成させ，そのアルカリ性における呈色(黄色)の吸光度を，光電分光光度計により測定し，窒素酸化物濃度を求める。図7.14に

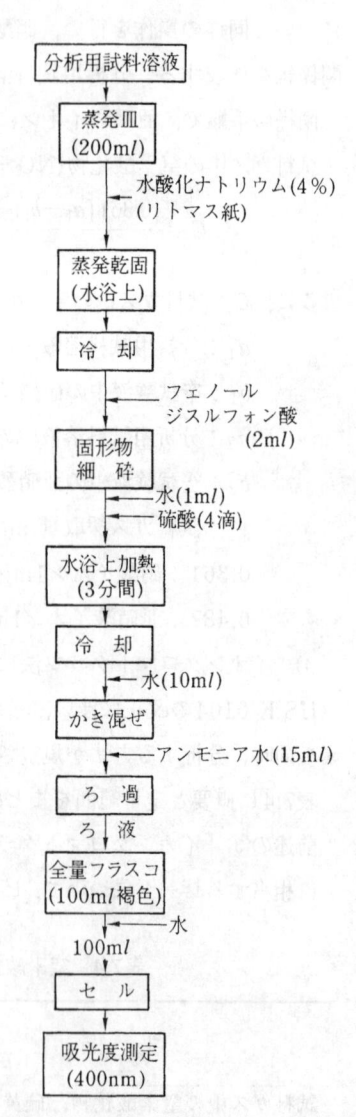

図7.14 フェノールジスルホン酸吸光光度法(PDS法)の分析操作手順

7.1 排ガス中の有害ガスの測定法

分析方法の手順を示す。

本法は，硝酸カリウム標準液[乾燥した硝酸カリウム0.451gを水1lに溶かす。この溶液10mlを分取して水で100mlに希釈する。この溶液1mlは二酸化窒素10μl(0℃，101.32kPa)に相当する。]0～30mlを段階的に分取し，図7.14の分析操作に従い，各標準溶液試料の吸光度を測定し，二酸化窒素量(ml)と吸光度との関係式である検量線を，あらかじめ作成しておかなければならない。また，空試験液には吸収液を使用し，並行して図7.14の分析操作を行い，これを対照液として，対照セルに入れ，光電分光光度計のゼロ点調整を行う。

排ガス中の窒素酸化物濃度($NO+NO_2$)は，式(7.14)から算出する。

$$C = \frac{v}{V_s} \times 1000 \tag{7.14}$$

ここに，C：窒素酸化物濃度(vol ppm)
　　　　v：検量線から求めた試料溶液中の二酸化窒素量(μl)(0℃，101.32kPa)
　　　　V_s：試料ガスの採取量(ml)(0℃，101.32kPa)

⑥ ザルツマン吸光光度法(ザルツマン法)

試料ガス中の二酸化窒素を吸収発色液で吸収し，得られる呈色(赤紫色)の吸光度を，光電分光光度計で測定し，二酸化窒素濃度を求める。本法は，二酸化窒素を測定する化学分析として唯一の方法であるが，燃焼排ガスのように一酸化窒素が多い場合には，サンプリング系で一酸化窒素の一部が二酸化窒素に酸化されるので，精度の高い定量は難しい。

分析操作としては，試料ガスを採取した注射筒(200ml)を吸収液(スルファニル酸，ナフチルエチレンジアミンなどから成る。)25mlの入った吸収瓶に接続し，約1分間で試料ガスを吸収瓶に注入する。

注入後，注射筒を外し，直ちに窒素を約30秒間導入して，溶存酸素による一酸化窒素の酸化を防ぐ。その後，20分間放置して，545nm付近で吸光度を測定する。

検量線の作成は，亜硝酸標準原液(亜硝酸ナトリウム0.222g)を水に溶かし1lとする。この溶液20mlを分取し，水で希釈し500mlとする。この溶液1mlは，二酸化窒素4μl(0℃，101.32kPa)に相当する。ただし，二酸化窒素の亜硝酸イオンへの転換係数(ザルツマン係数)を0.72とする。この溶液0～5mlを段階的に25ml全量フラスコに分取し，吸収液を加えて25mlにする。20分間放置後，各標準試料溶液の吸光度を測定し，二酸化窒素量(μl)と吸光度との関係式である検量線を作成する。また，この場合，対照液には吸収液を用いる。

排ガス中の二酸化窒素濃度は，⑤「フェノールジスルホン酸吸光光度法」の濃度計算式[式(7.14)]によって求めることができる。

(2) 連続分析法(自動計測器)

窒素酸化物の連続分析法は，JIS K 7982 "排ガス中の窒素酸化物自動計測器"に規定されており，表7.3に示された分析方法がある。試料ガスの採取は，7.1.1(4)の連続分析計を用いる採取法(図

7. 大気測定技術の基礎知識

7.2)を使用する。
① 化学発光方式

一酸化窒素とオゾンとの反応による二酸化窒素の生成反応において，生成した二酸化窒素の一部は励起状態にあり，これが基底状態に移るとき過剰のエネルギーを光として放出する（下式参照）。
この590～875nm付近における化学発光を光電子増倍管で測定し，一酸化窒素濃度を求める。

$$NO + O_3 \longrightarrow NO_2^* + O_2$$
$$NO_2^* \longrightarrow NO_2 + h\nu$$

分析装置の一例を図7.15に示す。窒素酸化物（$NO + NO_2$）を測定する場合には，図7.15に示されたコンバーターで，二酸化窒素を一酸化窒素に還元して測定する。

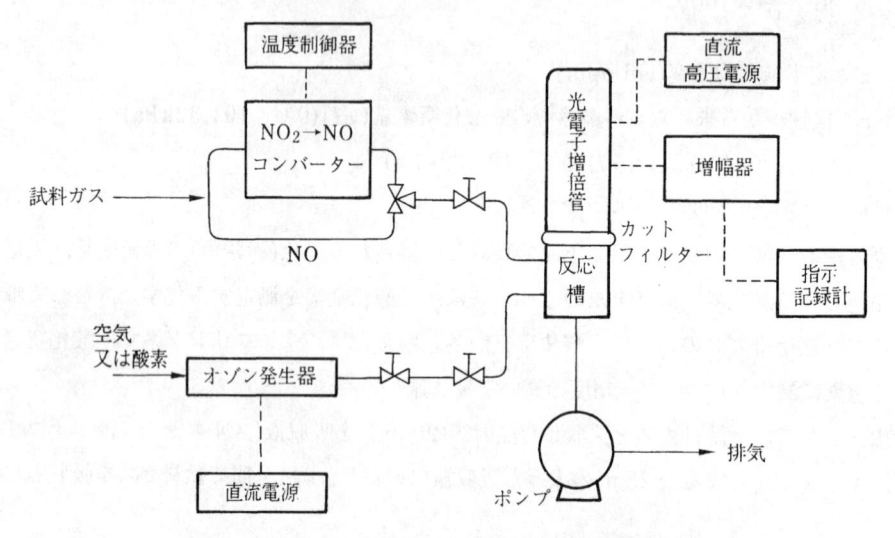

図7.15 化学発光法による窒素酸化物分析計の構成例

本法は，0～数％の広範囲の濃度にわたって直線関係がみられ，検出感度も高い。燃焼排ガス中に共存するガス成分には，オゾンと反応して化学発光を生じるものはなく，共存ガスによる妨害の影響は少ない。ただし，二酸化炭素は励起エネルギーを奪う性質（クエンチング現象）があり，負の妨害を与える。そのために，反応槽内を減圧して光と二酸化炭素分子との衝突確率を少なくするなどの方法がとられている。

② 赤外線吸収方式

一酸化窒素の赤外領域5.3 μm付近における光吸収を利用し，試料ガス中の一酸化窒素濃度を非分散形赤外線分析計を用いて測定する。5.3 μm付近の吸収帯は，一酸化炭素，二酸化炭素，二酸化窒素などの吸収は全くなく，一酸化窒素を選択よく検出できる。しかしながら，二酸化硫黄の測定の場合（7.1.2(2)②）と同様に，共存する水分，二酸化炭素の妨害の影響を受けやすく，そのための処置を行う必要がある。また，窒素酸化物（$NO + NO_2$）を測定する場合には，化学発光法と同様に，コンバーターを用いて二酸化窒素を一酸化窒素に還元して測定する。

7.1 排ガス中の有害ガスの測定法

③ 紫外線吸収方式

一酸化窒素の紫外領域(195～225nm付近)の光吸収と二酸化窒素の紫外領域(350～450nm付近)

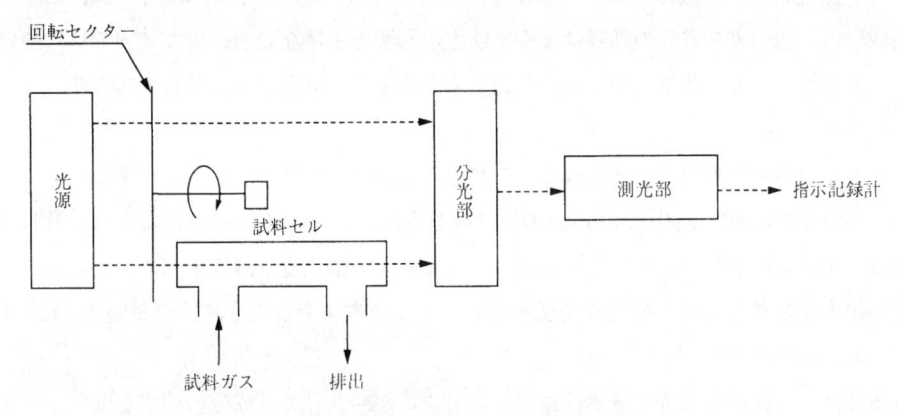

図7.16 紫外線吸収分析計の構成例

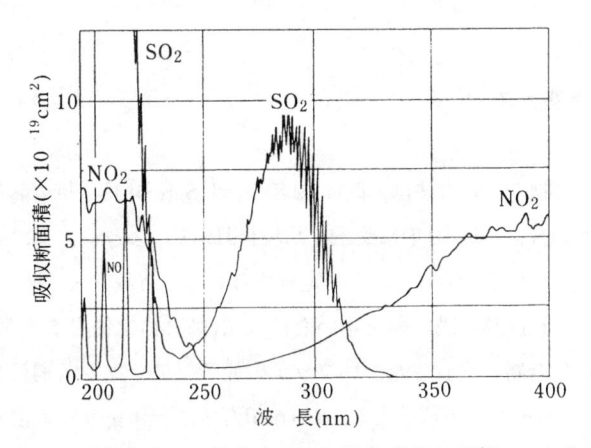

図7.17 一酸化窒素，二酸化窒素，二酸化硫黄の吸収スペクトル

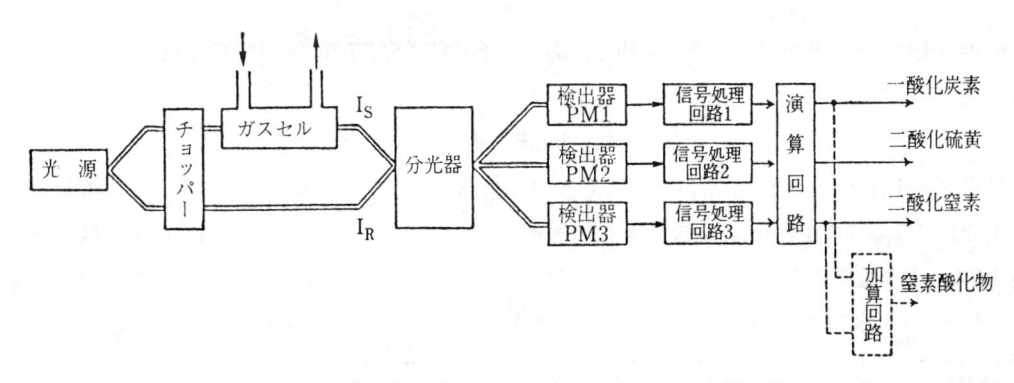

図7.18 多成分演算法－紫外線吸収分析計の基本構成例

7. 大気測定技術の基礎知識

の光吸収を利用して，試料ガス中の一酸化窒素と二酸化窒素濃度を紫外線吸収分析計(図7.16)を用いて測定する。

図7.17の一酸化窒素，二酸化窒素，二酸化硫黄の吸収スペクトルに示されるように，二酸化窒素の吸収領域には，他のガス成分の吸収はなく，妨害の影響を受けないが，排ガス中では二酸化窒素は少なく，また水に吸着・溶解しやすい二酸化窒素を測定する場合には，試料ガスのサンプリングには注意が必要である。

一方，一酸化窒素の紫外領域の光吸収は，二酸化窒素及び二酸化硫黄の吸収が重なるので，それぞれ三つの紫外領域(230，290，380nm)の光吸収を利用し，図7.17に示されるような吸収スペクトルの重なりを電気的演算でキャンセルすることにより，一酸化窒素濃度を求め，さらに，二酸化窒素濃度の出力を加算して窒素酸化物濃度を求める。この方法を多成分演算法という。図7.18に，この方式による分析装置の一例を示す。

多成分演算法は，複雑な電気的演算回路を必要とするが，共存ガス成分の妨害を受けず，またコンバーターを必要としないので，一酸化窒素と二酸化窒素を測定でき，さらに二酸化硫黄も同時に測定することができる。

7.1.4　その他の有害ガス

(1) フッ素化合物

排ガス中のフッ素化合物の測定方法は，昭和42年に，JIS K 0105 "排ガス中のフッ素化合物分析方法"が制定され，その後，平成10年に改正され現行JIS法となっており，排ガス中の無機フッ素化合物をフッ化物イオンとして化学分析により定量するものである。

試料ガスの採取は，7.1.1(2)の吸収瓶を用いた採取法(図7.1)を使用するが，試料ガス採取管は，排ガス中の無機フッ素化合物に腐食されないフッ素樹脂管，ステンレス鋼管などを用いる。吸収瓶は2個以上を使用し，それぞれに吸収液として0.1mol/l水酸化ナトリウム溶液50mlずつを入れる。吸引流量1l/min程度で試料ガスを採取する。試料ガス採取後，吸収液をビーカーに移し試料溶液とする。

分析方法は，吸光光度法とイオン電極法があり，その概略を表7.5に示す。妨害成分が多い場合には，試料溶液を水蒸気蒸留法[6]により留出分離する。

① ランタン-アリザリンコンプレキソン吸光光度法

試料ガスを採取後，吸収液を300mlのビーカーに移し，フェノールフタレイン溶液1滴を加え，液が無色になるまで0.1mol/l塩酸を滴加した後，水で250mlにする。分析試料溶液30ml以下の適量を50mlの全量フラスコにとり，ランタン-アリザリンコンプレキソン溶液20mlを加え，水を標線まで加えてよく振り混ぜ1時間放置する。このとき生じる呈色(青)の吸光度を光電分光光度計により

---

[6] 吸収瓶中の吸収液を蒸発皿に移し，液量が30mlになるまで水浴上で濃縮する。この濃縮液を蒸留フラスコに移し，蒸留装置により水蒸気を通じて蒸留フラスコで加熱し，留液をとり，共存妨害物質から分離する。

7.1 排ガス中の有害ガスの測定法

表7.5 排ガス中のフッ素化合物分析方法

種類	分析方法の概要		定量範囲 vol ppm (mg/m^3_N)	適用条件
	要旨	試料採取		
ランタン-アリザリンコンプレキソン吸光光度法	試料ガス中のフッ素化合物を吸収液に吸収させた後、緩衝液を加えてpHを調節し、ランタン-アリザリンコンプレキソン溶液及びアセトンを加えて発色させ、吸光度を測定する。	吸収瓶法 吸収液：0.1mol/l水酸化ナトリウム溶液 吸収液量：50ml×2 標準採取量：40l	0.9〜1200 (0.8〜1000)	水蒸気蒸留処理液
イオン電極法	試料ガス中のフッ素化合物を吸収液に吸収させた後、イオン強度調整用緩衝液を加えて、フッ化物イオン電極を用いて測定する。	吸収瓶法 吸収液：0.1mol/l水酸化ナトリウム溶液 吸収液量：50ml×2 標準採取量：40l	0.7〜1200 (0.6〜1000)	水蒸気蒸留処理液

測定し、フッ素化合物濃度を求める。

検量線は、フッ化物イオン標準溶液($0.002mgF^-/ml$)2〜25mlを段階的に50mlの全量フラスコにとり、同様の分析操作手順に従い、標準試料溶液の吸光度を測定し、作成する。

対照液には、吸収液を試料溶液と同様に操作したものを用いる。この検量線から試料溶液中のフッ化物イオン濃度を求め、式(7.15)から排ガス中のフッ素化合物濃度を算出する。

$$C = \frac{A \cdot \frac{250}{V}}{V_s} \times 1000 \tag{7.15}$$

ここに、C：フッ素化合物濃度(mgF^-/m^3_N)

　　　　A：検量線から求めた試料溶液中のフッ化物イオン量(mg)

　　　　V_s：試料ガスの採取量(l)(0℃, 101.32kPa)

　　　　V：試料溶液分取量(ml)

　　　　250：吸収液を希釈して得た試料液全量(ml)

② イオン電極法

試料ガスを採取後、吸収液を300mlのビーカーに移し、0.1mol/lの塩酸を滴加して、pHを5.0〜6.0に調整した後、水で250mlにする。分析用試料溶液に、イオン強度調整用緩衝液を加えて、フッ化物イオン電極を用いて電位を測定し、フッ化物イオン濃度を求める。

分析操作は簡単であり、フッ化物イオン標準試料溶液($0.1, 0.01, 0.001mgF^-/ml$)をそれぞれ50mlずつとり、イオン強度調整用緩衝液40mlを加えて、さらに水10mlを加える。あらかじめ作成した検量線により、試料溶液中のフッ化物イオン濃度を求め、式(7.16)から排ガス中のフッ素化合物濃度を算出する。また、空試験液としては吸収液を使用する。

7. 大気測定技術の基礎知識

$$C = \frac{(a-a_0) \times 250 \times \frac{250}{100}}{V_s} \times 1000 \tag{7.16}$$

ここに，C：フッ素化合物濃度(mgF^-/m^3_N)
a：検量線から求めた試料溶液中のフッ化物イオン濃度(mgF^-/ml)
a_0：検量線から求めた空試験液中のフッ化物イオン濃度(mgF^-/ml)
V_s：試料ガスの採取量$(l)$$(0℃, 101.32kPa)$

排ガス中のフッ素化合物濃度は，フッ素濃度としてmgF$^-$/m^3_Nで表示するが，他の単位で表示する場合には，表7.6に示した計算式により換算する。

表7.6 濃度の換算

表　　示	単　位	計　算　式
フッ素(F^-)	vol ppm	$C' = C \times \frac{22.41}{19}$
フッ化水素(HF)	mg/m^3_N	$C' = C \times \frac{20}{19}$
フッ化水素(HF)	vol ppm	$C' = C \times \frac{22.41}{19}$

（注）C：分析によって求めたフッ素濃度(mgF^-/m^3_N)

(2) 塩　　素

排ガス中の塩素の測定方法は，昭和43年に，JIS K 0106"排ガス中の塩素分析方法"が制定され，その後，平成7年に改正され現行JIS法となっている。

試料ガスの採取は，7.1.1(2)の吸収瓶を用いた採取法(図7.1)を使用するが，試料ガス採取管は塩素によって腐食されないガラス管，石英管，フッ素樹脂管などを用いる。分析方法の種類及び概要を表7.7に示す。

① 2,2'-アミノ-ビス(3-エチルベンゾチアゾリン-6-スルホン酸) 吸光光度法 (ABTS法)

この方法は，pH2.5～4の酸性下でABTSが塩素と反応して緑色に発色し，温度や光による影響が少なく，30℃でも15分間は安定である。塩素がABTS試薬に対し等量以上に存在すると数十分間でやや退色がみられる。試料ガス中に臭素，ヨウ素，オゾン，二酸化炭素，二酸化塩素などの酸化性ガス又は硫化水素，二酸化硫黄などの還元性ガスが共存すると影響を受けるので，影響を無視又は除去できる場合に適用できる。

試料ガス採取後，吸収瓶の内容液を全量フラスコ50mlに移し，さらに吸収瓶を水で洗浄，洗浄液を合わせ，吸収液を標線まで加えて50mlとし，分析用試料溶液とする。分析用試料溶液の一部を吸収セルにとり，吸収液を対照として波長400nm付近の吸光度を測定し，検量線から塩素の量を求める。

7.1 排ガス中の有害ガスの測定法

表7.7 排ガス中の塩素分析方法の種類及び概要

分析方法の種類	分析方法の概要		定量範囲* vol ppm ($mgCl_2/m^3_N$)
	要 旨	試 料 採 取	
2,2'-アミノ-ビス(3-エチルベンゾチアゾリン-6-スルホン酸)吸光光度法(ABTS法)	試料ガス中の塩素を2,2'-アミノ-ビス(3-エチルベンゾチアゾリン-6-スルホン酸)吸収液に吸収発色させ,吸光度(400nm)を測定する。	吸収瓶法 吸収液:ABTS溶液(0.01%) 吸収液量:20ml×2 標準採取量:20l	0.06〜10 (0.2〜32)
4-ピリジンカルボン酸-ピラゾロン吸光光度法(PCP法)	試料ガス中の塩素をp-トルエンスルホンアミド吸収液に吸収させ,シアン化カリウム溶液を加えた後,4-ピリジンカルボン酸-ピラゾロン溶液で発色させ,吸光度(638nm)を測定する。	吸収瓶法 吸収液:p-トルエンスルホンアミド溶液(0.1%) 吸収液量:20ml×2 標準採取量:20l	0.08〜10 (0.3〜32)
二塩化3,3'-ジメチルベンジジニウム吸光光度法(o-トリジン吸光光度法)	試料ガス中の塩素を二塩化3,3'-ジメチルベンジジニウム(o-トリジン)吸収液に吸収させ,得られた発色液の吸光度(435nm)を測定する。	吸収瓶法 吸収液:二塩化3,3'-ジメチルベンジジニウム溶液(0.01%) 吸収液量:20ml×2 標準採取量:2.5l	0.1〜10 (0.3〜32)

(注)* 試料ガスを通した吸収液(40ml)を50mlに薄めて分析用試料溶液とした場合。
附属書に二塩化3,3'-ジメチルベンジジニウム連続分析法(o-トリジン連続分析法)が記載されている。

検量線の作成については,塩素標準液(0.001mgCl$_2$/ml)0.5〜3.0mlを全量フラスコ10mlに段階的にとり,吸収液を標線まで加える。各々の溶液の一部を吸収セルにとり,定量操作と同様に測定し,塩素量(mgCl$_2$/ml)と吸光度の関係線を作成する。

排ガス中の塩素濃度は式(7.17)から算出する。

$$C = \frac{a \times 50}{V_s} \times 1000 \tag{7.17}$$

ここに,C:試料ガス中の塩素濃度(mg/m^3_N)
　　　　a:検量線から求めた塩素量(mg)
　　　　V_s:試料ガス採取量(l)(0℃,101.32kPa)

② 4-ピリジンカルボン酸-ピラゾロン吸光光度法(PCP法)

吸収液にp-トルエンスルホンアミド溶液を用いて,試料ガス中の塩素をクロラミンTとして捕集し,シアン化カリウムを加えて塩化シアンとした後,4-ピリジンカルボン酸-ピラゾロン溶液を加えると青色に発色する。この液の呈色は安定で,特に二酸化窒素に妨害されない特徴をもっている。なお,"大気汚染物質測定法指針"(旧環境庁大気保全局)では刺激臭の強いピリジンを用いているが,本法では無臭の4-ピリジンカルボン酸を用いる。

7. 大気測定技術の基礎知識

　試料ガス中に臭素，ヨウ素，オゾン，二酸化塩素などの酸化性ガス又は硫化水素，二酸化硫黄などの還元性ガスが共存すると影響を受けるので，影響を無視又は除去できる場合に適用できる。

　共栓試験管50mlに分析用試料溶液を正確に10mlとり，これにシアン化カリウム溶液1mlを加えて栓をし，2回静かに転倒した後，氷水浴中で約5分間放置し塩素を塩化シアンとする。緩衝液10ml及び4-ピリジンカルボン酸-ピラゾロン溶液10mlを加え，再び密栓して2回静かに転倒した後，25±2℃の水浴中で約30分間放置する。この一部を吸収セルにとり，波長638nm付近の吸光度を測定する。なお，対照液には吸収液10mlを共栓試験管50mlにとり，分析用試料溶液と同様に処理したものを用いる。作成した検量線から塩素量を求める。

　検量線の作成については，塩素標準液(0.001mgCl$_2$/ml)1〜10mlを共栓試験管50mlに段階的にとり，吸収液を加えて10mlとする。上記の定量操作を行い吸光度を測定し，塩素量(mgCl$_2$/ml)と吸光度の関係線を作成する。

　排ガス中の塩素濃度は，前述の式(7.16)から算出する。

　③　二塩化3,3′-ジメチルベンジジニウム吸光光度法 (o-トリジン吸光光度法)

　塩素を含む試料ガスを，オルトトリジン吸収液に通気させると，吸収された塩素がオルトトリジンと反応し，黄色ホロキノンが生成する。この呈色(黄色)の吸光度を光電分光光度計で測定し，排ガス中の塩素濃度を求める。

　本法は，吸収液中のオルトトリジン量に対応する理論量以上の塩素を吸引した場合，赤色ホロキノンを生成し，吸収液が赤色を呈するか赤色沈殿を生ずる。この場合，検量線は直線とならず分析誤差が大きくなるので注意を要する。

　試料ガスの採取後10分以内に吸収液を50ml全量フラスコに移し，吸収瓶を吸収液で洗ったその洗液も合わせて50mlにする。その一部をセルに移し，直ちに435nm付近で吸光度を測定する。

　検量線については，塩素標準液(0.001mgCl$_2$/ml)0.5〜3.0mlを段階的に分取し，10mlの全量フラスコに入れる。吸収液を加えて10mlとし，各標準試料溶液の吸光度を測定し，塩素濃度(mgCl$_2$/ml)と吸光度との関係式である検量線を作成する。また，対照液には吸収液を使用する。

　排ガス中の塩素濃度は，前述の式(7.16)から算出する。

　本法は，臭素，ヨウ素が共存すると塩素と同様に呈色し，オゾン，二酸化塩素，硫化水素，二酸化硫黄などの妨害の影響を受ける。

(3) 塩化水素

　排ガス中の塩化水素の測定方法は，昭和42年にJIS K 0107 "排ガス中の塩化水素分析方法"が制定され，その後，平成7年に改訂され，現行JIS法となっている。

　試料ガスの採取は，7.1.1(2)の吸収瓶を用いた採取法(図7.1)を使用する。吸収瓶は2個使用し，吸収液50mlずつを入れ，吸引流量1〜2l/minで試料ガスを採取する。ガス採取量は40〜80lとする。

　分析方法の種類及び概要を表7.8に示す。

7.2 排ガス中の有害ガスの測定法

表7.8 排ガス中の塩化水素分析方法の種類及び概要

分析方法の種類	分析方法の概要		定量範囲 vol ppm (mg/m^3_N)
	要　　旨	試料採取	
硝酸銀滴定法	試料ガス中の塩化水素を水酸化ナトリウム溶液に吸収させた後，微酸性にして硝酸銀を加え，チオシアン酸アンモニウム溶液で滴定。	吸収瓶法 吸収液：0.1mol/l水酸化ナトリウム溶液 液量：50ml×2 標準採取量：80l	140～2800 (230～4600)[*1]
チオシアン酸水銀(II)吸光光度法	試料ガス中の塩化水素を水酸化ナトリウム溶液に吸収させた後，チオシアン酸水銀(II)溶液と硫酸アンモニウム鉄(III)溶液を加えて発色させ，吸光度(460nm)を測定する。	吸収瓶法 吸収液：0.1mol/l水酸化ナトリウム溶液 液量：50ml×2 標準採取量：40l	2～80 (3～130)[*1]
イオンクロマトグラフ法	試料ガス中の塩化水素を水に吸収させた後，イオンクロマトグラフに導入し，クロマトグラムを記録する。	吸収瓶法 吸収液：水 液量：25ml×2 標準採取量：20l	0.4～80 (0.6～130)[*2]
イオン電極法	試料ガス中の塩化水素を硝酸カリウム溶液に吸収させた後，酢酸緩衝液を加え，塩化物イオン電極を用いて測定する。	吸収瓶法 吸収液：0.1mol/l硝酸カリウム溶液 液量：50ml×2 標準採取量：40l	40～40000 (64～64000)[*1]
イオン電極連続分析法	試料ガス中の塩化水素を連続的に吸収液に吸収させた後，塩化物イオン電極を用いて測定する。	吸収液：フタル酸塩緩衝液，又は水	0～50, 0～100, 0～500, 0～1000

(注) [*1] 試料ガスを通した吸収液(100ml)を250mlに希釈して分析用試料溶液とした場合。
　　 [*2] 試料ガスを通した吸収液(50ml)を100mlに希釈して分析用試料溶液とした場合。濃縮カラムを使用すれば，この表に示した定量下限を下げることができる。
　　 JISの附属書に，イオンクロマトグラム法による塩化水素と硫黄酸化物の同時分析方法を規定している。

① 硝酸銀滴定法

試料溶液に少量の硝酸を加えて微酸性とし，これに硝酸銀溶液を加え，過剰の硝酸銀をチオシアン酸アンモニウム溶液で滴定して塩化水素濃度を求める。硝酸酸性にした塩化水素を含む溶液に硝酸銀($AgNO_3$)を加えると，次式のように反応して硝酸銀が消費される。

$$NaOH + HCl \longrightarrow NaCl + H_2O$$
$$NaCl + AgNO_3 \longrightarrow AgCl + NaNO_3$$

過剰の硝酸銀を含む溶液を，硫酸アンモニウム鉄(III)溶液を指示薬としてチオシアン酸アンモニウム溶液で滴定し，溶液中の硝酸銀に対しチオシアン酸アンモニウム(NH_4SCN)が過剰になると，鉄イオンと反応してチオシアン酸鉄(III)を生成し，溶液の色が微赤色となる。

$$AgNO_3 + NH_4SCN \longrightarrow NH_4NO_3 + AgSCN$$
$$NH_4SCN + Fe^{3+} \longrightarrow Fe(SCN)^{2+} + NH_4^+$$

ニトロベンゼンは生成した塩化銀の沈殿凝集剤で，これを加えることにより終点を鋭敏にする。この方法は，試料ガス中に二酸化硫黄，他のハロゲン化物，シアン化物，硫化物などが共存すると影響を受けるので，その影響を無視又は除去できる場合に適用できる。また，適用範囲を超える濃厚試料の場合は，吸収液で正確に希釈して分析する。

コニカルビーカー200mlに分析用試料溶液v(ml)(通常25～50ml)をとり，硝酸(100g/l)を加えて酸性とする。これに0.1mol/l硝酸銀溶液25ml，ニトロベンゼン3mlを加え，指示薬として硫酸アンモニウム鉄(Ⅲ)溶液1mlを加えてよく振り混ぜ，0.1mol/lチオシアン酸アンモニウム溶液で滴定し，溶液の微赤色が消えなくなった点を終点とする。

別に吸収液を2.5倍に希釈したものv(ml)について同様に操作し，空試験値とする。

排ガス中の塩化水素濃度は式(7.18)から算出する。

$$C=\frac{3.65(b-a)\cdot f\cdot \frac{250}{v}}{V_S}\times 1000 \tag{7.18}$$

ここに，C ：試料ガス中の塩化水素の質量濃度(mg/m³$_N$)
　　　　a ：滴定に要した0.1mol/lチオシアン酸アンモニウム溶液の量(ml)
　　　　b ：空試験に要した0.1mol/lチオシアン酸アンモニウム溶液の量(ml)
　　　　f ：0.1mol/lチオシアン酸アンモニウム溶液のファクター
　　　　v ：分析用試料溶液250mlからの分取量(ml)
　　　　V_S ：標準状態の試料ガス採取量(l)(0℃，101.32kPa)
　　　　3.65：0.1mol/lチオシアン酸アンモニウム溶液1mlに相当する塩化水素の質量(mg)

② チオシアン酸水銀(Ⅱ)吸光光度法

試料ガス採取後，吸収液(0.1mol/l水酸化ナトリウム溶液)を250ml全量フラスコに移し，吸収瓶を吸収液で洗い，その洗液も加え，さらに水を加えて250mlとし試料溶液とする。この試料溶液に硫酸鉄(Ⅲ)アンモニウムとチオシアン酸水銀(Ⅱ)溶液を加えると，試料溶液中の塩化物イオンとチオシアン酸水銀(Ⅱ)が反応し，チオシアン酸イオンが遊離する。そして，遊離したチオシアン酸イオンと鉄(Ⅲ)イオンが反応し，チオシアン酸鉄(Ⅲ)の錯塩が生成し，赤だいだい色に呈色する。この呈色の吸光度を光電分光光度計で測定し，塩化水素濃度を求める。

図7.19に分析方法の操作手順を示す。検量線は，塩化物イオン標準液(0.02mgCl⁻/ml)を0～5ml段階的にとり，水を加えて5mlとし，図7.19の操作手順に従い，標準試料溶液の吸光度を測定し作成する。対照液には，吸収液と同様の分析操作を行ったものを用いる。この検量線より，試料溶液中の塩化物イオン濃度を求め，式(7.19)から排ガス中の塩化水素濃度を算出する。

$$C=\frac{(a-b)\times \frac{250}{5}}{V_S}\times \frac{36.5}{35.5}\times 1000 \tag{7.19}$$

7.1 排ガス中の有害ガスの測定法

```
          ┌──────────────┐
          │ 分析用試料溶液 │
          └──────┬───────┘
                 ↓
          ┌──────────────┐
          │  共栓付試験管  │
          └──────┬───────┘
                 │←── 硫酸鉄(Ⅲ)アンモニウム溶液(2ml)
                 │←── チオシアン酸水銀(Ⅱ)メタノール溶液(1ml)
                 │←── メタノール(10ml)
                 ↓
          ┌──────────────┐
          │    振とう     │
          └──────┬───────┘
                 ↓
          ┌──────────────┐
          │    放  置     │
          │  (5～30分間)  │
          └──────┬───────┘
                 ↓
          ┌──────────────┐
          │    セ  ル     │
          └──────┬───────┘
                 ↓
          ┌──────────────┐
          │   吸光度測定   │
          │   (460nm)    │
          └──────────────┘
```

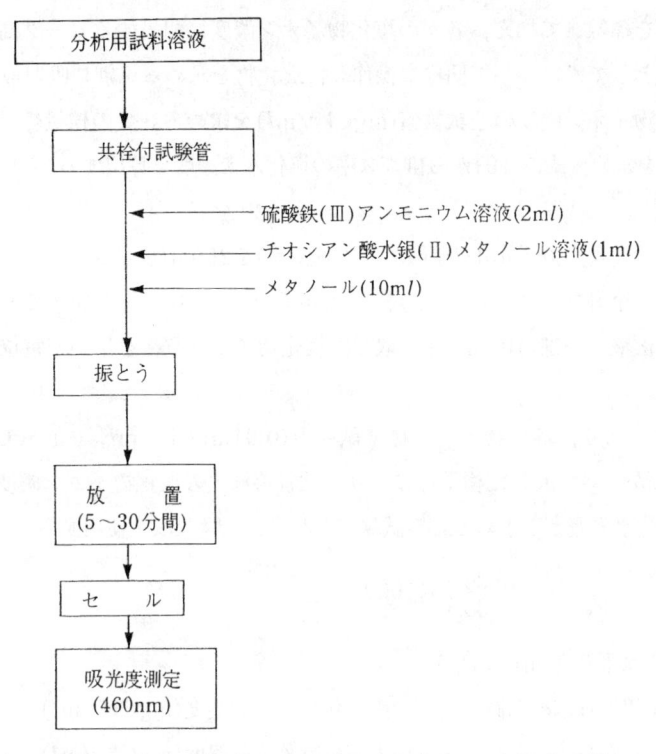

図7.19 チオシアン酸水銀(II)吸光光度法の分析操作手順

ここに，C ：塩化水素濃度(mg/m^3_N)

a ：検量線から求めた分析試料溶液中の塩化物イオン濃度($mgCl^-/ml$)

b ：検量線から求めた空試験溶液中の塩化物イオン濃度($mgCl^-/ml$)

V_s ：試料ガスの採取量(l)(0℃, 101.32kPa)

本法は，他のハロゲン化物やシアン化物，二酸化硫黄，硫化物の妨害の影響を受ける。

③ イオンクロマトグラフ法

イオンクロマトグラフ法は塩化物イオン，亜硝酸イオン，硝酸イオン，硫酸イオンなどの陰イオンを高感度に同時定量できる方法である。この方法は，試料ガス中に硫化物などの還元性ガスが高濃度に共存する場合は影響を受けるので，その影響を無視又は除去できる場合に適用する。

イオンクロマトグラフを測定状態にし，分離カラムに溶離液を一定の流量で流す。サプレッサー付きの装置では分離カラムとサプレッサーに溶離液を流し，さらにサプレッサーには再生液を一定の流量で流しておく。試料導入器を用いて分析用試料溶液の一定量(10～250 μl)をイオンクロマトグラフに導入してイオンクロマトグラムを記録し，塩化物イオンに相当するピークの面積又は高さを求め，検量線から塩化物イオンの濃度($mgCl^-/ml$)を求める。空試験値は全量フラスコ100mlに吸収液50mlをとり，水を標線まで加えたものについて試料と同様に操作して求める。

数個の全量フラスコ100mlに塩化物イオン標準液($0.1mgCl^-/ml$又は$0.01mgCl^-/ml$)1～25ml

7. 大気測定技術の基礎知識

の数点をとり，水を標線まで加え，各々の塩化物イオン濃度に相当するピーク高さ又は面積を求める。なお，空試験として水について同様に操作し，塩化物を求める。別に吸収液100mlをとり，同様に操作して塩化物イオン濃度の空試験値(mgCl$^-$/ml)を求める。この検量線より，試料溶液中の塩化物イオン濃度を求め，式(7.19)から排ガス中の塩化水素濃度を算出する。

④ イオン電極法

試料ガス採取後，吸収液(0.1mol/l硝酸カリウム溶液)を250ml全量フラスコに移し，吸収瓶を水で洗い，その洗液も全量フラスコに加え，緩衝液5ml，さらに吸収液を加えて250mlとし試料溶液とする。この試料溶液の一部(100ml)を分取し，塩化物イオン電極を用いて電位を測定し塩化物イオン濃度を求める。

分析操作は簡単であり，塩化物イオン標準試料液(0.01mgCl$^-$/ml，0.1mgCl$^-$/ml，1mgCl$^-$/ml)を用いてあらかじめ作成した検量線により，試料溶液中の塩化物イオン濃度を求め，式(7.20)から排ガス中の塩化水素濃度を求める。空試験液としては，吸収液を使用する。

$$C = \frac{(a-b) \times 250}{V_S} \times \frac{36.5}{35.5} \times 1000 \tag{7.20}$$

ここに，C ：塩化水素濃度(mg/m^{3}N)

a ：検量線から求めた試料溶液中の塩化物イオン濃度(mgCl$^-$/ml)

b ：検量線から求めた空試験液中の塩化物イオン濃度(mgCl$^-$/ml)

V_S ：試料ガスの採取量(l)(0℃，101.32kPa)

7.1.5 自動計測器の校正

二酸化硫黄，窒素酸化物の連続分析法として自動計測器を使用する測定法について，7.1.2(2)と7.1.3(2)に記述したが，これらの自動計測器を使用して有害ガス成分を実際に測定する場合，あらかじめ各成分の校正ガスを使用して計測器を校正しておかなければならない。

校正ガスには，ゼロガスとスパンガス(標準ガス)があり，ゼロガスは高純度窒素又は測定成分を除去した清浄空気を使用し，計測器のゼロ点を調整するのに使用する。一方，スパンガスは，高純度窒素で希釈した測定成分の標準ガスで，計測器の最大目盛値の80～95％程度の濃度の標準ガスを使用し，計測器の指示値を校正する。

連続分析の場合，自動計測器の校正は，原則的に1日1回行うが，装置によっては，分析計のゼロ及びスパン調整を一定周期ごとに自動的に行うものもある。

7.2 排ガス中のばいじんの測定法

7.2.1 測定法の概要

排ガス中のばいじん測定は，大気汚染防止のために広く行われるようになった重要な測定技術で

7.2 排ガス中のばいじんの測定法

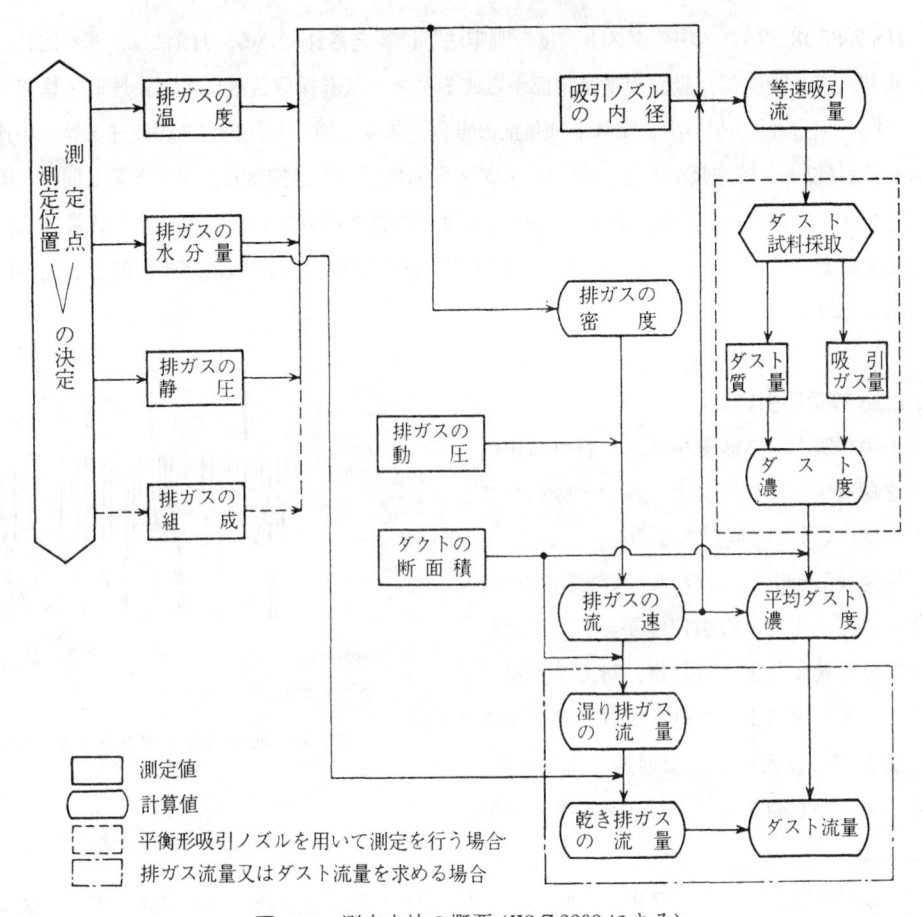

図7.20 測定方法の概要 (JIS Z 8808 による)

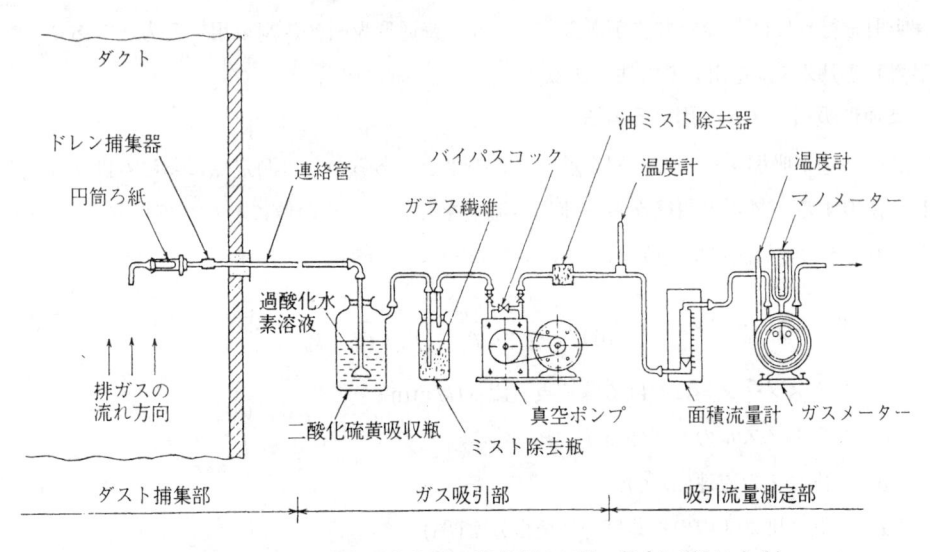

図7.21 ダスト濃度測定装置の構成例 (1形の場合) (JISによる)

あり，JIS Z 8808 "排ガス中のダスト濃度の測定法"に規定されている。JIS法は，基本的には，ダスト捕集部，ガス吸引部，吸引流量測定部から成るダスト試料採取装置により，煙道・煙突・ダクト(以下「ダクト」という。)中にダスト捕集部の吸引ノズルを挿入し，排ガスの流速と等しい速度で排ガスを吸引(以下「等速吸引」という。)し，ダスト捕集器でろ過捕集したダスト量と同時に吸引したガス量を求め，温度0℃，圧力101.32kPaに換算した乾き排ガス$1m^3$中のダスト質量としてのダスト濃度を計算する。JIS法によるダスト濃度測定方法の概要を図7.20に，また測定装置の構成例を図7.21に示す。

7.2.2 等速吸引について

ダクト中に吸引ノズルを挿入して排ガス中のダストを採取するには，排ガス流速と吸引ガス流速とを等しくする必要がある。

この等速吸引が正しく行われないと図7.22に示すように，例えば，吸引速度がダクトを流れる排ガスの流速より大きければ，排ガス流線が曲げられるが，ダストは慣性により，そのまま流れて吸引口には入らないで通過してしまう。したがって，測定結果は真のダスト濃度より小さくなる。

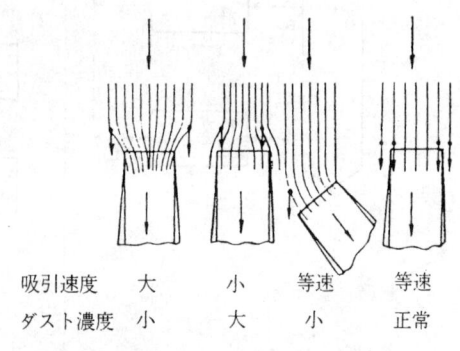

吸引速度	大	小	等速	等速
ダスト濃度	小	大	小	正常

図7.22 吸引速度とダスト濃度との関係

逆に，吸引速度が排ガスの流速より小さければ，測定したダスト濃度は真値より大きくなる。この点が排ガス中の有害ガス成分の採取と根本的に異なる点である。

等速吸引を行うには二つの方法がある。一つは，普通形吸引ノズルを用いる方法であり，もう一つは平衡形吸引ノズルを用いる方法である。

(1) 普通形吸引ノズルを用いる方法

図7.23に普通形吸引ノズルの一例を示す。この場合，あらかじめ測定点における排ガスの流速を測定し，使用するノズルの口径から等速吸引流量を計算し，その値に合わせて排ガスを吸引する。等速吸引のための吸引流量は式(7.21)によって求める。

$$\overline{q_m} = \frac{\pi}{4} \cdot d^2 \cdot v \cdot \left(1 - \frac{x_w}{100}\right) \cdot \frac{273 + \theta_m}{273 + \theta_s} \cdot \frac{P_a + P_s}{P_a + P_m - P_v} \times 60 \times 10^{-3} \tag{7.21}$$

ここに，q_m：ガスメーターにおける等速吸引流量(l/min)
 d：吸引ノズルの内径(mm)
 v：排ガスの流速(m/s)
 x_w：湿り排ガス中の水蒸気の体積百分率(%)
 θ_m：ガスメーターにおける吸引ガスの温度(℃)

7.2 排ガス中のばいじんの測定法

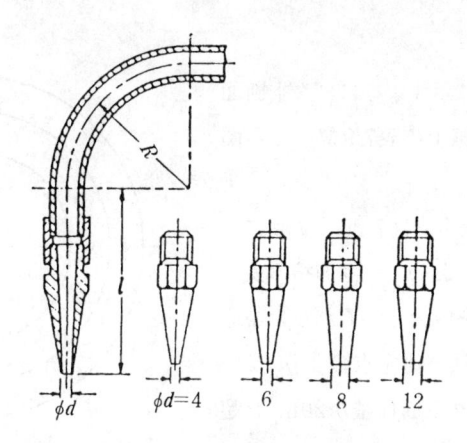

図7.23 普通形試料採取管

θ_s ：排ガスの温度(℃)
P_a ：大気圧(kPa)
P_s ：測定地点における差圧(kPa)
P_m ：ガスメーターにおける吸引ガスのゲージ圧(kPa)
P_v ：θ_mの飽和水蒸気圧(kPa)

したがって，この方法では，図7.20のフローダイアグラムに示すように排ガスの温度，水分量，流速などいろいろな測定値が，ばいじん量測定前に必要である。また，排ガスの流速測定時点とダスト試料採取時点がずれ，その間に流速が変化している場合には，正しい等速吸引を行えない。図7.23に示されたように，口径の異なるノズルを用意しておくと，排ガスの流速に応じてノズルを交換できるので便利である。

(2) 平衡形吸引ノズルを用いる方法

図7.24に平衡形吸引ノズルの一例を示す。図に示されるように，測定点におけるダクト内排ガスと吸引ノズル内の吸引ガスとの静圧を測定する静圧管をもち，例えば，これらの静圧管を差圧計に接続し，等圧になるようにダスト採取を行えば等速吸引を行うことができる。

7.2.3 測定位置と測定点

JIS法では，測定位置の選択として，ダクトの屈曲部分，断面形状の急激に変化する部分を避け，排ガスの流れが比較的一様に整流され，測定作業が安全にでき，かつ容易な場所を選ぶこととしている。

次に，測定位置に選んだダクトの測定断面積の形状と大きさに応じて，規定に従った適当数の等面積に区分し，その区分面積ごとに

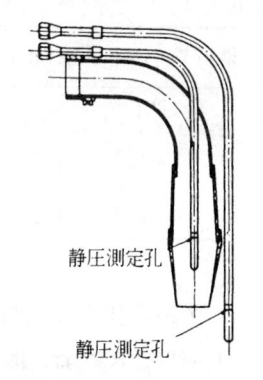

図7.24 平衡形試料採取管の構造例(吸引ノズルの交換可能なもの)
静圧測定孔
静圧測定孔

7. 大気測定技術の基礎知識

測定点を選定する。

円形断面の場合，図7.25に示すようにダクト断面において互いに直交する直線上の表7.9で与える関係位置を測定点に選ぶ。

長方形及び正方形断面の場合，図7.26のように一辺の長さlが1m以下の範囲において，等面積の長方形及び正方形にダクト断面を区分し，それらの中心点を測定点とする。適用寸法と測定点のとり方は，表7.10に示す。ただし，ダクト断面積が20m^2を超える場合には，測定点の数は原則として20点までとし，等断面積に区分する。

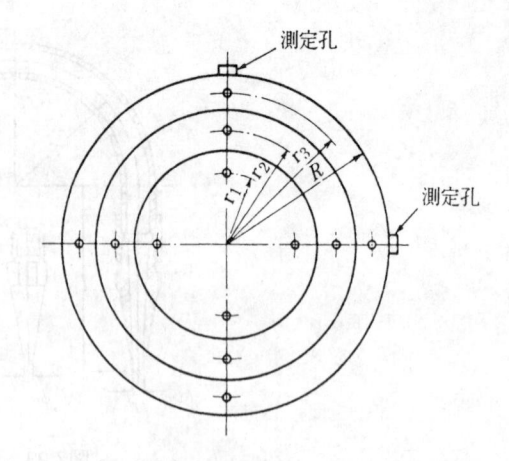

図7.25 円形断面の測定点($z=3$，測定点数12の場合)

表7.9 円形断面の測定点

適用ダクト直径 (m)	半径区分数 z	測定点数	測定点のダクト中心からの距離(m) 半径番号 n				
			$n=1$	$n=2$	$n=3$	$n=4$	$n=5$
1以下	1	4	0.707R	—	—	—	—
1を超え 2 以下	2	8	0.500R	0.866R	—	—	—
2を超え 4 以下	3	12	0.408R	0.707R	0.913R	—	—
4を超え 4.5以下	4	16	0.354R	0.612R	0.791R	0.935R	—
4.5を超えた場合	5	20	0.316R	0.548R	0.707R	0.837R	0.949R

表7.10 長方形・正方形断面の測定点のとり方

適用ダクト断面積A(m^2)	区分された1辺の長さl(m)
1以下	$l \leq 0.5$
1を超え 4以下	$l \leq 0.667$
4を超え 20以下	$l \leq 1$

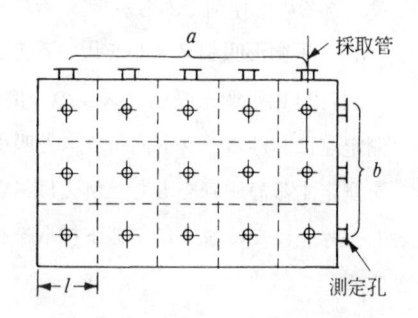

図7.26 長方形・正方形断面の測定点と測定孔

7.2.4 排ガスの流速，流量の測定法

JIS法においては，排ガスの流速は，L形ピトー管又はピトー管係数の変わった特殊形ピトー管によって測定する。

ピトー管以外の流速計は，気体の温度，圧力，組成及びダストの性質などの影響を受けるため，校正を行う必要がある。

7.2 排ガス中のばいじんの測定法

7.2.5 排ガス中の水分量の測定

排ガス中のダスト濃度は，乾き排ガス$1m^3_N$中の質量で表示するが，ダクト中を流れている排ガスは水分を含んだ湿りガスであり，乾き状態に換算するためには，排ガス中の水分を測定する必要がある。ここでは，特に排ガス中の水分量の測定方法について解説する。

排ガス中の水分量の測定装置は，図7.21のダスト濃度測定装置と同じ構成で，ダストろ過器の付いた吸引管の後に水分を取り除く吸湿管又は凝縮器を接続し，さらにガス吸引装置，ガスメーターを設置する。また，水分量の測定の場合，ダクトの中心部の一点だけを測定すればよく，この場合等速吸引を行う必要はない。

吸湿管(U字管)に，無水塩化カルシウム(粒状)などの吸湿剤を充てんし，吸湿管の塩化カルシウム1g当たりのガス吸引流量が0.1l/min以下になるようにして排ガスを吸引する。吸湿剤は水蒸気だけを吸収し，他のガス成分は吸収しないものを選択する。

排ガスの吸引終了後，吸湿管でとらえた水分量をひょう量し，排ガス中の水分量を求める。また，この水分量より，式(7.22)から，湿り排ガス中の水蒸気の体積百分率X_wが計算できる。

$$X_w = \frac{\frac{22.4}{18}m_a}{V_m \cdot \frac{273}{273+\theta_m} \cdot \frac{P_a+P_m-P_v}{760} \cdot \frac{22.4}{18}m_a} \times 100 \tag{7.22}$$

ここに，X_w：湿り排ガス中の水蒸気の体積百分率(%)
　　　　m_a：吸湿水分量(g)
　　　　V_m：吸引したガス量(湿式ガスメーターの読み)(l)
　　　　θ_m：ガスメーターにおける吸引ガス温度(℃)
　　　　P_a：大気圧(kPa)
　　　　P_m：湿式ガスメーターにおけるガスのゲージ圧(kPa)
　　　　P_v：θ_mの飽和水蒸気圧(kPa)

7.2.6 ダスト捕集部

ダスト捕集器は，ろ過捕集によるものだけとし，その性能は，ダストの捕集率が99％以上，使用状態で化学変化を起こさないものとし，JIS法では，図7.27，図7.28に示すろ紙(円形又は円筒)が規定されている。

ダスト捕集器は，表7.11に示すろ過材の特性を考慮して選定する。ろ過材には加熱減量及び排ガス中の硫黄酸化物などに対して吸着性を有するものもあり，これらの点に十分注意する必要がある。シリカ繊維は，広く使用されており，耐熱性が高く，ガスの吸着性が少ない利点があるが，円筒ろ紙を高温で使用すると，強度的にやや弱い面がある。フッ素樹脂製ろ紙は，加熱減量がほとんどなく，特にガスやミストの吸着性が著しく少なく，強度も強い利点があるが，ろ過抵抗が大きく，耐

7. 大気測定技術の基礎知識

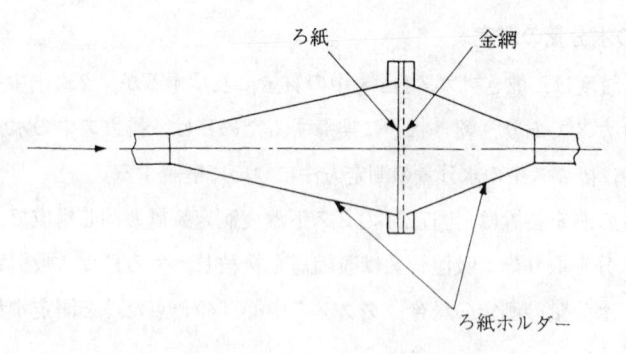

図7.27 円形ろ紙を用いるダスト捕集器の例(2形)

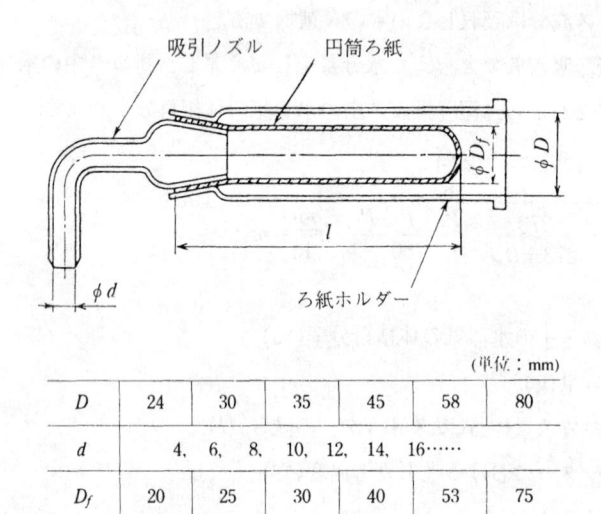

(単位：mm)

D	24	30	35	45	58	80
d		4,	6, 8,	10, 12,	14, 16……	
D_f	20	25	30	40	53	75
l	90	90	100	150	150	210

図7.28 円筒ろ紙を用いるダスト捕集器の形状・寸法例(1形)

表7.11 ダスト捕集器のろ過材の性能

項　目	ろ紙を用いるダスト捕集器			
	ガラス繊維	シリカ繊維	フッ素樹脂	メンブレン
使用温度	500℃以下	1000℃以下	250℃以下	110℃以下
捕集率	99％以上			
圧力損失	1.96 kPa 未満		5.88 kPa 未満	
吸湿性	1％未満		0.1％未満	1％未満

(注) この表の数値の試験方法は，JIS K 0901の「5　性能試験方法」による。

7.2 排ガス中のばいじんの測定法

熱性が250℃までと低い。ガラス繊維は，耐熱性も比較的高く，加熱減量も割合少なく，強度も比較的強いが，硫黄酸化物などのガスに対して吸着性が大きく，大きな誤差を生じる点が問題となる。

図7.21に示されるようにダスト試料採取装置の構成は，ダスト捕集部，ガス吸引部及び吸引流量測定部から成る。そして，ダスト捕集部においてダスト捕集器をダクト内に置くものを1形(図7.21の場合)といい，ダクトの外に置くものを2形という。排ガスの温度が高く，ダスト捕集器がその温度に耐えられない場合には2形を使用する。しかしながら，2形の場合，排ガスの吸引口からダスト捕集器までの吸引導管が長くなり，吸引導管内へのダストの付着が問題となる。したがって，排ガスの温度が高い場合には，シリカ繊維のろ紙を使用した1形を用いた方がよい。

7.2.7 ダスト濃度の計算

排ガス中のダスト濃度は，標準状態(0℃，101.32kPa)に換算した乾き排ガス$1m^3{}_N$中に含まれるダスト質量(g)で表すので，各測定点でのダスト濃度は式(7.23)によって求める。

$$C_N = \frac{m_d}{V'_N} \tag{7.23}$$

ここに，C_N：乾き排ガス中のダスト濃度$(g/m^3{}_N)$

m_d：捕集したダストの質量(g)

V'_N：標準状態における吸引した乾き排ガス量$(m^3{}_N)$

また，全断面の乾き排ガス中の平均ダスト濃度は，区分した各断面のダスト濃度から，式(7.24)によって求める。

$$\overline{C}_N = \frac{C_{N1} \cdot A_1 \cdot v_1 + C_{N2} \cdot A_2 \cdot v_2 + \cdots + C_{Nn} \cdot A_n \cdot v_n}{A_1 \cdot v_1 + A_2 \cdot v_2 + \cdots + A_n \cdot v_n} \tag{7.24}$$

ここに，$\overline{C}_N$：全断面積の平均ダスト濃度$(g/m^3{}_N)$

$C_{N1}, C_{N2}, \cdots, C_{Nn}$：各断面におけるダスト濃度$(g/m^3{}_N)$

$A_1, A_2, \cdots, A_n$：各断面の面積(m^2)

$v_1, v_2, \cdots, v_n$：各断面におけるガス流速(m/s)

最終的にダクト中を流れる(又は放出される)単位時間当たりのダストの総質量は，式(7.25)によって求められる。

$$S = \overline{C}_N \cdot Q'_N \times 10^{-3} = \overline{C}_N \cdot Q_N \cdot \left(1 - \frac{x_w}{100}\right) \times 10^{-3} \tag{7.25}$$

ここに，S：ダスト総質量(排出量)(kg/h)

$\overline{C}_N$：全断面の平均ダスト濃度$(g/m^3{}_N)$

Q'_N：乾き排ガス流量$(m^3{}_N/h)$

Q_N：湿り排ガス流量$(m^3{}_N/h)$

x_w：湿り排ガス中の水蒸気の体積百分率(%)

7.3 環境中の大気汚染物質測定法

大気汚染は，工場及び事業場などの固定発生源から発生する硫黄酸化物，窒素酸化物，ばいじん，粉じん，有害物質などの各種汚染物質と自動車などの移動発生源から排出される窒素酸化物，一酸

表7.12 環境基準及び測定方法

物質	二酸化硫黄	一酸化炭素	浮遊粒子状物質	光化学オキシダント	二酸化窒素
環境上の条件	1時間値の1日平均値が0.04ppm以下であり，かつ1時間値0.1ppm以下であること。	1時間値の1日平均値が10ppm以下であり，かつ1時間値の8時間平均値が20ppm以下であること。	1時間値の1日平均値が0.10mg/m^{3}以下であり，かつ1時間値が0.20mg/m^{3}以下であること。	1時間値が0.06ppm以下であること。	1時間値の1日平均値が0.04ppmから0.06ppmまでのゾーン内又はそれ以下であること。
測定方法	溶液電導率法又は紫外線蛍光法	非分散形赤外分析計を用いる方法	ろ過捕集による重量濃度測定方法又はこの方法によって測定された重量濃度と直線的な関係を有する量が得られる光散乱法，圧電天びん法若しくはベータ線吸収法	中性ヨウ化カリウム溶液を用いる吸光光度法若しくは電量法，紫外線吸収法又はエチレンを用いる化学発光法	ザルツマン試薬を用いる吸光光度法又はオゾンを用いる化学発光法

(注) 1. 浮遊粒子状物質とは，大気中に浮遊する粒子状物質であって，その粒径が10 μm以下のものをいう。
2. 光化学オキシダントとは，オゾン，PAN(パーオキシアセチルナイトレート)，その他の光化学反応により生成される酸化性物質(中性ヨウ化カリウム溶液からヨウ素を遊離するものに限り，二酸化窒素を除く。)をいう。

表7.13 ベンゼン等による大気汚染に係る環境基準及び測定方法

物　質	環境上の条件	測　定　方　法
ベンゼン	1年平均値が0.003mg/m^{3}以下であること。	キャニスター若しくは捕集管により採取した試料をガスクロマトグラフ質量分析計により測定する方法又はこれと同等以上の性能を有すると認められる方法
トリクロロエチレン	1年平均値が0.2mg/m^{3}以下であること。	キャニスター若しくは捕集管により採取した試料をガスクロマトグラフ質量分析計により測定する方法又はこれと同等以上の性能を有すると認められる方法
テトラクロロエチレン	1年平均値が0.2mg/m^{3}以下であること。	キャニスター若しくは捕集管により採取した試料をガスクロマトグラフ質量分析計により測定する方法又はこれと同等以上の性能を有すると認められる方法
ジクロロメタン	1年平均値が0.15mg/m^{3}以下であること。	キャニスター若しくは捕集管により採取した試料をガスクロマトグラフ質量分析計により測定する方法又はこれと同等以上の性能を有すると認められる方法

7.3 環境中の大気汚染物質測定法

化炭素, 炭化水素などの汚染物質によって引き起こされる。

一般に, 環境基準の定められている物質の大気中の濃度は, かなり低く, 精度の高い測定は難しい。環境基準に係る平成8年環境庁告示において, それぞれの物質ごとに自動計測器を用いる連続測定法が定められており, 表7.12にその測定法を示す。また, これらの物質についての自動計測器に関してはJIS法にも定められている。

また, 平成13年環境省告示において, 表7.13に示すベンゼン等による大気汚染に係る環境基準及び測定方法が定められた。

7.3.1 粉　じ　ん

大気中の粉じんは, 比較的粗い粉じんで地上に落下する粒子と, 非常に細かい粒子で空気中に浮遊している粒子とに分け, 前者を降下ばいじん, 後者を浮遊粉じんという。降下ばいじんについては環境基準は定められていないが, 浮遊粉じんについては, その粒径が$10\mu m$以下のものだけについて定めており, その場合を浮遊粒子状物質という。

(1) 降下ばいじんの測定方法

降下ばいじんは, 図7.29に示すようなデポジットゲージで測定する。普通ガラス製の大形漏斗と大形ガラス瓶とをビニル製の逆立漏斗付ビニル管で図のように結絡し, これらを鉄製スタンドによって固定する。

普通1か月間測定点に設置して, 降下してくるばいじんを受ける。漏斗上に葉, 昆虫などの異物があれば取り除き, 捕集瓶中の上澄液250ml(ない場合には蒸留水)をとり, ビュレットブラシを用いて漏斗, 連結ビニル管の内側を洗い, 付着しているばいじんを洗い落とす。

捕集した降下ばいじんの分析項目は, 液量, pH不溶解性物質総量, 灰分, 溶解性物質総量などが

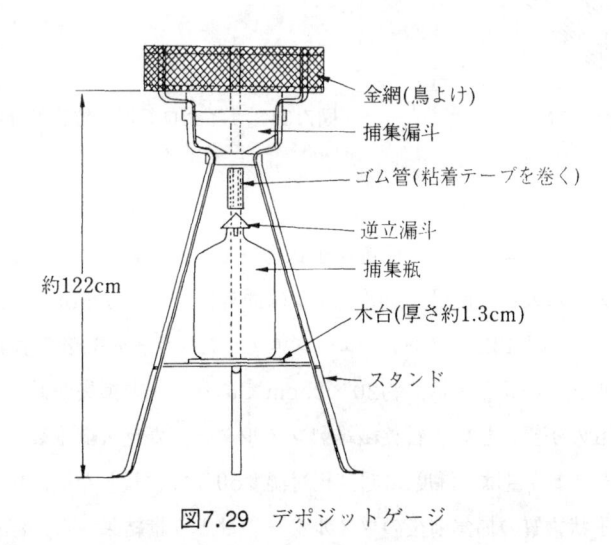

図7.29　デポジットゲージ

ある。最終的に，降下ばいじん量は(t/km²·月)といった単位で表し，式(7.26)で計算できる。

$$C = \frac{W}{\frac{\pi}{4} \cdot D^2} \times 10^4 \tag{7.26}$$

ここに，C ：降下ばいじん量(t/km²·月)
　　　　W ：総量(g)
　　　　D ：捕集漏斗の内径(cm)

(2) 浮遊粒子状物質の測定方法

浮遊粒子状物質は，粒径10μm以下の粒子を対象にするため，10μm以上の粒子をカットする必要がある。その方法としては，多段形の棚を捕集装置の前に設置し，大気がその棚を通過する間に，10μm以上の粒子が棚上に落下するような流速(あるいは棚の間隔)で大気を吸引する方法と，10μm以上の粒子を分離できる小形のサイクロン集じん器を設計し，捕集装置の前に設置する方法がある。図7.30，図7.31に，二つの方法による分粒装置を示す。次に測定装置について解説する。

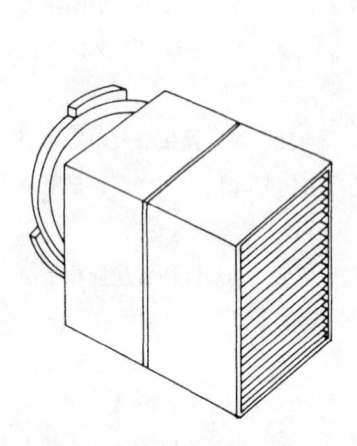

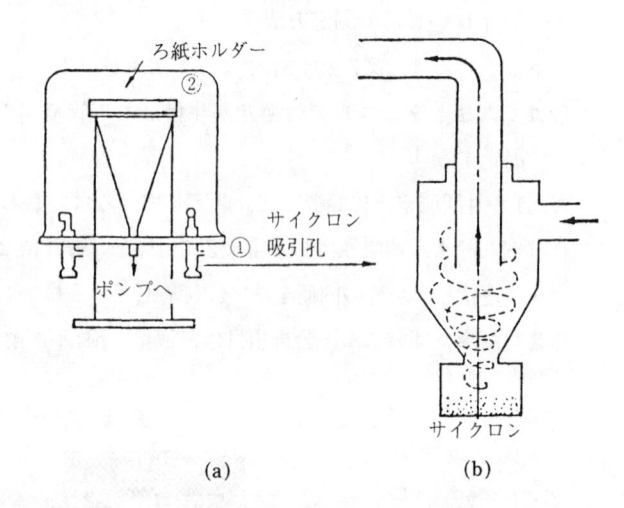

図7.30　多段形分粒装置　　　　図7.31　サイクロン形分粒装置付ローボリュームエアサンプラー

① ハイボリュームエアサンプラー法

ろ紙を使用して，大気を大量吸引し，浮遊粒子状物質をろ過捕集する。降下ばいじんが入らないように屋根付シェルターに入れて使用し，吸引流量は通常1～1.5m³/minで，24時間連続して空気吸引し，試料採取を行う。図7.32にハイボリュームエアサンプラーの概略を示す。

通常使用するフィルターのサイズは，約20×25cmであり，圧力損失が低く，吸湿性及びガス状物質の吸着が少ないものが望ましい。石英繊維製フィルター，ガラス繊維製フィルターが用いられている。フィルターのひょう量は，温度20℃，相対湿度50％で恒量した後，化学天びんで0.1mgまで測定する。浮遊粒子状物質の捕集前後のフィルターのひょう量結果から，浮遊粒子状物質の質量

7.3 環境中の大気汚染物質測定法

を求め，吸引空気量で割って，大気中の浮遊粒子状物質濃度を求める。

② 圧電天びん方式

水晶発振子の振動数が，その上に付着した物質の質量に比例し，減少することを利用するもので，大気中の浮遊粒子状物質を静電気捕集により水晶発振子の上に捕集し，その前後での振動数を測定して，浮遊粒子状物質の質量濃度を求める。

③ β線吸収方式

エネルギーの低いβ線が物質の質量に比例して吸収されることを利用するもので，大気中の浮遊粒子状物質をろ紙上に捕集した上でβ線を照射し，その透過線量を測定して浮遊粒子状物質の質量濃度を求める。

④ 光散乱方式(デジタル粉じん計)

暗室の中で浮遊粒子状物質に光を照射し，粒子による散乱光を測定し，浮遊粒子状物質の量を散乱光の強弱から相対質量濃度として測定する。図7.33に本法による測定装置の構成を示す。

粒子の物理的性質，光の反射率，粒子の大きさ，形，密度などにより散乱光の強度は異なり，標準粒子を発生し相対質量との校正を行う必要がある。また，湿度の影響も大きく，除湿装置を検討する必要がある。

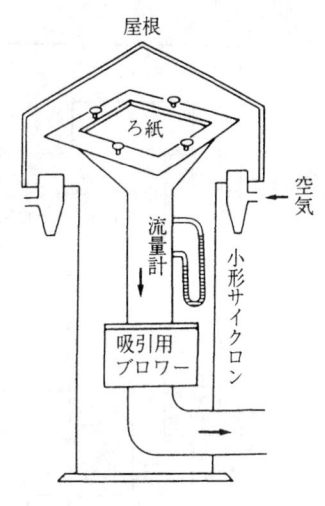

図7.32 ハイボリュームエアサンプラー

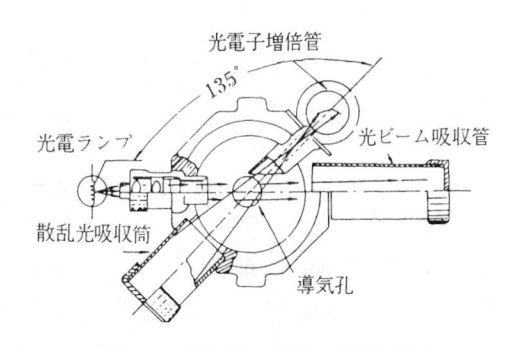

図7.33 デジタル粉じん計検出部

⑤ 吸光方式

大気中の浮遊粒子状物質をテープ状のろ紙上に捕集し，捕集前後のろ紙の吸光量を測定して浮遊粒子状物質の質量濃度を求める。光源にはタングステンランプを使用する。

②～⑤の浮遊粒子状物質の物理的測定法においては，①のろ過捕集による質量濃度測定法によって測定した質量濃度との校正を行う必要がある。

7.3.2 二酸化硫黄

環境基準測定法としては，溶液導電率法又は紫外線蛍光法が採用されている。

これらの測定法は，大気試料中の粉じんをフィルターで取り除き，試料大気を分析計に導入する以外は，排ガス中の二酸化硫黄の自動計測器を用いる連続分析と全く同様であり，ここでは説明を省略する。詳しくは，7.1.2(2)を参照されたい。

7. 大気測定技術の基礎知識

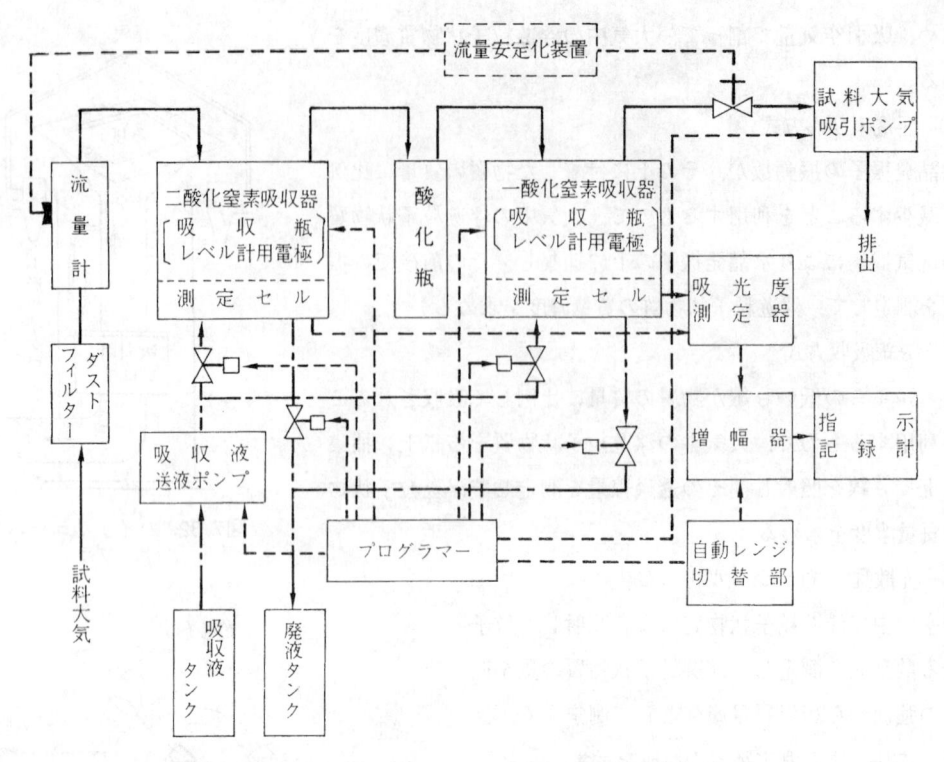

図7.34 窒素酸化物計測器(吸光光度法)の構成(一例)

7.3.3 二酸化窒素

大気中の窒素酸化物の測定法として，環境基準の測定法では，ザルツマン吸収液を用いる吸光光度法又はオゾンを用いる化学発光法が規定されている。いずれの方法も7.1.3(1)⑥，及び7.1.3(2)①に詳しく記述してあるので参照されたい。

ザルツマン吸光光度法による大気中の窒素酸化物の測定には，自動分析装置が広く使用されており，この分析装置の構成を図7.34に示す。発生源において，窒素酸化物の大部分は一酸化窒素であるが，大気中に放出されると酸化され二酸化窒素となる。しかしながら，一部は一酸化窒素のまま存在し，大気中においては一酸化窒素と二酸化窒素が共存する。

ザルツマン吸光光度法は，原理的に二酸化窒素を測定する方法であり，一酸化窒素は二酸化窒素に酸化してから測定しなければならない。そこで，図7.34に示されるように，まず，大気試料中の二酸化窒素を最初の吸収瓶で吸収し，吸光光度法で測定する。

最初の吸収瓶では吸収されず通過する一酸化窒素は，硫酸酸性の過マンガン酸カリウム溶液で満たした酸化瓶において二酸化窒素に酸化し，次の吸収瓶で吸収して吸光光度法で測定するシステムになっている。

通常，本装置の測定周期は1時間であり，通気速度は300ml/min程度である。吸収液タンクからザルツマン吸収液の一定量(15〜50ml)が吸収発色瓶に送られ，大気試料の導入が開始する。通気停

7.3 環境中の大気汚染物質測定法

止後，吸収液の吸光度を測定し，吸収液を排出後，吸収瓶内を洗浄してから次の測定が開始される。測定操作は所定のプログラムにより自動的に行われる。

7.3.4 一酸化炭素

大気中の一酸化炭素の測定法としては，環境基準の測定法では，非分散形赤外分析計を用いる方法が指定されている。

図7.35に非分散形赤外線式一酸化炭素分析計の構成例を示す。干渉フィルターセルには，一酸化炭素の赤外領域での吸収スペクトルと重複する妨害成分を封入して，妨害の影響を除去する。具体的には，二酸化炭素と水蒸気を封入する。また，基準セルには窒素のような赤外線の吸収のないガスを入れ，検出器には一酸化炭素を封入する。

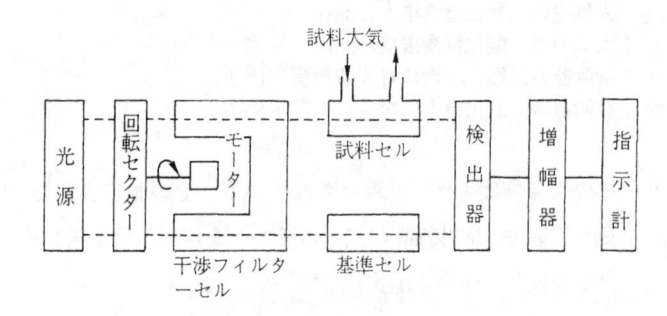

図7.35 非分散形赤外線式一酸化炭素分析計構成例

基準セルでは，赤外線は吸収されず，また測定セルでは大気試料中の一酸化炭素濃度に比例して赤外線の吸収が起こるので，検出器は，強度の異なる赤外線をチョッパーにより交互に受けることになり，検出器内で温度の変化，すなわち圧力の変化が生じる。

この圧力の変化を検出器内のコンデンサーマイクロホンの金属薄膜が変位してとらえ，電気信号に変換し，測定セル内の一酸化炭素濃度を求める。

水蒸気は，赤外全域にわたって吸収スペクトルをもち，赤外線分析計では，その妨害は避けられない。したがって，一般に干渉フィルターを用いると同時に，粉じんを除去した大気試料を一度加湿器中を通過させ加湿し，その後冷却除湿器で1～3℃で冷却除湿を行い，試料ガス中の湿度を一定に保ち，水蒸気による妨害の影響を一定のものとして取り除く方法が用いられている。

7.3.5 オキシダント

オキシダントとは全オキシダント，光化学オキシダント，オゾンなどの酸化性物質の総称であり，全オキシダントとは中性ヨウ化カリウム溶液からヨウ素を遊離する物質の総称で，この全オキシダントから二酸化窒素を除いた物質を光化学オキシダントと称している。環境基準での光化学オキシダントとは，オゾン，PAN(パーオキシアセチルナイトレート)，その他光化学反応により生成され

7. 大気測定技術の基礎知識

表7.14 計測器の種類

種 類	測定原理	備 考
全オキシダント自動計測器	吸光光度法 電量法	大気中の全オキシダント濃度を連続測定する計測器。 また，光化学オキシダント濃度*は，全オキシダント濃度から窒素酸化物によるオキシダント相当濃度を補正して求める。
オゾン自動計測器	化学発光法 紫外線吸収法	大気中のオゾン濃度を連続測定する計測器。

(注)＊ 光化学オキシダント濃度の算出は，次による。

$$A_{O_x} = C_{O_x} - \left(C_{NO_2} \cdot \frac{R_{NO_2}}{100} + C_{NO} \cdot \frac{R_{NO}}{100}\right)$$

ここに，　A_{O_x}　：光化学オキシダント濃度(ppmO$_3$)
　　　　　C_{O_x}　：全オキシダント濃度(ppmO$_3$)
　　　　　C_{NO_2}：大気中の二酸化窒素濃度(ppm)
　　　　　C_{NO}　：大気中の一酸化窒素濃度(ppm)
　　　　　R_{NO_2}：計測器の二酸化窒素に対する影響率(%)
　　　　　R_{NO}　：計測器の一酸化窒素に対する影響率(%)

る酸化性物質であり，その大部分はオゾンとみなされている。その測定法としては，ヨウ化カリウムを用いる吸光光度法又は電量法，紫外線吸収法，エチレンを用いる化学発光法が規定されている。表7.14にその測定方法と測定成分について示す。

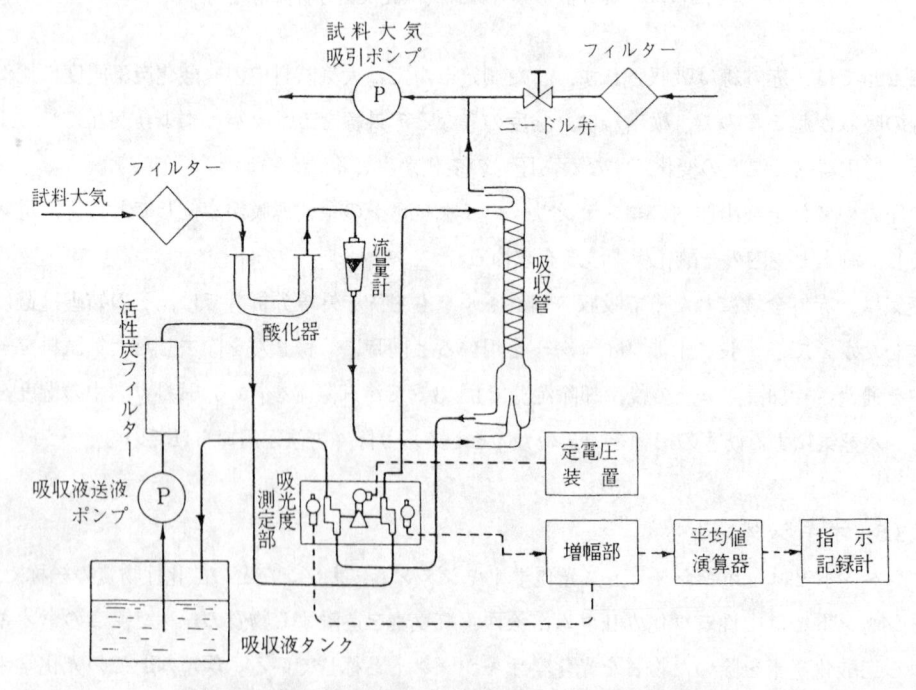

図7.36 全オキシダント自動計測器(吸光光度法)の構成例

7.3 環境中の大気汚染物質測定法

(1) 吸光光度法

pH緩衝性をもたせた中性ヨウ化カリウム(KI)溶液にオゾンが吸収されると次のような反応が起こり，ヨウ素(I_2)が遊離する．

$$2KI + O_3 + H_2O \longrightarrow I_2 + 2KOH + O_2$$

この遊離したヨウ素による吸光度を365nm付近の波長で測定し，オキシダント濃度を求める．

図7.36に自動計測器の構成の一例を示す．自動計測器では，吸収液(中性ヨウ化カリウム溶液)に大気試料を吸収管において一定流量で接触させ，試料ガス中のオキシダントを吸収する．オキシダントの酸化反応により遊離したヨウ素を含む吸収液は，吸光度測定用のセルに送られ，吸光度を測定し，オキシダント濃度を求める．比較セルの対照液には吸収液を用いる．

図7.36の酸化器は，還元性物質である大気中の二酸化硫黄を酸化，除去してその妨害の影響を防ぐためのものである．しかしながら，大気中の一酸化窒素も同様に酸化し二酸化窒素となるために，大気中の一酸化窒素も二酸化窒素と同様に本法の測定値に影響を与える．そして，二酸化窒素及び一酸化窒素の本法に対する影響率を濃度の既知(0.5ppm付近)の二酸化窒素及び一酸化窒素をそれぞれオキシダント計に導入して，あらかじめ求めておかなければならない．一般には，吸光光度法における二酸化窒素と一酸化窒素の影響率は，それぞれ3.3～3.5％と3.6～5％程度である．

(2) 電量法

中性ヨウ化カリウム溶液を吸収液としてオキシダントを含む大気試料を接触させると，オキシダント濃度に比例してヨウ素が遊離する．

電量法の場合，オキシダントとの反応の前に吸収液中に一定電位(0.2～0.3V)を与えた電極を挿入しておき，$2H^+ + 2e^- \longrightarrow H_2$ の反応により，発生した水素に覆われた電極表面を分極状態にしておく．この状態で，オキシダントとの反応によって，遊離したヨウ素が入ると直ちに反応が起こりヨウ化水素となり，電極を覆った水素が除かれ電流が流れる．このときに流れる電流を測定し，オキシダント濃度を求める．

電量法による自動計測器は，検出部を除けば吸光光度法とほぼ同様な構成となっている．

(3) 化学発光法

大気試料中のオゾンをエチレンと反応させ，そのときに生ずる化学発光(450nm付近に発光スペクトルのピークをもつ．)を光電子増倍管で受光増幅し，オゾン濃度を連続測定する．図7.37に自動計測器の構成の一例を示す．

反応槽の気体混合部は，同心円二重管ノズルで，中央から大気試料を0.3～1.5l/minで流し，周りからエチレンを25～30ml/minで流す．エチレンは，爆発性ガスであり，また有害であるので，計器の出口から排出される未反応のエチレンは除去する必要があり，通常，触媒燃焼法により取り除いている．

(4) 紫外線吸収法

オゾンは，紫外領域において254nm付近に吸収スペクトルを有し，この紫外線吸収を利用して，

7. 大気測定技術の基礎知識

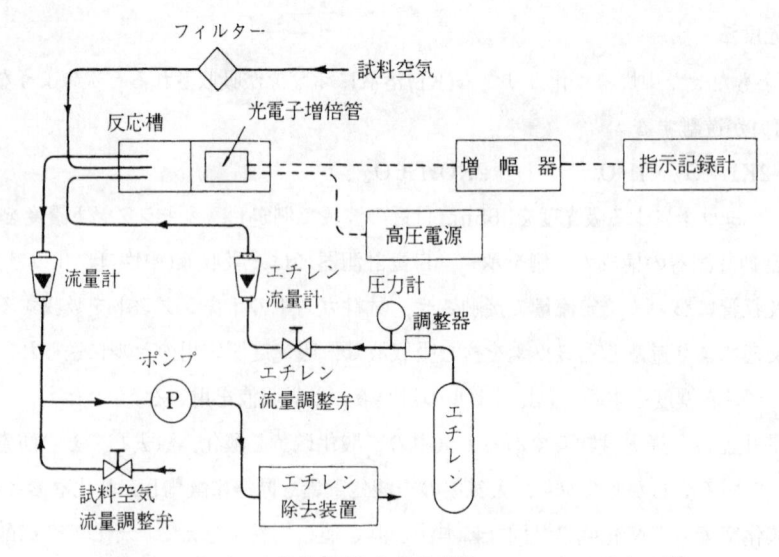

図7.37 オゾン自動計測器(化学発光法)フローシステムの例

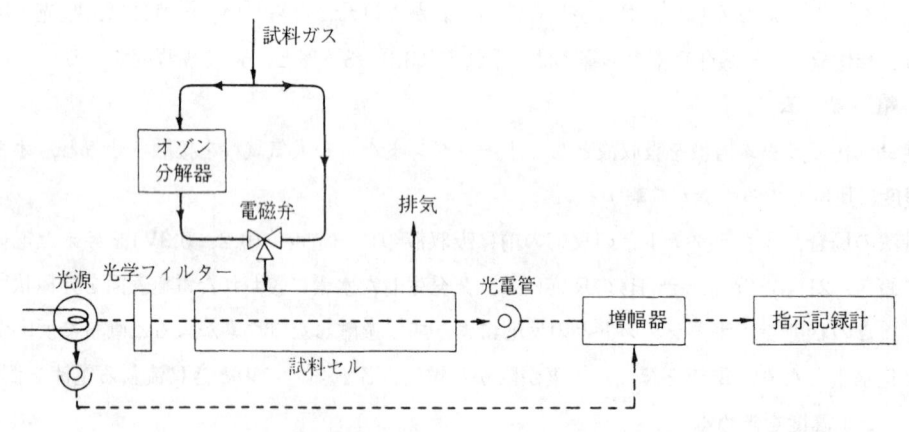

図7.38 紫外線吸収法(オゾン)分析計の構成例

大気試料中のオゾン濃度を連続的に測定する。

オゾンの紫外線吸収域においては、一酸化窒素の吸収は認められず、また二酸化硫黄、二酸化窒素の吸収もオゾンと比較して吸収係数が約二けた程度低いため、共存ガスの妨害の影響はほとんど受けない。図7.38に自動計測器の構成の一例を示す。

大気試料をそのまま試料セルに流す場合と、試料ガス中のオゾンだけを分解するオゾン分解器を通した後、試料セルに流す場合を交互に行い、それぞれの吸光度を測定し、その差から大気試料中のオゾン濃度を求める。

7.3.6 炭化水素

大気中の炭化水素は多種多様な成分から成り、また個々の炭化水素濃度は非常に低いため分別測

7.3 環境中の大気汚染物質測定法

定は行わず，全炭化水素，非メタン系炭化水素などとして測定を行っている。

大気中に存在する炭化水素の中で最も高い濃度で存在するのはメタンであり，これは不活性で，窒素酸化物と共存する所に紫外線を照射してもオキシダントは生成しない。したがって，光化学スモッグ生成に及ぼす炭化水素の影響を把握するためには，全炭化水素をメタンと非メタン炭化水素に分けると都合がよい。環境濃度の測定法では，非メタン炭化水素測定方式(直接法)を炭化水素の測定法として規定している。

いずれの場合も炭化水素を検出するのは，水素炎イオン化検出法(FID)による。これは，炭化水素が水素炎中に導入されると水素炎のエネルギーによってイオン化され，水素炎を挟んで電圧をかけた電極間にイオン電流が流れる。

このイオン電流は，水素炎中を流れる炭素数に比例し，また広い濃度範囲で直線的な応答を示すので，この電流強度を測定し，炭化水素濃度を求めることができる。

次に，各方式による炭化水素の測定法について解説する。

(1) 非メタン炭化水素測定法(直接方式)

メタンと光化学反応の指標となる非メタン炭化水素とを分離測定する。図7.39に測定装置の構成の一例を示す。

大気試料中のメタンをガスクロマトグラフのカラムで分離し，水素炎イオン化検出器に導入してメタン濃度を測定する。一方，非メタン炭化水素は，メタンが分離溶出して検出された後，直ちにキャリヤーガス(高純度窒素等)でカラムをバックフラッシュ[7]して水素炎イオン化検出器に導入し，その濃度を測定する。全炭化水素濃度は両者の和として求めることができる。この方法の測定周期

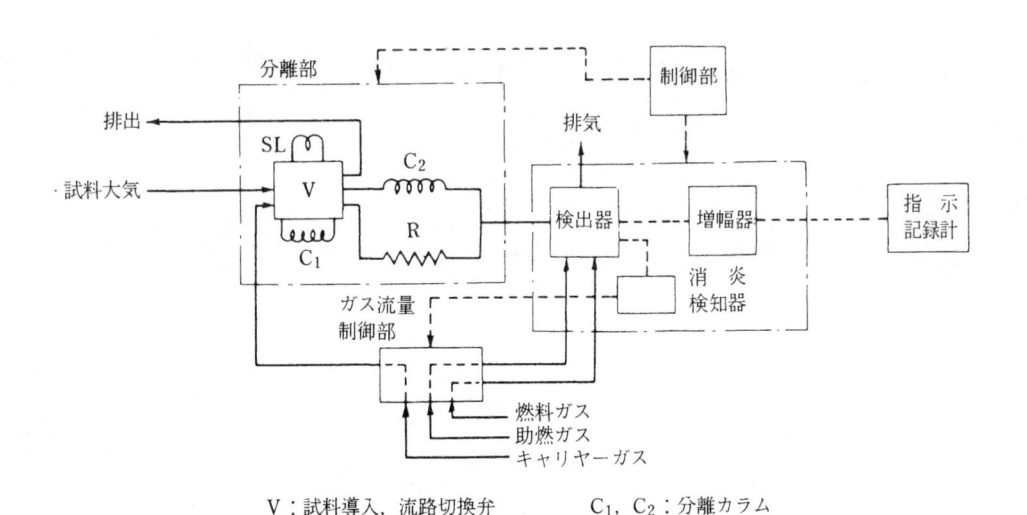

V：試料導入，流路切換弁　　C$_1$, C$_2$：分離カラム
SL：試料計量管　　　　　　　R：抵抗管

図7.39　メタン・非メタン炭化水素測定方式の分析部流路構成例

---

[7] ガスクロマトグラフのカラムに蓄積した物質を，流れの反対方向にキャリヤーガスを流して追い出す。

は5～10分間程度であり，1時間平均濃度演算器も付属されている。

(2) 全炭化水素測定法

大気試料を直接水素炎イオン化検出器に送り，全炭化水素濃度を測定する。測定周期は5～10分間程度であり，1時間平均濃度演算器も付属している。

8. 化学の基礎的知識

8.1 原子と分子の質量

8.1.1 元素記号と原子量

原子の質量を原子量という。この原子量は，炭素原子を12と定めて基準とし，他の原子の質量の比較値である。したがって原子量は無名数である。

ある元素の原子量は，その元素の元素記号で表される。

例えば，H(水素)，O(酸素)，C(炭素)，N(窒素)，S(硫黄)，Cl(塩素)，Na(ナトリウム)，Ca(カルシウム)など。

これらの元素記号は名称ばかりでなく，次の三つを表している。

a)元素の名称，b)原子量，c)原子価

また，よく使われる原子量は，記憶することが望ましい。

H：1，O：16，C：12，N：14，S：32，Cl：35.5，Na：23

8.1.2 分子式と分子量

物質の分子式が分かっていれば，それぞれの元素の原子量の和を求めて，分子量を知ることができる。分子の質量が分子量である。

例えば，O_2の分子量は32($=16\times2$)，二酸化炭素(CO_2)の分子量は44($=12+16\times2$)である。原子量も分子量も単位のない無名数であるが，分子量にグラムの単位を付けた物質量を1 mol(モル)という。上の例でいえば，O_2の1 molは32 gである。CO_2の1 molは44 gであり，したがって，CO_2の0.5 molは22 gである。

1 molの1000倍である1 kmol(キロモル)を一般的に用いる(1000 mol＝1 kmolである。)。

O_2の1 kmolは32 kgである。

CO_2の0.5 kmolは22 kgである。

8.2 物質量：モル(mol)

物質が原子，分子，イオン，電子など基本的な粒子をアボガドロ数(6.02×10^{23})だけ含むとき，

8. 化学の基礎的知識

その物質量を1 molという。

　　1ダース：12個

　　1 mol：6.02×10^{23}個

一般に，多い個数をまとめて呼ぶのに「ダース」が用いられているが，これと同じように化学では「モル」を用いる。

普通，物質の量は質量や体積で表されるが，このほかに粒子数で表すこともできる。つまり，モル数で表し，これを物質量という。いい換えれば，物質量の単位はmolである。

物質の量を表すmolは化学として重要である。モルという単位が用いられる際には，単位粒子が明確に規定されていなければならない。SI単位系(国際単位系)では，グラム分子，グラム原子，グラム当量，グラムイオン，ファラデーといった単位は用いられず，次のようになる。

1グラム原子のヘリウム(He)を1 molのHeという。

1グラム分子の硫酸(H_2SO_4)を1 molのH_2SO_4という。

1グラム当量のH_2SO_4を1 molの$1/2H_2SO_4$という。

1グラムイオンのSO_4^{2-}を1 molのSO_4^{2-}という。

1ファラデーを1 molのe^-という。

SI単位でモルといったときには，常にその場合の単位粒子がH_2SO_4なのか，H^+なのかを理解しなければならない。例えば，硫酸濃度のH_2SO_4として1 mol/lは，H^+として2 mol/lとなる。

8.3　原　　子　　価

原子価とは，原子が結合するとき使う手の数と考えてよい。

原子価	元　　素
1	H, F, Cl, Na, K
2	O, S, Ca, Ba
3	N, P
4	C, Si

8.4　ボイル-シャルルの法則

一定量の気体の体積Vは圧力Pに反比例し，絶対温度$T(K)[=237°+(℃)]$に比例する。ボイルの法則($P \cdot V=$一定)とシャルルの法則($V/T=$一定)を組み合わせると，圧力，体積，温度(絶対温度)がP_1, V_1, T_1の状態からP_2, V_2, T_2の状態に変化するとき

$$\frac{P_1 \cdot V_1}{T_1} = \frac{P_2 \cdot V_2}{T_2}$$

の関係が成り立つ。

〔例題1〕　2.5気圧，150℃で200m³の気体は標準状態(0℃，1気圧)で何m³か。

〔解　答〕　　　$\frac{P_1 \cdot V_1}{T_1} = \frac{P_2 \cdot V_2}{T_2}$

　　　　　　に代入し

$$\frac{2.5 \times 200}{273+150} = \frac{1 \times V_2}{273+0}$$

$$\therefore \quad V_2 \fallingdotseq 323 \text{ m}^3{}_N$$

となる。

8.5 気体 1 molの体積

0℃，1気圧の下で，すべての気体1 molの体積は22.4 l である。

0℃，1気圧を標準状態という。つまり，標準状態での気体の1 molは22.4 l であり，その中に 6.0×10^{23} 個の分子を含む(アボガドロの法則)。

標準状態の気体1 kmolは22.4 m³$_N$である。m³$_N$の添字Nは，標準状態[0℃，101.32kPa(1 atm)]を表す。

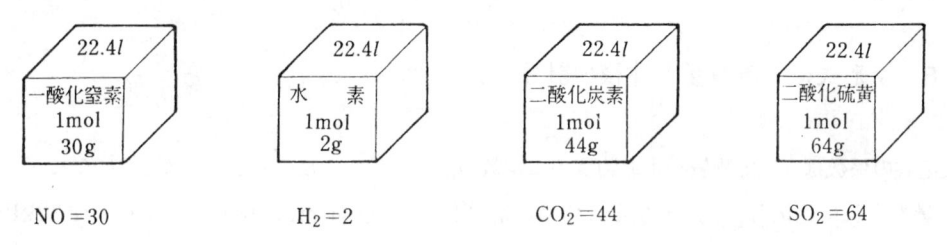

22.4l 一酸化窒素 1mol 30g	22.4l 水素 1mol 2g	22.4l 二酸化炭素 1mol 44g	22.4l 二酸化硫黄 1mol 64g
NO = 30	H$_2$ = 2	CO$_2$ = 44	SO$_2$ = 64

8.6 化学変化と反応式

水素(H_2)と酸素(O_2)が反応して水(H_2O)ができる化学変化(化学反応ともいう。)は

$$2H_2 + O_2 \longrightarrow 2H_2O$$

のように書き表される。上式の矢印の左側(左辺)は反応する物質の化学式，右側(右辺)は反応してできた物質(生成物)の化学式を，それぞれ表す。

化学反応では，原子の結合の相手が変わるだけで，原子の種類や数は変化しないので，それぞれの化学式の前に数字(係数といい，1は省略する)を付けて，左辺と右辺とで各元素の数が等しくなるようにする。上式のように化学式を使って化学変化を表した式を，化学方程式又は単に反応式という。

8.7 反応式の表す意味

$$2H_2 + O_2 \longrightarrow 2H_2O$$

a) 反応する物質と生成する物質を表す：上の反応式は，水素と酸素とが化学反応を起こして水が生じることを表している。

b) 質量の関係を表す：水素と酸素が反応して水が生じる場合，次のように左辺の質量は右辺の質量に等しい。

$$2H_2 + O_2 \longrightarrow 2H_2O$$

質量関係　4 g　　32 g　　2(18) g

　　　　　　36g　　　　36g

c) 気体の場合，体積も表す：反応する物質，生成物質が気体であれば，それらの体積比は係数比となり，簡単な整数である。

	$2H_2$	+	O_2	$\longrightarrow$	$2H_2O$(水蒸気)
物質量(モル数)	2 mol		1 mol		2 mol
体積関係	2×22.4 l		22.4 l		2×22.4 l
体積比	2		1		2

8.8 反応式による質量と体積の計算

反応式の係数は，反応物質や生成物質のモル数の関係を示す。反応物質の量が2倍になれば生成物質の量もそれに比例して2倍となる。体積の計算には，気体1 molが0℃，1気圧(101.32kPa)で22.4 l であることを用い，質量の計算には反応物質，生成物質の分子量にグラムを単位として用いる。計算は，ほとんど単なる比例計算である。

〔例題2〕　メタン(CH_4)を燃焼すると二酸化炭素(CO_2)と水(H_2O)ができるが，100 gのメタンからできる二酸化炭素と水の質量と体積(標準状態)はそれぞれいくらか。

〔解　答〕　a) まず，化学反応式を書き表す。

$$CH_4 + 2O_2 \longrightarrow CO_2 + 2H_2O$$

b) 量的な関係を調べる。標準状態では1 molは22.4 l であるので，次のとおりである。

	CH_4	+	$2O_2$	$\longrightarrow$	CO_2	+	$2H_2O$
物質量(モル数)	1 mol		2 mol		1 mol		2 mol
体積関係	22.4 l		44.8 l		22.4 l		44.8 l
質量関係	16 g		64 g		44 g		36 g

b-1) 質量計算(比例計算)

CH_4 100gからCO_2 x(g)，H_2O y(g)を生成するとすれば，次のとおりである。

$$CO_2 \begin{vmatrix} CH_4 \cdots\cdots CO_2 \\ \dfrac{16g}{100g} = \dfrac{44g}{x(g)} \end{vmatrix}$$

$$\therefore x = \frac{100 \times 44}{16} = 275 g$$

$$\text{H}_2\text{O} \begin{vmatrix} \text{CH}_4 \cdots\cdots 2\text{H}_2\text{O} \\ \dfrac{16\,\text{g}}{100\,\text{g}} = \dfrac{36\,\text{g}}{y(\text{g})} \end{vmatrix}$$

$$\therefore \quad y = \dfrac{100 \times 36}{16} = 225\,\text{g}$$

b-2) 体積計算(比例計算)

CH_4 100gから$\text{CO}_2\ x(l)$,$\text{H}_2\text{O}\ y(l)$を生成するとすれば,次のとおりである。

$$\text{CO}_2 \begin{vmatrix} \text{CH}_4 \cdots\cdots \text{CO}_2 \\ \dfrac{16\,\text{g}}{100\,\text{g}} = \dfrac{22.4\,l}{x(l)} \end{vmatrix}$$

$$\therefore \quad x = \dfrac{100 \times 22.4}{16} = 140\,l$$

$$\text{H}_2\text{O} \begin{vmatrix} \text{CH}_4 \cdots\cdots 2\text{H}_2\text{O} \\ \dfrac{16\,\text{g}}{100\,\text{g}} = \dfrac{44.8\,l}{y(l)} \end{vmatrix}$$

$$\therefore \quad y = \dfrac{44.8 \times 100}{16} = 280\,l$$

8.9 モ ル 濃 度

モル濃度は,溶液1 l 中に含まれている溶質のモル数である。
  a) 単位はmol/l又はモル溶液である。
  b) 硫酸の1 mol ($\text{H}_2\text{SO}_4 = 98$ g),水酸化ナトリウムの1 mol (NaOH = 40 g)を水に溶かして1 l にするとき,それらのモル濃度は1 mol/l である。

〔例題3〕 水酸化ナトリウム(NaOH)10 gを水に溶かして500 mlにした溶液のモル濃度はいくらか。

〔解 答〕 1 molのNaOHは40 gであるから,10 gのNaOHは10/40 molとなる。500 mlは0.5 lであるので,1 l中のNaOHのモル数,すなわちモル濃度Cは

$$C = \dfrac{\dfrac{10}{40}}{0.5} = 0.5\,\text{mol}/l$$

となる。

8.10 酸・塩基の価数

酸1分子中に含まれるH^+になることができるH原子の数を,酸の価数といい,塩基OH^-を含む塩基は,その組成式中のOH^-の数が塩基としての価数である。OH^-を含まない塩基1分子(NH_3など)では,受け取ることができるH^+の数を塩基の価数という。

[価数による分類]
　1価の酸：塩酸(HCl)，硝酸(HNO_3)，酢酸(CH_3COOH)
　2価の酸：硫酸(H_2SO_4)，亜硫酸(H_2SO_3)
　1価の塩基：水酸化ナトリウム(NaOH)，アンモニア(NH_3)
　2価の塩基：水酸化カリウム [$Ca(OH)_2$]，水酸化マグネシウム [$Mg(OH)_2$]

8.11 中 和 滴 定

　酸と塩基との反応は，水素イオンの授受である。
　中和滴定の量的関係は

$$(酸の物質量)\times(その価数)=(塩基の物質量)\times(その価数)$$

で表される。
　例えば，濃度n(mol/l)のa価の酸の水溶液の体積v(ml)をとると，その中には

$$(酸の物質量)=\frac{n\cdot v}{1000}\quad(\text{mol})$$

が含まれ，この酸は

$$(酸の物質量)\times(その価数)=\frac{n\cdot v\cdot a}{1000}\quad(\text{mol})$$

のH^+を塩基に与えることができる。
　同様にして，濃度n'(mol/l)のa'価の塩基の水溶液の体積v'(ml)をとると，その中には

$$(塩基の物質量)=\frac{n'\cdot v'}{1000}\quad(\text{mol})$$

の塩基が含まれ，この塩基は

$$(塩基の物質量)\times(その価数)=\frac{n'\cdot v'\cdot a'}{1000}\quad(\text{mol})$$

のH^+を受け取る(又はOH^-を出す)ことができる。
　いま，これらの酸の水溶液と塩基の水溶液を混合して過不足なく中和が行われたとき，次式が成り立つ。

$$\frac{n\cdot v\cdot a}{1000}=\frac{n'\cdot v'\cdot a'}{1000}$$

$$n\cdot v\cdot a=n'\cdot v'\cdot a'$$

　この関係を利用すると，濃度が未知の塩基(又は酸)の水溶液があるとき，同水溶液に濃度が既知の酸(又は塩基)の水溶液を少しずつ加えて過不足なく反応させ，ちょうど中和するのに必要な体積を求めれば，塩基(又は酸)の濃度を計算することができる。この操作を中和滴定という。

8.12 酸 化 と 還 元

酸化と還元は同時に起こる。AとBが反応するとき，Aが酸化されるならばBは還元される。

　　酸化とは，物質が酸素原子と結び付く反応のこと。
　　還元とは，物質が水素原子と結び付く反応のこと。

逆に酸素原子，水素原子を失う反応では

　　酸化とは，物質が水素原子を失う反応のこと。
　　還元とは，物質が酸素原子を失う反応のこと。

酸化・還元反応の本質は電子の授受であり

　　酸化とは，物質が電子を失う反応のこと。
　　還元とは，物質が電子を得る反応のこと。

特定の原子がどの程度酸化されたか，あるいは還元されたかを考えるのには，便宜的なものとして酸化数がある。

物質が酸化されたときは，その物質中には必ず酸化数の増大した原子が存在する。また，物質が還元されたときには，その物質中には必ず酸化数の減少した原子が存在する。すなわち，反応の前後における物質中の原子の酸化数の増減を調べれば，酸化，還元の判別を行うことができる。

8.12.1 酸化・還元と酸化数

酸化数とは，化合物を構成する各原子について，その電気的な陽性，陰性の度合いを考慮した数で，その原子の単体を基準に，化合物中の原子が単体のときから，どの程度酸化されているか，又は還元されているかを示す数である。

酸化数 $\begin{cases} 増加した原子 \rightarrow 酸化された。 \\ 減少した原子 \rightarrow 還元された。 \end{cases}$

原子の酸化数の決め方は，次のルールによる。

　a)　単体物質の酸化数はゼロである。
　b)　化合物中の水素原子の酸化数は$+1$，酸化原子の酸化数は-2，アルカリ金属の酸化数は$+1$である。
　c)　化合物を構成する各原子の酸化数の代数和はゼロである。
　d)　SO_4^{2-}など多原子イオンではそのイオンの価数に等しい。

〔例題4〕　過マンガン酸カリウム($KMnO_4$)中のMnの酸化数はいくらか。

〔解　答〕　Kの酸化数は$+1$，Oの酸化数は-2であるから

$$(1) + Mn + (-2) \times 4 = 0$$

$$\therefore \ Mn = +7$$

8. 化学の基礎的知識

となる。

8.12.2 酸化剤と還元剤の価数

1molの酸化剤又は還元剤が授受する電子の数によって酸化剤，還元剤の価数が決まる。つまり，酸化剤の価数とは，1molの酸化剤が受け取ることができる電子の物質量(mol数)のことであり，例えば，過マンガン酸カリウム［過マンガン酸イオン(MnO_4^-)］の酸性溶液中の価数は，その式を示すと

$$MnO_4^- + 8H^+ + 5e^- \longrightarrow Mn^{2+} + 4H_2O$$

となり，過マンガン酸イオン1molは，5molの電子を受け取っており，その価数は5価である。還元剤の価数は，1molの還元剤が放出することができる電子の物質量のことである。

酸化剤，還元剤の価数の例を次に示す。

① 金属ナトリウム(Na)

$$Na \longrightarrow Na^+ + e^-$$

酸 化 数： 0 ‥‥‥ 1

Naは1価の還元剤である。

② 次亜塩素酸ナトリウム(NaClO)

$$NaClO \longrightarrow NaCl + O$$

Cl原子の酸化数： +1 ‥‥‥ -1

電子の授受： $ClO^- + 2e^- \longrightarrow Cl^- + O$

したがって，NaClO 1molは，2価の酸化剤である。

③ 過マンガン酸カリウム($KMnO_4$)酸性溶液

$$2KMnO_4 + 3H_2SO_4 \longrightarrow 2MnSO_4 + K_2SO_4 + 3H_2O + 5(O)$$

Mn原子の酸化数： +7 ‥‥‥ +2

電子の授受： $MnO_4^- + 8H^+ + 5e^- \longrightarrow Mn^{2+} + 4H_2O$

したがって，$KMnO_4$ 1molは，5価の酸化剤である。

④ 水素

$$H_2 + (O) \longrightarrow H_2O$$

水素の酸化数： 0 ‥‥‥ +1

電子の授受： $H_2 \longrightarrow 2H^+ + 2e^-$

したがって，H_2 1molは，2価の還元剤である。

⑤ 硫化水素(H_2S)

$$H_2S + (O) \longrightarrow S + H_2O$$

S原子の酸化数： -2 ‥‥‥ 0

電子の授受： $H_2S \longrightarrow S + 2H^+ + 2e^-$

したがって，H_2S 1molは，2価の還元剤である。

[例題5] ①ヨウ素(I_2)，②塩素(Cl_2)，③二酸化硫黄(SO_2)，④チオ硫酸ナトリウム($Na_2S_2O_3$)，⑤ヨウ素酸カリウム(KIO_3)の1molは，酸化剤又は還元剤として何価か。

[解 答] ① 酸化数 0 ⟶ −1

$$I_2 + 2e^- \longrightarrow 2I^-$$

I_2 1molは2molの電子を受け取るので，酸化剤として2価である。

② 酸化数 0 ⟶ −1

$$Cl_2 + 2e^- \longrightarrow 2Cl^-$$

Cl_2 1molは2molの電子を受け取るので，酸化剤として2価である。

③ S原子の酸化数 +4 ⟶ −1

$$SO_2 + (O) \longrightarrow SO_3 + 2e^-$$

SO_2 1molは2molの電子を放出するので，還元剤として2価である。

④ $2Na_2S_2O_3 + I_2 \longrightarrow 2NaI + Na_2S_4O_6$

I_2は酸化剤として2価で，その1/2と反応するので，$Na_2S_2O_3$ 1molは還元剤として1価である。

⑤ ヨウ素酸カリウム(KIO_3)

$$KIO_3 + 5KI + 3H_2SO_4 \longrightarrow 3K_2SO_4 + 3H_2O + 3I_2$$

KIO_3 1molは，酸化剤2価のI_2 3molに相当する。

したがって，KIO_3 1molは，6価の酸化剤である。

8.12.3 酸化還元滴定

酸化剤又は還元剤の標準液を用いて，これと反応する還元剤又は酸化剤の溶液の濃度を，滴定によって決めることができる。これを酸化還元滴定という。

酸化還元反応は，電子の授受であり

(酸化剤が受け取る電子の物質量) = (還元剤が放出する電子の物質量)

となる。つまり

(酸化剤の物質量)×(その価数) = (還元剤の物質量)×(その価数)

という関係となる。

M(mol/l)の酸化剤V(ml)と，M'(mol/l)の還元剤V'(ml)とが過不足なく完全に反応したとする。このとき，酸化剤の価数をn，還元剤の価数をn'とおけば，次のとおりとなる。

$$M \cdot \frac{V}{1000} \cdot n = M' \cdot \frac{V'}{1000} \cdot n'$$

1molが1価の還元剤であるチオ硫酸ナトリウム($Na_2S_2O_3$)と，1molが6価の酸化剤であるヨウ素酸カリウム(KIO_3)の酸化還元反応は，次のように表される．

$$KIO_3 + 5KI + 3H_2SO_4 \longrightarrow 3K_2SO_4 + 3H_2O + 3I_2 \tag{8.1}$$

$$I_2 + 2Na_2S_2O_3 \longrightarrow 2NaI + Na_2S_4O_6$$

KIO_3と$Na_2S_2O_3$の量関係は6molの$Na_2S_2O_3$が1molのKIO_3と過不足なく反応することになる．
KIO_3(分子量214)$m(g)$をとり，水に溶かして250mlとする．その25mlをフラスコにとり，反応式(8.1)が進行するようにヨウ化カリウム(KI)，酸を加えてヨウ素(I_2)を遊離させ，遊離したI_2をデンプンを指示薬として，0.05mol/l $Na_2S_2O_3$で滴定し，a(ml)を要した．0.05mol/l $Na_2S_2O_3$のファクターf(表示濃度の補正係数)は次のように算出する．

$$6Na_2S_2O_3 \quad : \quad KIO_3$$
$$6\text{mol} \quad : \quad 1\text{mol}$$
$$0.05 \times \frac{a}{1000} \times f \quad : \quad \frac{m}{214} \times \frac{25}{250}$$

比例関係で，次のとおりとなる．

$$\frac{6}{0.05 \times \frac{a}{1000} \times f} = \frac{m}{214} \times \frac{25}{250}$$

$$f = \frac{6 \times \frac{m}{214} \times \frac{25}{250}}{0.05 \times \frac{a}{1000}}$$

8.13 水素イオン指数(pH)

水素イオン[H^+]（1l中のH^+イオンのモル数）は溶液によって$10^0 \sim 10^{-14}$と大幅に異なる．この水素イオン濃度を簡単に表すために，次のようなpH(ピーエイチ又はペーハー)を用いる．

$$pH = -\log[H^+]$$

中性の水の水素イオン濃度は10^{-7}mol/lであるから次のようになり，中性はpHが7である．

$$pH = -\log(10^{-7}) = -(-7) = 7$$

酸性，アルカリ性の強弱をこのpHで表すことは大変に便利で，下記のようになる．

```
pH  0  1  2  3  4  5  6  ⑦  8  9  10  11  12  13  14
    (強)←——酸性——— —中性— ——塩基性———→(強)
           pH<7        pH=7        pH>7
```

すなわち，pHが7より小さい方が酸性で，値が小さくなるにつれて酸性が強くなる。また，7より大きい方がアルカリ性で，値が大きくなるにつれてアルカリ性が強くなる。

〔例題6〕 0.004mol/lの塩酸(HCl)の水素イオン濃度，水酸化物イオン濃度及び，水素イオン指数(pH)はいくらか。

〔解　答〕 強酸，強塩基の希釈溶液は完全に電離しているので，HClの場合，HCl＝H$^+$であり

$$0.004\text{mol}/l\cdots\cdots\cdots\text{HCl}$$
$$0.004\text{mol}/l\cdots\cdots\cdots\text{H}^+$$

つまり

$$[\text{H}^+]=4\times10^{-3}$$
$$\text{pH}=-\log[\text{H}^+]$$

に代入すると

$$\text{pH}=-\log(4\times10^{-3})=-(\log4+\log10^{-3})\quad(「8.15\ 対数計算の基礎知識」参照)$$

log4＝0.602を代入し

$$\text{pH}=-(0.602)+3\fallingdotseq2.4$$

となる。

水酸化物×イオン[OH$^-$]と水素イオン[H$^+$]との関係は

$$[\text{OH}^-]\times[\text{H}^+]=10^{-14}$$

であり，水酸化物イオン濃度(mol/l)は

$$[\text{OH}^-]=\frac{10^{-14}}{[\text{H}^+]}\quad(\text{mol}/l)$$

ここで，[H$^+$]＝4×10^{-3}を代入し

$$[\text{OH}^-]=\frac{10^{-14}}{4\times10^{-3}}=2.5\times10^{-11}\text{mol}/l$$

となる。

8.14　ppmとmg/m^3_Nとの濃度換算

$$\frac{成分量}{全体量}\times10^2=\%$$

％(百分率)を表す上式の($\times10^2$)を($\times10^6$)にすれば，ppm[百万分率(parts per million)]となる。

$$\frac{成分量}{全体量}\times10^6=(\text{ppm})$$

一般に，気体濃度の場合のppmは体積基準(分母，分子ともに体積単位)，液体濃度の場合は質量

8. 化学の基礎的知識

基準(分母，分子ともに質量単位)で表す。

気体濃度を表す単位としてmg/m^3_Nも用いられる。これは

$$\frac{成分(mg)}{気体体積(m^3_N)} = (mg/m^3_N)$$

であり，mg/m^3_Nをppm(体積基準)に換算するには

$$\frac{\dfrac{成分(mg) \times 10^{-3}}{成分分子量(g)} \times 22.4 \times 10^{-3}(m^3_N)}{気体体積(m^3_N)} = 10^6 = (ppm)$$

簡単にすると

$$(mg/m^3_N) \times \frac{22.4}{成分分子量(g)} = (ppm)$$

となる。

〔例題7〕 四フッ化ケイ素(SiF_4)15ppmは，Fとして何mg/m^3_Nか。

〔解　答〕　　　$(ppm) \times \dfrac{分子量}{22.4} = (mg/m^3_N)$

(ppm)の項には，15ppmを代入し，(分子量)の項には"Fとして"なので，SiF_4のFのみ($4 \times F$)を代入する($F=19$)。

$$15 \times \frac{4 \times 19}{22.4} \fallingdotseq 51 \, mg/m^3_N$$

となる。

(別法)　$1m^3_N$基準を考える。つまりSiF_4 15ppmのガス$1m^3_N$中に，何mgのFが含まれているかを考える。

$$\frac{\left\{\dfrac{1 \times 15 \times 10^{-6} m^3_N}{22.4 \, m^3_N/kmol} \times (4 \times 19) kg \times 10^6\right\} mg}{m^3_N}$$

$$= 15 \times \frac{4 \times 19}{22.4} = 5 mg/m^3_N$$

を得る。

8.15　対数計算の基礎知識

8.15.1　常用対数と自然対数

底を10とする対数を常用対数といい，$\log_{10} x$又は$\log x$で表す。

底を$e(e=2.718)$とする対数を自然対数といい，$\ln x$で表す。両者の間に次の関係がある。

$$\ln x = 2.303 \times \log x$$

(例)　$\ln 2 = 2.303 \times \log 2 = 2.303 \times 0.301 = 0.693$

8.15.2 対数と指数

$$\log(A \times B) = \log A + \log B$$
$$\log \frac{A}{B} = \log A - \log B$$
$$\log A^n = n \times \log A$$
$$\log \sqrt[n]{A} = \log A^{\frac{1}{n}} = \frac{1}{n} \times \log A$$
$$10^0 = 1 \quad \log 1 = 0$$
$$10^1 = 10 \quad \log 10 = 1 \quad \log 10^{-1} = -1$$
$$10^2 = 100 \quad \log 100 = 2 \quad \log 10^{-2} = -2$$
$$10^3 = 1000 \quad \log 1000 = 3 \quad \log 10^{-3} = -3$$

〔例題8〕 0.0012の対数はいくらか。ただし，$\log 2 = 0.301$，$\log 3 = 0.477$を使用せよ。

〔解 答〕
$$\log 0.0012 = \log(12 \times 10^{-4}) = \log(3 \times 4 \times 10^{-4})$$
$$= \log(3 \times 2^2 \times 10^{-4})$$
$$= \log 3 + \log \times 2^2 + \log 10^{-4}$$
$$= \log 3 + 2 \times \log 2 + \log 10^{-4}$$
$$= 0.477 + 2 \times 0.301 + (-4)$$
$$= -2.921$$

となる。

8.16 圧力の単位

SI単位では，Pa(パスカル)を圧力単位とする。Paと他の単位との関係は

$$1\mathrm{Pa} = 1\mathrm{N/m^2} = 1 \times \frac{\mathrm{kg \cdot m}}{\mathrm{s^2}} \cdot \frac{1}{\mathrm{m^2}} = 1\mathrm{kg/m \cdot s^2}$$

$$1\mathrm{mmH_2O} = \rho \cdot g \cdot h = 1000\mathrm{kg/m^3} \times 9.8\mathrm{m/s^2} \times 10^{-3}\mathrm{m}$$
$$= 9.8\mathrm{kg/m \cdot s^2} = 9.8\mathrm{Pa}$$

$$1\mathrm{Pa} = \frac{1}{9.8}\mathrm{mmH_2O}$$
$$= \frac{1}{9.8} \times \frac{1}{13.6} = \mathrm{mmHg}(=\mathrm{Torr})$$
$$\fallingdotseq 7.5 \times 10^{-3}\mathrm{mmHg(Torr)}$$

〔例題9〕 圧力損失$-260\mathrm{mmH_2O}$は，約何kPaか。

〔解 答〕 $-260\mathrm{mmH_2O} \times 9.8 = -2548\mathrm{Pa} \fallingdotseq -2.6\mathrm{kPa}$

〔例題10〕 圧力3kPaは，何$\mathrm{mmH_2O}$か。

〔解 答〕 $3\mathrm{kPa} = 3000\mathrm{Pa} \times \frac{1}{9.8} = 306\mathrm{mmH_2O} \fallingdotseq 300\mathrm{mmH_2O}$

8. 化学の基礎的知識

主な換算表を下表に示す。

圧力単位換算表

atm	Torr又はmmHg	kgf/m² 又は mmH$_2$O	kgf/cm²	Pa	kPa
1	760	1.033×10^4	1.033	1.013×10^5	101.3
1.316×10^{-3}	1	13.59	1.359×10^{-3}	133.3	0.1333
9.678×10^{-5}	7.355×10^{-2}	1	1×10^{-4}	9.806	9.806×10^{-3}
0.9678	7.355×10^2	1×10^4	1	9.806×10^4	9.806×10
9.869×10^{-6}	7.501×10^{-3}	0.10197	1.0197×10^{-5}	1	1×10^{-3}
9.869×10^{-3}	7.501	101.97	1.0197×10^{-2}	1000	1

主要元素名及び元素記号

元素名	元素記号	元素名	元素記号
亜鉛	Zn	炭素	C
アルゴン	Ar	チタン	Ti
アルミニウム	Al	窒素	N
アンチモン	Sb	鉄	Fe
硫黄	S	銅	Cu
塩素	Cl	ナトリウム	Na
カドミウム	Cd	鉛	Pb
カリウム	K	ニッケル	Ni
ガリウム	Ga	ネオン	Ne
カルシウム	Ca	白金	Pt
金	Au	バナジウム	V
銀	Ag	パラジウム	Pd
クロム	Cr	バリウム	Ba
ケイ素	Si	ビスマス	Bi
ゲルマニウム	Ge	ヒ素	As
コバルト	Co	フッ素	F
酸素	O	ヘリウム	He
臭素	Br	ホウ素	B
ジルコニウム	Zr	マグネシウム	Mg
水銀	Hg	マンガン	Mn
水素	H	モリブデン	Mo
スズ	Sn	ヨウ素	I
セレン	Se	ランタン	La
タングステン	W	リン	P

ギリシャ文字

A	α	アルファ	N	ν	ニュー
B	β	ベータ	Ξ	ξ	グサイ
Γ	γ	ガンマ	O	o	オミクロン
Δ	δ	デルタ	Π	π	パイ
E	ϵ	イプシロン	P	ρ	ロー
Z	ζ	ゼータ	Σ	σ	シグマ
H	η	イータ	T	τ	タウ
Θ	θ	シータ	Υ	υ	ウプシロン
I	ι	イオタ	Φ	ϕ	ファイ
K	κ	カッパ	X	χ	カイ
Λ	λ	ラムダ	Ψ	ψ	プサイ
M	μ	ミュー	Ω	ω	オメガ

国際単位系 (SI)

(1) 基本単位

量	単位 名称	単位 記号
長さ	メートル	m
質量	キログラム	kg
時間	秒	s
電流	アンペア	A
温度	ケルビン	K
物質量	モル	mol
光度	カンデラ	cd

(2) 補助単位

量	単位 名称	単位 記号
平面角	ラジアン	rad
立体角	ステラジアン	sr

(3) 固有名の主要組立単位

量	名称	記号	定義
力	ニュートン	N	$m \cdot kg/s^2$
圧力, 応力	パスカル	Pa	N/m^2
エネルギー, 仕事, 熱量	ジュール	J	$N \cdot m$
仕事率, 電力	ワット	W	J/s
電気量, 電荷	クーロン	C	$A \cdot s$
電位, 電圧, 起電力	ボルト	V	W/A
静電容量	ファラド	F	C/V
電気抵抗	オーム	Ω	V/A
コンダクタンス	ジーメンス	S	A/V
セルシウス温度*	セルシウス度	℃	K
周波数	ヘルツ	Hz	s^{-1}
光束	ルーメン	lm	$cd \cdot sr$
照度	ルクス	lx	lm/m^2

(4) その他の組立単位

量	定義
面積	m^2
体積	m^3
密度	kg/m^3
速度	m/s
加速度	m/s^2
角速度	rad/s
回転数	s^{-1}
拡散係数	m^2/s
濃度	mol/m^3
粘度	$Pa \cdot s$
動粘度	m^2/s
誘電率	F/m
電流密度	A/m^2
熱伝導率	W/m
熱容量	J/K
比熱	J/kg

(注) * $t(℃) = T - 273.15\,K$ [T: ケルビンで表した熱力学温度]

(5) SI接頭語

大きさ指数	接頭語	記号	大きさ指数	接頭語	記号
10^{-1}	-1	deci	d	10	1	deca	da
10^{-2}	-2	centi	c	10^2	2	hecto	h
10^{-3}	-3	milli	m	10^3	3	kilo	k
10^{-6}	-6	micro	μ	10^6	6	mega	M
10^{-9}	-9	nano	n	10^9	9	giga	G
10^{-12}	-12	pico	p	10^{12}	12	tera	T
10^{-15}	-15	femto	f	10^{15}	15	peta	P
10^{-18}	-18	atto	a	10^{18}	18	exa	E
10^{-21}	-21	zepto	z	10^{21}	21	zetta	Z
10^{-24}	-24	yocto	y	10^{24}	24	yotta	Y

(6) 国際単位 (SI) の換算例

量	SI	工学単位系 (重力単位系)
質量	1 kg	0.101972 $kgf \cdot s^2/m$
密度	1 kg/m^3	0.101972 $kgf \cdot s^2/m^4$
力	1 N	0.101972 kgf
圧力	1 Pa	$1.01972 \times 10^{-5}\,kgf/cm^2$
仕事	1 J	0.101972 $kgf \cdot m$
仕事率, 動力	1 W	1.35962×10^{-3} PS
仕事率, 動力	0.7355 kW	1 PS

索　引

〔ア 行〕

IPCC	10
亜鉛還元ナフチルエチレンジアミン吸光光度法	157
亜鉛精錬ダストの処理	106
亜鉛の精錬工程	97
悪臭	1
アクロレイン	107
アシッドスマット	76
圧電天びん方式	183
圧力	203
圧力損失	112, 115
油ガス	51
油燃焼とその装置	73
2,2′-アミノ-ビス(3-エチルベンゾチアゾリン-6-スルホン酸)吸光光度法	166
アルセナゾⅢ法	151
アルミニウム製造工程	98
安定条件	31
アンモニア	107
アンモニア水溶液吸収法	84
アンモニア接触還元脱硝法	95
硫黄酸化物	6, 80, 143
イオンクロマトグラフ法	151, 158
イオンクロマトグラフ法による窒素酸化物, 硫黄酸化物及び塩化水素の同時分析法	159
イオン電極法	165
一次付着層	126
一段式	135
一酸化炭素	13, 38, 45, 107, 180
一酸化窒素	37, 87, 158
移動層方式	104
移動発生源	5, 6
引火点	53
運転条件の変更	89
HFC	9
H_{OG}	102
HCFC	8
HTU	101
ABTS法	166
液ガス比	121
液化石油ガス	50
液側抵抗支配	101
液相酸化法	96
液相総括物質移動係数	100
液体燃料	52
SI単位系	192
SPM	37
エチレン	40
NEDA法	158
NMHC	48
NO_x	87
NO_xの生成過程	87
NO_x抑制技術	87
N_{OG}	102
NTU	101
FID	189
LNG	50
L形炎燃焼法	74
LPG	50
塩化カルボニル	98, 107
塩化水素	107
塩基	195
遠心効果	119
遠心分離力	119
遠心力	117
遠心力集じん装置	116
塩素	98, 107
塩素, 塩化水素の処理法	105
塩化水素	98
煙突通風	77
煙突の有効上昇高さ	32
沿面放電	138
黄リン	107
オキシダント	5, 185
押込通風	77
汚染濃度	29
オゾン	5, 40, 185
オゾンホール	8
小野田肥料法	104
温室効果気体	9

〔カ 行〕

改善命令	22
回転式	73
海陸風	31
化学吸着	104
化学発光方式	162
化学分析法	150
化学変化	193
拡散付着	125
過剰空気	62
価数	195, 198
ガス側抵抗支配	101
ガス基本流速	121
ガス吸収装置	102
ガス旋回形	124
ガス燃焼	72
ガス噴出形	124
活性アルミナ	103
活性炭	103
活性炭製造	98
活性炭による吸着法	85
褐炭	54

索　引

角隅バーナー燃焼法 74	吸光方式 183	降下ばいじん 48, 181
カドミウム及びカドミウム化合物の処理法 106	吸収瓶 143	光電分光光度計 152
カドミウム及びその化合物 97	吸着 102	高発熱量 49
カニンガム補正係数 135	吸着装置 104	効率 141
空試験値 150	凝縮の潜熱 66	高炉ガス 51
ガラス表面処理工程 98	強制通風 77	五塩化リン 107
乾きガス量 145	境膜物質移動係数 100	国際単位系 192
乾き燃焼ガス量 63	希硫酸吸収法 85	国民の責務 16
環境影響評価の推進 18	緊急時の措置 24	固体燃料 54
環境基準 12, 17, 181	空気比 61	固定層吸着装置 104
環境基本計画 17	国が講ずる環境の保全のための施策等 18	固定発生源 6
環境基本法 15	国の責務 16	コプラナーPCBs 14
環境中の大気汚染物質 180	クリーンガス 94	コプラナーポリクロロビフェニル 14
環境の日 16	クリスタルガラス製造工程 97	コロナ放電 132
環境への負荷 15	クーロン力 134	コンカウの式 32
間欠式 127	クロルスルホン酸 107	混合促進形低NO_xバーナー 91
間欠式払い落とし装置 128	クロロフルオロカーボン 8	
還元 197	クロロ硫酸 107	〔サ　行〕
還元剤 198		サイクロン 116
乾式電気集じん装置 136	計画変更命令 22	サイクロンスクラバー 123
乾式排煙脱硫プロセス 85	K値規制方式 25	サイクロンの圧力損失 118
乾性沈着 7	軽油 52	サイクロンの性能 119
乾性天然ガス 49	減圧フラスコ 146	最大二酸化炭素量 70
慣性付着 125	原因者負担 20	最大濃度 C_{max} 35
慣性力集じん装置 115	原子価 192	最適水滴径 122
乾燥断熱減率 30	減湿冷却法 86	最頻度径 110
	原子と分子の質量 191	遮り付着 125
気温逆転層 31	原子量 191	ザルツマン吸光光度法 161
気候変動に関する政府間パネル 10	原子力基本法 17	ザルツマン法 161
気候変動枠組条約第3回締約国会議 9	元素記号 191	酸 195
気相総括物質移動係数 100	高圧気流式 73	三塩化リン 107
気体燃料 49	公害 1, 15	酸・塩基の価数 195
規定差圧 131	公害対策会議 21	酸化 197
揮発油 52	公害に係る紛争の処理及び被害の救済 19	酸化還元滴定 199
逆洗形 128	公害防止管理者 26	酸化吸収法 85
逆電離 138	公害防止計画 17	酸化剤 198
逆電離領域 138	光化学オキシダント 13, 38, 45, 180	酸化数 197
吸引通風 77		三酸化硫黄 5, 38, 81
		酸水素炎燃焼式ジメチルスルホナゾⅢ滴定法 55

索引

酸性雨	7	重油	52	石灰石・消石灰スラリー吸収法	82
残留炭素分	53	重油脱硫	80	接線流入式直進形	116
酸露点	126	重油燃焼ボイラー	139	接線流入式反転形	116
		重力集じん装置	114	Zn-NEDA法	157
シアン化水素	107	重力付着	125	ゼルドビッチ機構	92
CFC	8	受益者負担	20	全圧	112
COP3	9	上気道への影響	37	全硫黄酸化物	150
COP6	11	硝酸銀滴定法	169	洗浄集じん装置	120
ジェットスクラバー	123	常用対数	202	選択的接触還元法	93
四塩化炭素	8	植物に与える影響	38	せん(閃)絡電圧	134
紫外線吸収方式	155	所要空気量	61		
紫外線蛍光方式	155	シリカゲル	103	騒音	1
事業者の責務	16	人工通風	77	総括物質移動係数	100
軸流式直進形	117	人体に与える影響	36	総合集じん率	112
軸流式反転形	117	振動	1	総発熱量	65
ジクロロメタン	13, 180	振動形	128	送風機の所要動力	141
自己再循環形低NO_xバーナー	91	真発熱量	65	総量規制	25
事故時の措置	24			測定義務	23
指数	203	水酸化ナトリウム水溶液吸収法	83		
自然対数	202			〔タ 行〕	
自然通風	77	水酸化マグネシウムスラリー吸収法	84		
湿式電気集じん装置	136			ダーティガス	94
湿式排煙脱硫プロセス	81	水質の汚濁	1	ダイオキシン類	12
湿性沈着	7	水蒸気蒸留法	164	ダイオキシン類対策特別措置法	12
湿性天然ガス	49	水蒸気又は水吹き込み	90		
質量と体積の計算	194	水素イオン指数	200	大気汚染エピソード	3
指定地域	26	水素炎イオン化検出法	189	大気汚染に対する植物の感受性	40
指定ばい煙	26	スートブロー	96	大気汚染の影響	36
指定ばい煙削減計画	26	スケール	82	大気汚染の現状	41
自動計測器の校正	172	すすの生成機構	74	大気汚染のコントロールの手法	11
自動車排出ガスの規制	24	ストークス力	114		
地盤の沈下	1	スプレー塔	121	大気汚染のメカニズム	5
指標植物	41			大気汚染物質	5
湿り燃焼ガス量	62	静圧	112	大気汚染防止法	21
臭化メチル	8	正規形の拡散式	33	大気汚染防止法規制措置等一覧	23
集じん極	134	正コロナ	135		
集じん率	111	成層圏オゾン層の破壊	7	大気関係の法規及び行政	14
臭素	107	静電凝集器	136	大気の汚染	1
充てん塔	121	赤外線吸収方式	155	対数計算	202
充てん塔の所要高さ	101	石炭ガス	51	対数正規分布	111
終末速度	114	石炭酸	107		

索　引

帯電	132	
ダウンドラフト	6	
ダクトの圧力損失	140	
ダスト	109	
ダストの払い落とし	127	
ダストの見掛け電気抵抗率	137	
ダスト負荷	126	
ダスト捕集部	177	
ため水式	124	
炭化水素	188	
炭化水素の塩素化工程	98	
炭酸ナトリウム水溶液吸収法	83	
断熱膨張	30	
チオシアン酸水銀(Ⅱ)吸光光度法	170	
チオ硫酸ナトリウム	200	
地球温暖化	9	
地球温暖化防止京都会議	9	
地球環境保全	7, 15	
地上最大濃度が出現する煙源からの距離 x_{max}	35	
窒素酸化物	6, 87, 143	
地方公共団体の責務	16	
着火温度	55	
中位径	110	
中央環境審議会	21	
注射筒	146	
中立条件	31	
中和滴定	196	
中和滴定法	150	
調湿	138	
沈殿滴定法	151	
通過率	111	
通風	77	
通風装置	77	
通風力	78	
低圧空気式	73	
低NO_xバーナー	90	

低温腐食防止対策	76	
低発熱量	49	
デジタル粉じん計	183	
テトラクロロエチレン	13, 180	
デポジットゲージ	181	
電荷	132	
電界	132	
電界強度	132	
電気集じん装置	131	
電気集じん装置の集じん率	136	
典型七公害	1	
電動機出力	141	
天然ガス	49	
動圧	112	
陶磁器製造	97	
等速吸引	174	
動粘度	53	
灯油	52	
特定工場	26	
特定工場における公害防止組織の整備に関する法律	26	
特定施設	26	
特定物質及び関連業種	28	
特定物質の処理	106	
特定フロン類	8	
特別排出基準	22	
土壌の汚染	1	
都道府県環境審議会	21	
ドノラ	3	
トラッピング	31	
1,1,1-トリクロロエタン	8	
トリクロロエチレン	13, 180	
o-トリジン吸光光度法	168	

〔ナ　行〕

内面ろ過方式	125	
ナフチルエチレンジアミン法	158	
鉛及びその化合物	97	
鉛及び鉛化合物の処理法	106	
鉛顔料製造工程	97	

鉛蓄電池・鉛再精錬炉ダストの処理	106	
鉛蓄電池製造工程	97	
二塩化3,3′-ジメチルベンジジニウム吸光光度法	168	
二酸化硫黄	13, 37, 39, 42, 107, 180	
二酸化セレン	107	
二酸化窒素	13, 37, 39, 43, 107, 180	
二重境膜説	100	
二段式	135	
二段燃焼	89	
ニッケルカルボニル	107	
二硫化炭素	107	
燃研式A形熱量計	56	
燃研式B形熱量計	56	
燃焼ガス量	62	
燃焼管式空気法	55	
燃焼管式酸素法	55	
燃焼室熱負荷	72	
燃料の着火温度	71	
燃焼方法と空気比	61	
燃料試験方法	55	
燃料使用規制	24	
燃料転換	89	
燃料比	54	
濃淡燃焼	90	
濃度換算	201	

〔ハ　行〕

パーオキシアセチルナイトレート	3, 5, 40	
ばい煙	21	
排煙脱硝	93	
排煙脱硝技術	88	
排煙脱硫	80	
ばい煙の拡散	29	

索　引

ばい煙の排出の規制等に関する法律	4	
ばい煙発生施設	21	
ばい煙発生施設の設置・変更の届出	22	
排ガス再循環	90	
排ガス試料採取方法	143	
排ガス中の水分量	177	
排ガス中のばいじん	172	
排出基準の設定	21	
ばいじん	6	
ハイドロクロロフルオロカーボン	8	
ハイドロフルオロカーボン	9	
ハイボリュームエアサンプラー法	182	
破過曲線	103	
破過時間	103	
白煙防止	86	
白煙防止技術	85	
バグフィルター	125	
パスカル	203	
パスキルの安定度分類	35	
パスキルの拡散幅	35	
発熱量	65	
ハニカム状	94	
パルスジェット形(連続式用)	128	
ハロン	8	
反応式	193	
パン	40	
pH	200	
ピーエイチ	200	
Pa	203	
PAN	3, 5, 40	
PCDFs	14	
PCDDs	14	
PCP法	167	
PDS法	160	
ppm	201	
光散乱方式	183	
火格子燃焼	74	
比濁法	152	
火花頻発領域	138	
火花放電	132	
非分散形赤外線分析計	155	
微粉炭燃焼ボイラー	139	
微粉炭用段階的燃焼組み込み形低NO_xバーナー	92	
非メタン炭化水素	48	
平等電界	132	
表面ろ過	125	
ピリジン	107	
4-ピリジンカルボン酸-ピラゾロン吸光光度法	167	
微量電量滴定式酸化法	55	
頻度分布	109	
不安定条件	31	
風向	29	
風速	29	
フェノール	107	
フェノールジスルホン酸吸光光度法	160	
負コロナ	134, 135	
普通形吸引ノズル	174	
フッ化ケイ素	98, 107	
フッ化水素	39, 98, 107	
フッ化水素, 四フッ化ケイ素の処理	104	
フッ化水素酸製造	98	
物質量	191	
フッ素	98	
フッ素化合物	143	
フッ素化合物の処理法	104	
物理吸着	104	
不平等電界	132	
フューエルNO変換率	92	
浮遊粉じん	181	
フューム	109	
浮遊粒子状物質	13, 37, 46, 180, 182	
ブラッシュコロナ	134	
ブリッグスの式	32	
ふるい上分布	110	
ブローダウン方式	119	
フロン	8	
フロン類製造工程	98	
分割火炎形低NO_xバーナー	91	
分子式	191	
分子量	191	
粉じん	6, 181	
粉じんの規制	24	
分離限界粒子径	115, 118	
分離速度	114	
平衡形吸引ノズル	175	
平衡通風	77	
β線吸収方式	183	
ペーハー	200	
ヘキサフルオロケイ酸	104	
ヘモグロビン	38	
ベンゼン	13, 107, 180	
ベンゾール	107	
ベンチュリスクラバー	122	
ヘンリーの法則	99	
ボイル-シャルルの法則	192	
放射性物質	17	
放射線式励起法	55	
放電極	134	
ポザリカ	3	
ホスゲン	107	
ホスフィン	107	
ポリクロロジベンゾ-パラ-ジオキシン	14	
ポリクロロジベンゾフラン	14	
ホルムアルデヒド	107	
ボンベ式質量法	55	

〔マ　行〕

摩擦係数	140	
マルチサイクロン	117	

索 引

マルチサイクロンとその性能	119
慢性的な障害	37
見掛けろ過速度	127
ミスト	109
ミューズ	3
無煙炭	54
無触媒還元法	96
メタノール	107
メタン	9, 49
メチルアルコール	107
メディアン径	110
メルカプタン	107
モーゼス&カーソンの式	32
モード径	110
モル	191
モル濃度	195
モレキュラーシーブ	103
漏れ棚塔	123

〔ヤ 行〕

油圧式	73
有害物質	6
有害物質発生施設	27
U形炎燃焼法	74
溶液導電率方式	153
余裕率	141

〔ラ 行〕

ランタン-アリザリンコンプレキソン吸光光度法	164
リバースジェット形(連続式用)	130
硫化水素	107
硫酸	107
硫酸ミスト	6
粒子の分離速度	118
流動層燃焼	74
流動層方式	104
流動点	53
粒度分布	109
理論空気量	59
理論燃焼ガス量	62
リン化水素	107
リン酸又はリン酸肥料製造工程	98
レイノルズ数	141
歴青炭	54
連続式	127
連続式払い落とし装置	128
連続分析法	153
ろ過集じん装置	125
ロサンゼルス大気汚染	3
ロジン-ラムラー分布	110
露点	126
炉内制硝法	93
ロンドンスモッグ事件	2

平成 13 年 10 月 30 日	発行
平成 15 年 4 月 4 日	2 版
平成 17 年 2 月 21 日	3 版
平成 22 年 3 月 30 日	4 版

二訂・大気汚染対策の基礎知識　　　© 2001　(社)産業環境管理協会

編　者　環 境 保 全 対 策 研 究 会

発行所　社団法人 産 業 環 境 管 理 協 会
〒101-0044　東京都千代田区鍛冶町 2-2-1
（三井住友銀行神田駅前ビル）
TEL　03(5209)7710
FAX　03(5209)7716
URL　http://www.jemai.or.jp

印刷所　株式会社ニッポンパブリシティー
発売所　丸 善 株 式 会 社 出 版 事 業 部
TEL　03(3272)0521
FAX　03(3272)0693

ISBN 4-914953-69-2　　　　　　　　　　　　　　Printed in Japan